高等院校制药技术类专业系列规划教材

制药工程原理与设备

主　编　杨俊杰（信阳农林学院）

副主编　李继红（河南应用技术职业学院）

　　　　王　利（内蒙古医科大学）

参　编　高　丽（南阳理工学院）

　　　　杜　晶（信阳职业技术学院）

　　　　刘　琰（信阳农林学院）

重庆大学出版社

内容提要

本书以《化工原理》为蓝本,以现行《药品生产质量管理规范》(GMP)为指导,涵盖制药生产中涉及的各个单元操作的原理与设备,内容包括总论,流体流动,流体输送机械,沉降与过滤,搅拌,传热,蒸馏,干燥,制水与灭菌,破碎、筛分与混合,固液浸取,固体制剂,液体制剂,气体制剂,药品包装设备,制药工程设计及附录。

本书可作为应用型本科药学、中药及相关类专业的教材,也可供自学、成人教育等参考。

图书在版编目(CIP)数据

制药工程原理与设备/杨俊杰主编.—重庆:重庆大学出版社,2017.7
ISBN 978-7-5689-0276-2

Ⅰ.①制… Ⅱ.①杨… Ⅲ.①制药工业—化工原理—高等学校—教材②制药工业—化工设备—高等学校—教材
Ⅳ.①TQ460

中国版本图书馆 CIP 数据核字(2017)第 012274 号

制药工程原理与设备

主　编　杨俊杰
副主编　李继红　王　利
策划编辑:袁文华

责任编辑:李定群　　版式设计:袁文华
责任校对:邹　忌　　责任印制:张　策

*

重庆大学出版社出版发行
出版人:易树平
社址:重庆市沙坪坝区大学城西路 21 号
邮编:401331
电话:(023) 88617190　88617185(中小学)
传真:(023) 88617186　88617166
网址:http://www.cqup.com.cn
邮箱:fxk@ cqup.com.cn(营销中心)
全国新华书店经销
重庆升光电力印务有限公司印刷

*

开本:787mm×1092mm　1/16　印张:17.75　字数:424 千
2017 年 7 月第 1 版　2017 年 7 月第 1 次印刷
印数:1—1 500
ISBN 978-7-5689-0276-2　定价:39.00 元

　　本书为了适应制药类专业应用型本科教育的快速发展和教学改革的需要,加强教材建设,提高教材质量,由重庆大学出版社策划组织,由全国多所高等药学院校合作编写,可供应用型本科中药学、药学、制药工程、药物制剂及其相关专业使用,也可为制药行业从事研究、设计和生产的工程技术人员提供参考。

　　本书在内容编写方面紧扣应用型本科制药类专业培养目标,以"应用型"为需求,以岗位为导向,坚持"基础知识、基本理论、基本技能""思想性、科学性、先进性、启发性、适用性"原则,突出实用性。

　　本书结合《药品生产质量管理规范》(GMP)要求,以实用性为原则,以动量传递、热量传递和质量传递3大过程为主线,全面系统地介绍制药工程的原理;以制药工业的典型单元操作为主体,介绍主要设备的原理与操作。此外,本书还介绍了制药车间工艺设计的部分内容。

　　本书共有16个项目及附录,内容包括总论,流体流动,流体输送机械,沉降与过滤,搅拌,传热,蒸馏,干燥,制水与灭菌,破碎、筛分与混合,固液浸取,固体制剂,液体制剂,气体制剂,药品包装设备,制药工程设计及附录。其中,总论、流体流动、流体输送机械由杨俊杰编写;沉降与过滤、干燥、制水与灭菌由王利编写;搅拌、固体制剂工程由李继红编写;传热、蒸馏由杜晶编写;固液浸取、液体制剂设备、气体制剂由高丽编写;包装机械、制剂工程设计及附录由刘琰编写。

　　本书在编写过程中参考并引用了大量以往教材、专著、文献,在此对原作者谨表感谢。

　　由于编者水平有限,本书疏漏和不足之处在所难免,真诚希望读者批评指正。

编　者

2017 年 1 月

项目 1　总　论

📖 **知识目标**

- 熟悉制药工程原理与设备的定义、主要内容、课程的性质、任务及基本计算;
- 熟悉设备管理与验证的内容;
- 掌握有 3 大传递的定义、制药设备编码的构成。

📖 **技能目标**

- 能够正确认识和使用制药设备的编码。

📖 **知识点**

- 制药工程原理与设备定义;3 大传递;单元操作;过程核算;设备参数。

　　随着社会的发展,人们的生活水平不断提高的同时,疾病也在不断地演化和产生,人们对药品的需求也提出了越来越高的要求,而制药工业是药品生产的基本保证。因此,探讨制药工程原理与设备对保障药品制备过程的规模化,使所生产的药品质量更好、产量更大,满足更多人的需要等方面具有重要意义。

任务 1.1　制药工程原理与设备的概念与研究内容

1.1.1　制药工程原理与设备的概念

　　制药工程原理与设备是以药学、化工、机械、工程以及相关学科的理论和工程技术为基础,研究和探讨制药过程中原料、半成品和成品的生产原理与设备的一门应用性学科。

1.1.2 课程的性质及任务

本课程为中药、药学、制药工程等相关专业的专业课或专业基础课,其主要任务是研究制药生产中的基本单元操作、基本设备的选型、设计及工艺尺寸计算等,培养学生解决实际单元操作问题的能力。

1.1.3 制药工程原理与设备的研究内容

1)单元操作

制药生产过程中所包括的操作一般分为两类:一类是以化学处理为主的过程,在反应器内进行,不同的药物生产需要的反应设备差别很大,不属于本课程讨论范畴;另一类是没有发生化学变化的纯物理过程,称为单元操作。例如,原料的粉碎、筛分混合、输送,半成品的提纯、精制,成品的制剂等。

一种药物的生产制造过程从原料到产品,是由若干个单元操作串联而成,而每一个单元操作都是在一定的设备内进行的。

单元操作纯属物理性操作,只改变物料的状态和物理性质,不改变其化学性质。同类单元操作其基本原理相同,操作设备往往可以通用;不同生产过程可以由共有的单元操作组合而成。

2)3 大传递

制药工程中涉及的单元操作按照物理本质而言,主要包括动量传递、能量传递和质量传递,被称为"3 大传递"。

(1)动量传递

主要内容为流体力学的基本规律,如流体的输送、沉降、过滤、离心分离、沉降等。

(2)能量传递

主要内容为热量传递的基本规律,如加热、冷却、蒸发等。

(3)质量传递

主要内容为物质相界面迁移过程的基本规律,如蒸馏、干燥、固液萃取等。

3)过程核算

(1)物料衡算

根据质量守恒定律,在某一设备内输入物质质量与输出物质质量的差等于累积于设备内的物质质量,即

$$输入物质质量 - 输出物质质量 = 累积物质质量$$

上式为物料衡算的通式,适用任何指定的空间范围,并适用于涉及的全部物料。对于连续操作过程,各物理量不随时间改变,累积物质为 0,即

$$输入物质质量 = 输出物质质量$$

物料衡算要先设定出衡算范围,间歇生产一般以一个批次为基准,连续生产以单位时间为基准。

（2）热量衡算

根据能量守恒,在某一设备内热量变化为

输入系统热量 − 输出系统热量 = 热损失

热量守恒要考虑变化前后所有物质温度、内能等变化及所有热量损失。

（3）过程平衡与衡算

①过程平衡表明过程进行的方向和能够达到的极限。利用平衡条件,可找出理想条件下物料或能量利用的极限,为确定工艺方案提供依据。还可用实际操作条件结果与平衡数据的比较作为衡量过程的效率,从而找出改进实际操作的方法。

②过程速率指过程进行的快慢。过程速率决定了设备生产能力的大小。其表达式为

$$过程速率 = \frac{过程推动力}{过程阻力}$$

过程推动力是指过程在某瞬间距平衡点的差值,它可以是压力差、温度差及浓度差等。增大过程的推动力或减小过程的阻力均可提高过程速率,要综合考虑整个生产过程进行调整。

（4）经济核算

在选用或设计一定生产能力的设备时,要考虑操作参数与设备费用和操作费用的关系,选择高效节能的方案,降低经济成本。

4）单位制与换算

（1）单位制

在科技的发展过程中,不同的地区、不同的行业产生众多不同的单位表示方法,给应用和国际交往带来不必要的麻烦。1960 年,十一届国际计量大会上通过一种新的国际统一单位符号,国际符号为 SI,见表1.1。

表1.1 国际单位符号

单位	长度	时间	质量	温度	电流	光照强度	物质的量
符号	m	s	kg	k	A	cd	mol

SI 的特点是:具有通用性,所有物理量的单位都可由上述 7 个基本单位导出;具有一贯性,任何一个 SI 导出单位都可由上述 7 个基本单位相乘或相除而导出;每种物理量只有一个单位,如热、功、能三者的单位都采用 J（焦［耳］）,转换时无须换算因数。

目前,国际单位制已为世界各国广泛采用,我国法定标准也采用此种方法。

（2）单位换算

同一种物理量如果用不同单位度量时就要通过换算因数换算成同一单位。

任务 1.2　制药设备的分类与命名

1.2.1　制药设备的分类

制药机械设备的生产制造从属性上属于机械工业的子行业之一。按《制药机械名词术语》(GB/T 15692.1-9—1995)共分为 8 类,具体分类如下:

GB/T 15692.1 制药机械 pharmaceutical machinery

GB/T 15692.2 原料药设备及机械 machinery and equipment for pharmaceutical material

GB/T 15692.3 制剂机械 preparation machinery

GB/T 15692.4 药用粉碎机械 pharmaceutical milling machinery

GB/T 15692.5 饮片机械 sliced herbal medicine machinery

GB/T 15692.6 制药用水设备 water treatment equipment for pharmaceutical use

GB/T 15692.7 药品包装机械 pharmaceutical packaging machinery

GB/T 15692.8 药物检测设备 medicine detecting instrument

GB/T 15692.9 其他制药机械及设备 other pharmaceutical machinery and equipment

1.2.2　制药设备的特征

1)制药机械产品代码

制药机械的代码按《全国工农业产品(商品、物资)分类与代码》(GB 7635—87)标准划分,制药机械代码共有 6 组数据组成。前两组 65 64,即机械产品[65]、制药机械[64]。第三组为制药机械的大类,如原料药设备及机械[10]、制剂机械 [13]、药用粉碎机械[16]、饮片机械[19]等。第四组为区分各剂型机械的代码,如片剂机械[01]、水针剂机械[05]、大输液剂机械[13]、硬胶囊剂机械[17]等。第五组为按功能分类的代码,如片剂机械中压片机械[05]。第六组按形式、结构分类,如压片机中,单冲[01]、高速旋转压片机[09]、自动高速压片机 [13]。例如,高速旋转压片机代码为 65 64 13 01 05 09,即第一层为机械产品 [65]、第二层为制药机械[64]、第三层为制剂机械[13]、第四层为片剂机械 [01]、第五层为压片机械[05]、第六层为高速旋转压片机[09]。

2)制药机械产品的型号

制药机械产品型号的编制来源于行业标准《制药机械产品型号编制方法》,便于设备的销售、管理、选型与技术交流。其型号编制为主型号 + 辅助型号。主型号:由制药机械分类名称代号、产品型号、功能及特征代号组成。辅助型号由主要参数、改进设计顺序号等组成。其格式为

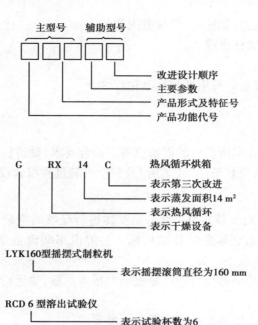

示例:

3) 制药设备参数

设备参数一般是指设备的技术参数或性能参数,一般包括生产能力、容积、设备规格、电源、工作温度、功率、包装尺寸、质量等。通常,在设备铭牌和说明书中予以说明。设备参数所表明的意义如下:

①是设备正常运行的指标,也是药品生产设定要求的指标。

②是保证药品质量和药品安全生产的参数。如果设备在运行中偏离了正常参数,则会影响产品质量或产生安全隐患。

③药品生产工艺中的一些参数进行监控的依据,如压力、流量、温度等。

④对企业的水源、电力、蒸汽等能源进行计量监测。

⑤可作为设备维护保养及检修的依据。

⑥为安装设备提供参考,如设备尺寸、质量等。

⑦根据参数选用和配置设备,以满足工艺要求和生产要求,达到预期的生产规格和生产规模。

1.2.3 设备管理与验证

设备可分为现有设备和新设备。管理与验证内容主要包括新处方、新工艺和新拟操作规程的适应性,在设计运行参数范围内,能否始终如一地制造出合格产品。另外,事先须进行设备清洁验证。新设备的验证工作包括预确认、安装确认、运行确认及性能确认等。

1) 预确认

预确认是指对待订购设备或设施技术指标适用性的审查及对供应厂商的选定(设计、选型论证的书面报告)。一般由工程设备部、QA、供应部和使用部门共同进行。应包括以下内容:

①设备性能,生产能力,如速度、装量范围等。

②符合 GMP 要求,如材质等。

③便于清洗的结构。

④设备零件、计量仪表的通用性和标准化程度。

⑤合格的供应商。

2）安装确认

安装确认的目的是证实所供应的设备规格应符合要求,设备所备有的技术资料应齐全。开箱验收应合格,并确认安装条件(或场所)及整个安装过程符合设计要求。

3）运行确认

根据使用 SOP 草案对设备的每一部分及整体进行足够的空载试验,来确保该设备能在要求范围内准确运行并达到规定的技术指标。一般由车间设备动力人员、车间操作人员、QA 共同进行。确认包括以下内容:

①确认设备运行的结果符合生产厂家提供的技术指标,如运行速度、安全、控制、报警等指标。

②确认设备运行符合即将生产产品质量标准要求。

③确认配套的设施能够满足设备运行要求。

④确认将使用的材料能够满足设备生产要求。

⑤确认 SOP 的适用性。

⑥仪表的可靠性。

⑦设备运行的稳定性。

4）性能确认

性能确认即设备的负载性能确认。当运行确认合格后,按照实际生产要求进行运行,通过实际运行的结果或生产产品的质量指标确认设备的适用性及稳定性。关键设备的性能确认可在工艺验证同时进行。

技能实训 1　制药设备观察与记录

【实训目的】

掌握制药设备型号的编写规律,熟悉设备铭牌的意义。

【实训内容】

记录每个制药设备的型号,根据国家标准,标出各个参数的代表意义,记录每个设备的铭牌。

【结果记录】

将实训结果填入表 1.2 中。

表 1.2　实训结果记录

设备名称	所属类别	型号	型号意义	铭牌内容

【思考题】

某制药设备厂自行研制出一种微波干燥装置(第一代),请试着设计此设备的编码和设备型号。

项目小结

学生通过本项目的学习,能够初步了解本门课程的概况,熟悉本门课程的基本概念和基本内容,能够正确识别制药设备。为本门课程的学习、实训内容的开展、职业素养的初步形成奠定基础。

复习思考题

一、名词解释

制药工程原理与设备;单元操作;设备参数。

二、填空题

1.国际单位制符号有 _____、_____、_____、_____、_____、_____、_____。

2.制药机械设备的代码共由_____个部分组成。

3.制药机械设备的型号中主型号由_____、_____、_____组成,辅助型号由_____、_____组成。

4.设备验证的4个步骤为_____、_____、_____、_____。

三、问答题

1.过程核算包括哪些内容?

2.设备参数对制药设备的主要意义是什么?

项目 2   流体流动

在制药生产过程中,常将蒸汽、纯净空气、水或其他有机溶媒从一个地方输送到另一个地方。为了达到输送流体的目的,同时能够节约生产成本,需要解决选用何种规格的输送设备及如何安装使用设备等问题。这就需要深入了解流体的力学性质、流体流动规律和有关设备选型的基本方法。

任务 2.1   流体静力学

物体有三相,即固相、液相和气相。其中,液体和气体统称为流体。流体受压力作用后不会产生体积压缩而密度增大的为不可压缩性流体;流体的体积和密度随压力改变而改变的为可压缩性流体。流体的形状随容器而自动改变的过程称为流体流动。

流体是由大量不规则运动的分子组成的,各分子之间以及分子内部的原子之间存在一定的空隙,故流体是不连续的。为了认识有关流体运动的规律,建立以下流体力学模型:

①流体的连续介质模型。不考虑流体分子间的间隙,把流体视为由无数连续分布的流

体微团组成的连续介质。

②不可压缩性流体模型。当流体的压缩性很小且可以忽略时,该流体被认为是不可压缩的。

③理想流体模型。具有黏性的流体($\mu \neq 0$)。忽略黏性的流体($\mu = 0$)是理想流体模型。通过以上的流体力学模型研究,得出结论后应用于实际流体。

流体静力学主要研究静止流体的力学平衡规律。

2.1.1　基本概念

1)流体的密度

流体的密度是指单位体积的流体所具有的质量,SI 单位为 kg/m^3。可表示为

$$\rho = \frac{m}{V} \tag{2.1}$$

式中　ρ——流体的密度;

　　　m——流体的质量;

　　　V——流体的体积。

(1)影响因素

对于液体而言,可认为是不可压缩性流体,密度大小与温度有关;气体为可压缩性流体,密度与温度和压强有关。

(2)理想气体的密度

对于理想气体而言,在一定操作(P,T)条件的密度为

$$PV = nRT \Rightarrow \rho = \frac{m}{V} = \frac{nM}{V} = \frac{PVM}{RTV} = \frac{PM}{RT} \tag{2.2}$$

式中　P——压强;

　　　T——温度;

　　　n——物质的量;

　　　M——物质的摩尔质量。

(3)混合流体的密度

①液体混合物的密度 ρ_m

取 1 kg 液体,令液体混合物中各组分的质量分率分别为 $x_{wA}, x_{wB}, \cdots, x_{wn}$,其中,$x_{wi} = \frac{m_i}{m_{总}}$。

当 $m_{总} = 1$ kg 时

$$x_{wi} = m_i$$

$$V_{总} = \frac{x_{wA}}{\rho_1} + \frac{x_{wB}}{\rho_2} + \cdots + \frac{x_{wn}}{\rho_n} = \frac{m_{总}}{\rho_m}$$

$$\frac{1}{\rho_m} = \frac{x_{wA}}{\rho_1} + \frac{x_{wB}}{\rho_2} + \cdots + \frac{x_{wn}}{\rho_n} \tag{2.3}$$

②气体混合密度

取 1 m³ 的气体为基准,令各组分的体积分率为 $x_{VA}, x_{VB}, \cdots, x_{Vn}$,其中,$x_{Vi} = \dfrac{V_i}{V_总}$。

当 $V_总 = 1$ m³ 时,$x_{Vi} = V_i$,由 $\rho = \dfrac{m}{V}$ 知:

混合物中各组分的质量为 $\rho_1 x_{VA}, \rho_2 x_{VB}, \cdots, \rho_n x_{Vn}$。

若混合前后,气体的质量不变,$m_总 = \rho_1 x_1 + \rho_2 x_2 + \cdots + \rho_n x_n = \rho_m V_总$

当 $V_总 = 1$ m³ 时

$$\rho_m = \rho_1 x_1 + \rho_2 x_2 + \cdots + \rho_n x_n \tag{2.4}$$

对于理想气体而言

$$\rho_m = \frac{PM_m}{RT} \tag{2.5}$$

混合气体平均摩尔质量 $M_m = M_1 Y_1 + M_2 Y_2 + \cdots + M_n Y_n$,其中,$Y_i$ 为气体摩尔分数。

(4)与密度相关的几个物理量

①比容

单位质量的流体所具有的体积,用 υ 表示,单位为 m³/kg。

②比重(相对密度)

某物质的密度与 4 ℃下的水的密度的比值,用 d 表示,即

$$d = \frac{\rho}{\rho_{4℃水}} \qquad \rho_{4℃水} = 1\ 000 \text{ kg/m}^3$$

常见流体的密度如下:

水——1 000 kg/m³;

空气——1.23 kg/m³;

水银——136 000 kg/m³。

【例题2.1】 已知空气组成为 21% 的 O_2 和 79% 的 N_2(均为体积分数),试求在 150 kPa 和 320 K 时空气的密度。

解 空气为混合气体,先求 M_m。在相同状态下,气体体积之比等于物质的量之比,故

$$M_m = M_1 Y_1 + M_2 Y_2$$

已知 $M_1 = 32, Y_1 = 0.21, M_2 = 28, Y_2 = 0.79$,故

$$M_m = 0.21 \times 32 \text{ kg/kmol} + 0.79 \times 28 \text{ kg/kmol} = 28.84 \text{ kg/kmol}$$

则

$$\rho_m = \frac{PM_m}{RT} = \frac{150 \times 1\ 000 \times 28.84}{8.314 \times 320} \text{ kg/m}^3 = 1.626 \times 10^3 \text{ kg/m}^3$$

2)流体的静压强

(1)压强的定义

流体的单位表面积上所受的压力,称为流体的静压强,简称压强。SI 制单位为 N/m²,即

Pa,则

$$p = \frac{F_v}{A}$$

(2.6)

式中 p——流体的静压强,Pa;

　　　F_v——垂直作用于流体表面的作用力,N;

　　　A——作用面的面积,m^2。

其他常用单位有:atm(标准大气压)、工程大气压 kgf/cm^2,bar;流体柱高度(mmH_2O,mmHg 等)。

$$1 巴(bar) = 1 工程大气压 = 1 千克力$$

换算关系为

$$1 \text{ atm} = 1.033 \text{ kgf/cm}^2 = 760 \text{ mmHg}$$

$$= 10.33 \text{ mmH}_2\text{O} = 1.013\ 3 \text{ bar} = 1.013\ 3 \times 10^5 \text{ Pa}$$

$$1 工程大气压 = 1 \text{ kgf/cm}^2 = 735.6 \text{ mmHg}$$

$$= 10 \text{ mmH}_2\text{O} = 0.980\ 7 \text{ bar} = 9.807 \times 10^4 \text{ Pa}$$

(2)压强的表示方法

①绝对压强(绝压):流体体系的真实压强。

②表压强(表压):压力上读取的压强值。

③真空度:真空表的读数。

$$表压强 = 绝对压强 - 大气压强$$

$$真空度 = 大气压强 - 绝对压强 = -表压$$

它们之间的关系如图2.1所示。

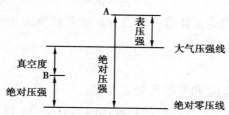

图 2.1　绝对压强与表压强及真空度之间的关系

【例题2.2】　用多效蒸发器蒸发硝酸钠溶液,规定末效蒸发器的绝对压强为 0.13×10^5 Pa,问在北京地区(大气压强为 $1.013\ 3 \times 10^5$ Pa)和兰州地区(大气压强为 0.853×10^5 Pa)操作时,真空表上读数各为多少?

　　解　北京地区大气压强为 $1.013\ 3 \times 10^5$ Pa。故在该地区操作时,真空表上读数即真空度为

$$1.013\ 3 \times 10^5 \text{ Pa} - 0.13 \times 10^5 \text{ Pa} = 0.883\ 3 \times 10^5 \text{ Pa}$$

　　兰州地区大气压强为 0.853×10^5 Pa,故在该地区操作时,真空表上的读数即真空度为

$$0.853 \times 10^5 \text{ Pa} - 0.13 \times 10^5 \text{ Pa} = 0.723 \times 10^5 \text{ Pa}$$

2.1.2　流体静力学方程

1)方程的推导

如图2.2所示,在1—1′截面受到垂直向下的压力为

$$F_1 = p_1 A$$

在2—2′截面受到垂直向上的压力为

$$F_2 = p_2 A$$

小液柱本身所受的重力

$$W = mg = \rho Vg = \rho A(z_1 - z_2)g$$

因小液柱处于静止状态,故

$$\sum F = 0 \qquad F_2 - F_1 - \rho A(z_1 - z_1)g = 0$$

两边同时除以A

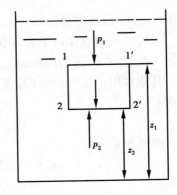

图2.2　液柱受力分析图

$$\frac{F_2}{A} - \frac{F_1}{A} - \rho g(z_1 - z_2) = 0$$

$$p_2 - p_1 - \rho g(z_1 - z_2) = 0$$

$$p_2 = p_1 + \rho g(z_1 - z_2)$$

令$z_1 - z_2 = h$,则得

$$p_2 = p_1 + \rho gh \qquad\qquad (2.7)$$

若取液柱的上底面在液面上,并设液面上方的压强为p_0,取下底面在距离液面h处,作用在它上面的压强为p,即$p_1 = p_0$,$p_2 = p$,则可得

$$p = p_0 + \rho gh \qquad\qquad (2.8)$$

式(2.7)和式(2.8)被称为流体静力学方程。表明在重力作用下,静止液体内部压强的变化规律。

2)方程的讨论

①液体内部压强p是随p_0和h的改变而改变。

②当容器液面上方压强p_0一定时,静止液体内部的压强p仅与垂直距离h有关,处于同一水平面上各点的压强相等。

③当液面上方的压强改变时,液体内部的压强也随之改变,即液面上所受的压强能以同样大小传递到液体内部的任一点。

④从流体静力学的推导可以看出,它们只能用于静止的连通着的同一种流体的内部,对于间断的并非单一流体的内部则不满足这一关系。

⑤式(2.8)可改写为

$$\frac{p - p_0}{\rho g} = h$$

压强差的大小可利用一定高度的液体柱来表示,这就是液体压强计的依据。在使用液柱高度来表示压强或压强差时,需指明何种液体。

⑥方程是以不可压缩流体推导出来的,对于可压缩性的气体,只适用于压强变化不大的情况。

【例题2.3】 图2.3中开口的容器内盛有油和水,油层高度 $h_1 = 0.7$ m,密度 $\rho_1 = 800$ kg/m³,水层高度 $h_2 = 0.6$ m,密度为 $\rho_2 = 1\,000$ kg/m³。

(1)判断下列两个关系是否成立

$$p_A = p_{A'}, p_B = p_{B'}$$

(2)计算玻璃管内水的高度 h。

解 (1)判断题中所给出的两个关系是否成立

因 A,A′ 在静止的连通着的同一种液体的同一水平面上,故

$$p_A = p_{A'}$$

因 B,B′ 虽在同一水平面上,但不是连通着的同一种液体即截面 B—B′ 不是等压面,故

$$p_B = p_{B'}$$

不成立。

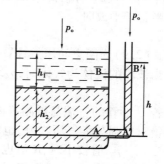

图2.3 容器盛油和水

(2)计算水在玻璃管内的高度 h

因

$$p_A = p_{A'}$$

p_A 和 $p_{A'}$ 又分别可用流体静力学方程表示。

设大气压为 p_0,则

$$p_A = p_0 + \rho_{油} g h_1 + \rho_{水} g h_2, P_{A'} = \rho_{水} g h + p_0$$

$$p_0 + \rho_{油} g h_1 + \rho_{水} g h_2 = p_0 + \rho_{水} g h$$

$$800 \times 0.7 + 1\,000 \times 0.6 = 1\,000 h$$

则

$$h = 1.16 \text{ m}$$

2.1.3 流体静力学方程的应用

1)压力与压力差的测量

(1)U 形管压差计

U 形管压差计是一根如图2.4所示的 U 形玻璃管,内装指示液 A,它与被测液体不互溶,其密度大于被测流体密度。将 U 形管两端与管道上两截面1—1′与2—2′的测压口用软管相连,如果作用于两截面上的静压强不等,则指示液在 U 形管两侧便出现高度差。高度差可设计成压差计的读数,其值反映了1—1′与2—2′两截面压强的差别。通过静力学基本方程式求得

$$p_a = p_b$$

根据流体静力学方程

$$p_a = p_1 + \rho_B g(m + R)$$

$$p_b = p_2 + \rho_B g(z + m) + \rho_A g R$$

故

$$p_1 + \rho_B g(m + R) = p_2 + \rho_B g(z + m) + \rho_A g R$$

$$p_1 - p_2 = (\rho_A - \rho_B)gR + \rho_A gz$$

当管子平放时

$$p_1 - p_2 = (\rho_A - \rho_B)gR \qquad (2.9)$$

式(2.9)为两点间压差计算公式。

当被测的流体为气体时,$\rho_A \gg \rho_B$,ρ_B 可忽略,则

$$p_1 - p_2 \approx \rho_A gR$$

若 U 形管的一端与被测流体相连接,另一端与大气相通,那么,读数 R 就反映了被测流体的绝对压强与大气压之差,也就是被测流体的表压。

当 $p_1 - p_2$ 值较小时,R 值也较小,若希望读数 R 清晰,可采取以下 3 种措施:两种指示液的密度差尽可能减小;采用倾斜 U 形管压差计;采用微差压差计。

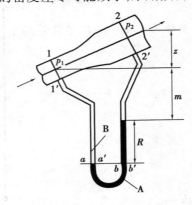

图 2.4　U 形管压差计

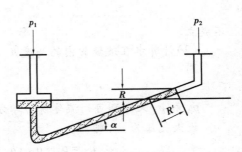

图 2.5　倾斜 U 形管压差计

(2)倾斜 U 形管压差计

如图 2.5 所示,假设垂直方向上的高度为 R,读数为 R',与水平倾斜角度 α,则

$$R'\sin\alpha = R$$

$$R' = \frac{R}{\sin\alpha}$$

由上式可知,α 越小,则 R' 比 R 放大倍数越大。

(3)微差压差计

如图 2.6 所示,U 形管的两侧管的顶端增设两个扩大室,其内径与 U 形管的内径之比大于 10,装入两种密度接近且互不相溶的指示液 A 和 C,且指示液 C 与被测流体 B 也不互溶。由于扩大室面积与 U 形管截面相差很大,即使 U 形管内液面差 R 很大,扩大室内液面变化仍很小,可以认为是等高。

根据流体静力学方程可导出

$$p_1 - p_2 = (\rho_A - \rho_C)gR \qquad (2.10)$$

(4)弹簧管压力计

弹簧管式压力计的工作原理是:弹簧管在压力的作用下,其自由端产生位移。该位移量通过拉杆带动传动放大机构,使指针偏转,并在刻度盘上指示出被测压力值,如图 2.7 所示。

2)液面的测量

制药生产过程中,需要了解密闭反应器或贮罐中的贮存量或控制液面位置,需要对液面

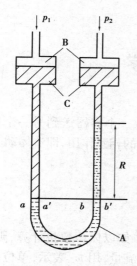
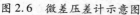

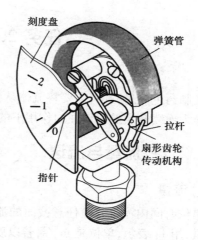

图 2.6　微差压差计示意图　　　　　　图 2.7　弹簧管压力计结构示意图

进行测定。可根据流体静力学方程来进行设计液位计。

　　液柱压差计测量液位的方法如图 2.8 所示。由压差指示液的读数 R 可计算出容器内液面的高度。当 $R=0$ 时,容器内的液面高度将达到允许的最大高度,容器内液面越低,压差计读数 R 越大。

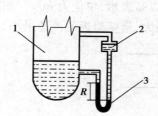

图 2.8　液位的测量
1—容器;2—平衡器的小室;
3—U 形管压差计

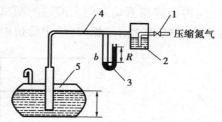

图 2.9　远距离液位的测量
1—调节阀;2—鼓泡观察器;3—U 形管压差计;
4—吹气管;5—贮罐

　　远距离控制液位的方法,如图 2.9 所示。压缩氮气自管口经调节阀通入,调节气体的流量使气流速度极小,只要在鼓泡观察室内看出有气泡缓慢逸出即可。压差计读数 R 的大小反映出贮罐内液面的高度。

3)液封高度的确定

　　制药生产中,常需要对设备进行安全设定,安全液封是常用的方法之一,如图 2.10 所示。液封的作用是:当气体压力超过设定的限度时,气体冲破液封流出,又称安全性液封;若设备内为负压操作,其作用是防止外界空气进入设备内。

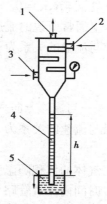

图 2.10　液封示意图
1—气体出口;2—冷水进口;
3—水蒸气进口;4—气压管;
5—液封管

任务 2.2　流体动力学

在制药生产过程中,需要将流体从低位送到高位,或者从一个容器送到另一个容器中。研究作为连续介质的流体在力作用下的运动规律及与某边界的相互作用,即流体动力学。

2.2.1　流量与流速

1)流量

单位时间内流过管道任意截面的流体的数量称为流量。如以体积数量计算,则称为体积流量,用 V_s 表示,单位是 m^3/s;若以质量计算,则称为质量流量,用 w_s 表示,单位是 kg/s。V_s 与 w_s 之间的关系为

$$w_s = V_s \cdot \rho \tag{2.11}$$

式中　ρ——液体的密度,kg/m^3。

2)流速

单位时间内流体在流动方向上流过的距离称为流速,以 u 表示,单位为 m/s。如图 2.11 所示,管道中各点的流速不尽相同,位于管道中心处流速最大,管壁附近的流速最小。

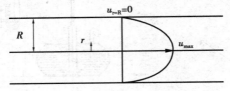

图 2.11　流速示意图

管中心:$r = 0$,$u_r = u_{max}$。

管壁处:$r = R$,$u_r = 0$。

工程上通常所说的流速是平均流速。

流速与流量的关系为

$$u = \frac{V_s}{A} \tag{2.12}$$

式中　A——与流体方向垂直的管道截面积,m^2。

流量与流速的关系为

$$w_s = V_s \cdot \rho = uA\rho \tag{2.13}$$

由于气体的体积随温度和压强而变化,可采用质量流速就可以避免上述问题。质量流速是单位时间内流过管路界面的质量,用 G 表示。其表达式为

$$G = \frac{w_s}{A} = \frac{\rho \cdot V_s}{A} = u\rho \tag{2.14}$$

式中　G——质量流速或质量通量,$kg/(m^2 \cdot s)$。

3)管道直径的估算

通常情况,管道截面为圆形,以 d 表示直径,则截面积为

$$A = \frac{\pi d^2}{4}$$

代入式(2.12),可推导出

$$u = \frac{4V_s}{\pi d^2} \qquad (2.15)$$

式(2.15)称为流量方程。根据流量方程可设计出所需管道的直径,即

$$u = \frac{V_s}{A} = \frac{V_s}{\frac{\pi}{4}d^2} = \frac{V_s}{0.785d^2} \Rightarrow d = \sqrt{\frac{V_s}{0.785u}}$$

流量一般为生产任务所决定,而合理的流速则应根据经济权衡决定,一般液体流速为 $0.5 \sim 3$ m/s,气体为 $10 \sim 30$ m/s。某些流体在管道中的常用流速范围见表2.1。

表2.1 常见流体在管道中的流速

流体的类别	使用条件	流速范围 /(m·s⁻¹)	流体的类别	使用条件	流速范围 /(m·s⁻¹)
自来水	管路 3×10^5 Pa 左右	$1 \sim 0.5$	高压空气	风机出口、管路	$15 \sim 25$
工业供水	管路 8×10^5 Pa 以下	$1.5 \sim 3.0$	水及低黏度液体	泵进口 $(1 \times 10^5 \sim 1 \times 10^6)$ Pa	$0.5 \sim 1.0$
锅炉供水	管路 8×10^5 Pa 以下	>3.0	高黏度液体	泵进口	$0.5 \sim 1.0$
饱和蒸汽	管路	$20 \sim 40$	液体自流速度	(冷凝水等)	0.5
一般气体	管路(常压)	$10 \sim 20$			

工程上管径的表示方法:$\phi 89 \times 3.5$ 表示此管的外径为 89 mm,壁厚为 3.5 mm,内径为 $d = 89$ mm $- 3.5$ mm $\times 2 = 82$ mm。

【例题2.4】 某厂精馏塔进料量为 50 000 kg/h,料液的性质和水相近,$u = 1.8$ m/s,密度为 960 kg/m³,试选择进料管的管径。

解 由

$$d = \sqrt{\frac{V_s}{0.785u}} \qquad w_s = V_s \cdot \rho \Rightarrow V_s = \frac{w_s}{\rho} = \frac{50\ 000}{3\ 600 \times 980} \text{ m}^3/\text{s} = 0.014\ 1 \text{ m}^3/\text{s}$$

得

$$d = \sqrt{\frac{0.014\ 1}{0.785 \times 1.8}} \text{ m} = 0.1 \text{ m}$$

根据附录管子规格可选择选用 $\phi 108 \times 4$ mm 的无缝钢管,其内径为 $d = 108$ mm $- 4$ mm $\times 2 = 100$ mm $= 0.1$ m。

2.2.2 定态流的连续性方程

1) 定态流与非定态流

流体在管道中流动时,管道内任何空间位置处流体的流速、流量、压力参数都不随时间改变而变化,这种流动称为定态流动;反之,如果各空间位置处流体流动的各参数随时间改变而改变,则称为非定态流动。液体输送时,主要研究对象为定态流。

2) 定态流的连续性方程

连续性方程是质量守恒定律的一种表现形式。在稳定连续流动系统中,对直径不同的管段作物料衡算,如图 2.12 所示。以管内壁、截面 1—1′ 与 2—2′ 为衡算范围。由于把流体视为连续介质,即流体充满管道,并连续不断地从截面 1—1′ 流入、从截面 2—2′ 流出。对于连续稳态的一维流动,如果没有流体的泄漏或补充,由物料衡算的基本关系为

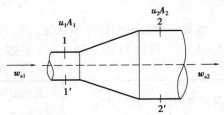

图 2.12 连续性方程的推导示意图

输入质量流量 = 输出质量流量

若以 1 s 为基准,则物料衡算式为

$$w_{s1} = w_{s2}$$

因 $w_s = uA\rho$,故上式可写为

$$w_s = u_1 A_1 \rho = u_2 A_2 \rho$$

推广到管路上任何一个截面,即

$$w_s = u_1 A_1 \rho = u_2 A_2 \rho = \cdots = u_n A_n \rho = 常数 \tag{2.16}$$

式(2.16)称为管内稳定流体的连续性方程式。它反映了在稳定流动系统中,流体流经各截面的质量流量不变时,管路各截面上流速的变化规律。此规律与管路的安排以及管路上是否装有管件、阀门或输送设备等无关。

对于不可压缩的流体,即 $\rho = 常数$,可得

$$u_1 A_1 = u_2 A_2 = \cdots = u_n A_n = 常数$$

若管路直径相同

$$u_1 = u_2 = \cdots = u_n = 常数$$

对于在圆管内作稳态流动的不可压缩流体

$$u_2 = u_1 \frac{A_1}{A_2} = u_1 \left(\frac{d_1}{d_2} \right)^2 \tag{2.17}$$

3) 流动系统的能量守恒

(1) 流体具有的能量

①内能:是储存于流体内部的能量,它是由原子和分子的运动以及彼此相互作用而产生的能量综合。它与流体的温度有关,用 U 表示,单位是 J/kg。

②位能:流体因受重力的作用,在不同高度的位置上所具有的能量称为位能,也称势能,用 $E_{位}$ 表示,单位是 J/kg。其计算式为

$$E_{位} = mgh$$

当 $m = 1$ kg 时

$$E_{位} = gh \qquad (2.18)$$

③动能:流体因流动所具有的能量,用 $E_{动}$ 表示,单位是 J/kg。根据牛顿定律,得

$$E_{动} = \frac{1}{2}mu^2$$

当 $m = 1$ kg 时

$$E_{动} = \frac{1}{2}u^2 \qquad (2.19)$$

④静压能:流体因具有静压力而产生的能量,称为压能,用 $P_{静}$ 表示。单位是 J/kg。其计算式为

$$P_{静} = m\frac{p}{\rho}$$

当 $m = 1$ kg 时

$$P_{静} = \frac{p}{\rho} \qquad (2.20)$$

⑤系统与外界交换的能量:在制药厂的管路系统中,有流体输送机械(如离心泵),有加热器或者冷却器(如管壳式换热器),它们给系统提供能量或者取走能量。

1 kg 流体从输送机械获得的能量称为有效功,用 W_e 表示,单位是 J/kg。1 kg 流体与热交换器交换的能量用 Q_e 表示,单位是 J/kg。

流体所具有的总能量计算式为

$$E_{总} = U + E_{位} + E_{动} + P_{静} + W_e + Q_e$$

(2)伯努利方程

通常把无黏性、流动时不产生摩擦阻力的流体,称为理想流体。在实际生产中,理想流体是不存在的,它只是实际流体的一种抽象"模型"。

根据能量守恒定律,在流体从一个地方被输送到另一个地方的过程中,不论在什么位置,也不论上述 5 种形式的能量怎样改变,相互之间怎样转化,其各种机械能量的总和始终不变。

如图 2.13 所示,流体由下往上流动。选取 0—0′为基准面,在管道上任取两个截面 1—1′和 2—2′作为参照面。不考虑摩擦阻力和其他的能量损失。

在 1—1′面处,单位质量的流体的能量总和为

$$E_1 = U_1 + gz_1 + \frac{1}{2}u_1^2 + \frac{p_1}{\rho}$$

在 2—2′面处,单位质量的流体的能量总和为

$$E_2 = U_2 + gz_2 + \frac{1}{2}u_2^2 + \frac{p_2}{\rho}$$

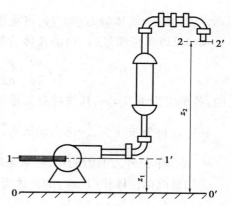

图 2.13 流体能量守恒

根据能量守恒,即 $E_1 = E_2$,可得

$$U_1 + gz_1 + \frac{1}{2}u_1^2 + \frac{p_1}{\rho} = U_2 + gz_2 + \frac{1}{2}u_2^2 + \frac{p_2}{\rho}$$

如果忽略内能变化,$U_1 = U_2$,可得

$$gz_1 + \frac{1}{2}u_1^2 + \frac{p_1}{\rho} = gz_2 + \frac{1}{2}u_2^2 + \frac{p_2}{\rho} \tag{2.21}$$

式(2.21)称为伯努利方程。

①对于不可压缩有黏性实际流体、有外功输入、稳态流动,阻力不能忽略,阻力用 h_f 表示,单位为 J/kg。外功输入用 W_e 表示,单位为 J/kg,则伯努利方程为

$$gz_1 + \frac{1}{2}u_1^2 + \frac{p_1}{\rho} + W_e = gz_2 + \frac{1}{2}u_2^2 + \frac{p_2}{\rho} + \sum h_f \tag{2.22}$$

式(2.22)以单位质量 1 kg 流体为衡算基准,单位为 J/kg。该式是研究和解决不可压缩流体流动问题的最基本方程式,表明流动系统能量守恒,但机械能不守恒。W_e 是输送设备对单位质量流体所做的有效功。由 W_e 可计算有效功率 N_e(J/s 或 W)为

$$N_e = W_e \times w_s \tag{2.23}$$

式中 w_s——流体的质量流量。

若已知输送机械的效率 η,则可计算轴功率 N,即

$$N = \frac{N_e}{\eta} \tag{2.24}$$

②不可压缩有黏性实际流体、无外功输入、稳态流动,伯努利方程可简化为

$$gz_1 + \frac{1}{2}u_1^2 + \frac{p_1}{\rho} = gz_2 + \frac{1}{2}u_2^2 + \frac{p_2}{\rho} + \sum h_f \tag{2.25}$$

对于不可压缩流体、具黏性的实际流体,因其在流经管路时产生摩擦阻力,为克服摩擦阻力,流体需要消耗能量。因此,两截面处单位质量流体所具有的总机械能之差值,即为单位质量流体流经该截面间克服摩擦阻力所消耗的能量。

③不可压缩流体、静止流体,伯努利方程可简化为

$$gz_1 + \frac{p_1}{\rho} = gz_2 + \frac{p_2}{\rho} \tag{2.26}$$

式(2.26)为流体静力学方程,可见流体的静止状态只不过是流动状态的一种特殊形式。

④如果以单位质量(1 N)的流体为基准,则式(2.22)左右两边同除以 g,得

$$z_1 + \frac{u_1^2}{2g} + \frac{p_1}{\rho g} + H_e = z_2 + \frac{u_2^2}{2g} + \frac{p_2}{\rho g} + H_f \tag{2.27}$$

式中,各单位为 J/N = m,其物理意义是每牛顿质量流体所具有的能量,又称压头。

其中,z 称为位压头,$\frac{u^2}{2g}$ 称为动压头,$\frac{p}{\rho g}$ 称为静压头。

H_e 表示单位外力所做的功,如果是离心泵则表示为扬程。H_f 为压头损失。

⑤如果以单位体积(1 m³)的流体为基准,则式(2.22)左右两边同乘以 ρ,得

$$\rho gz_1 + \frac{1}{2}\rho u_1^2 + p_1 + \rho W_e = \rho gz_2 + \frac{1}{2}\rho u_2^2 + p_2 + \rho \sum h_f \tag{2.28}$$

式中,各单位为 J/m³ = Pa,其物理意义是单位体积流体所具有的能量。

⑥各物理量取值及采用单位制方程中的压强 p、速度 u 是指整个截面的平均值,对大截面取 $u = 0$;各物理量必须采用一致的单位制。尤其两截面的压强不仅要求单位一致,还要求表示方法一致,即均用绝压、均用表压表或真空度。

⑦截面的正确选择对于顺利进行计算至关重要,选取截面应使:两截面间流体必须连续;两截面与流动方向相垂直(平行流处,不要选取阀门、弯头等部位);所求的未知量应在截面上或在两截面之间出现;截面上已知量较多(除所求取的未知量外,都应是已知的或能计算出来,且两截面上的 u,p,z 与两截面间的 $\sum h_f$ 都应相互对应一致)。

⑧选取基准水平面,原则上基准水平面可以任意选取,但为了计算方便,常取确定系统的两个截面中的一个作为基准水平面。如衡算系统为水平管道,则基准水平面通过管道的中心线若所选计算截面平行于基准面,以两面间的垂直距离为位头 z 值;若所选计算截面不平行于基准面,则以截面中心位置到基准面的距离为 z 值。z_1,z_2 可正可负,但要注意正负。

⑨伯努利方程式的推广

a. 可压缩流体:若所取系统两截面间的绝对压强变化小于原来绝对压强的 20%(即 $(p_1 - p_2)/p_1 < 20\%$)时,但此时方程中的流体密度 ρ 应近似地以两截面处流体密度的平均值 ρ_m 来代替。

b. 非稳态流体:非稳态流动系统的任一瞬间,伯努利方程式仍成立。

【例题2.5】 如图 2.14 所示,用泵将水从贮槽送至敞口高位槽,两槽液面均恒定不变,输送管路尺寸为 $\phi 83 \times 3.5$ mm,泵的进出口管道上分别安装有真空表和压力表,压力表安装位置离贮槽的水面高度 H_1 为 5 m。当输水量为 36 m³/h 时,进水管道全部阻力损失为 1.96 J/kg,出水管道全部阻力损失为 4.9 J/kg,压力表读数为 2.452×10^5 Pa,泵的效率为 70%,水的密度为 1 000 kg/m³,试求:

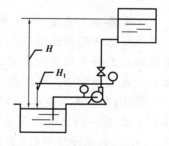

图 2.14 例题 2.5 图

(1)两槽液面的高度差 H 为多少?

(2)泵所需的实际功率为多少千瓦?

解 (1)两槽液面的高度差 H

在压力表所在截面 2—2′ 与高位槽液面 3—3′ 间列伯努利方程,以贮槽液面为基准水平面 0—0′,得

$$gH_1 + \frac{u_2^2}{2} + \frac{p_2}{\rho} = gH + \frac{u_3^2}{2} + \frac{p_3}{\rho} + \sum h_{f,2\text{-}3}$$

其中,$H_1 = 5$ m,$u_2 = V_s/A = 2.205$ m/s,$p_2 = 2.452 \times 10^5$ Pa,$u_3 = 0$,$p_3 = 0$,$\sum h_{f,2\text{-}3} = 4.9$ J/kg 代入上式得

$$H = 5 \text{ m} + \frac{2.205^2}{2 \times 9.81} \text{ m} + \frac{2.452 \times 10^5}{1\ 000 \times 9.81} \text{ m} - \frac{4.9}{9.81} \text{ m} = 29.74 \text{ m}$$

(2)泵所需的实际功率

在贮槽液面 0—0′ 与高位槽液面 3—3′ 间列伯努利方程,以贮槽液面为基准水平面,则

$$gH_0 + \frac{u_0^2}{2} + \frac{p_0}{\rho} + W_e = gH + \frac{u_3^2}{2} + \frac{p_3}{\rho} + \sum h_{f,0\text{-}3}$$

其中

$$H_0 = 0, H = 29.4 \text{ m}, u_0 = u_3 = 0, p_0 = p_3, \sum h_{f,0\text{-}3} = 6.86 \text{ J/kg}$$

代入上式得

$$W_e = 298.64 \text{ J/kg}$$

又 $\eta = 70\%$,则

$$\dot{N} = \frac{N_e}{\eta} = \frac{W_e \times w_s}{\eta} = 4.27 \text{ kW}$$

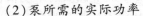

知识链接

伯努利方程与交通事故

①鄂洛多克惨案:1905 年冬,在俄国的鄂洛多克的小车站上,全站的 38 名员工列队站在铁路线两旁恭候沙皇尼古拉二世派来视察的钦差大臣。然而,专列进站时,没有缓缓进站而是狂风般地冲进了这条"人巷"。刹那间,"人巷"倒塌了,所有员工不由自主地向前倒去。结果造成 34 人丧生,4 人终身残疾。——《铁路志》

②1912 年秋,"奥林匹克"号正在大海上航行,在这艘当时世界上最大远洋轮的 100 m 处,有一艘比它小得多的巡洋舰"豪克"号正在向前疾驶,两艘船平行着驶向前方。忽然,正在疾驶中的"豪克"号好像被大船吸引似地,一点也不服从舵手的操纵,竟一头向"奥林匹克"号闯去。最后,"豪克"号的船头撞在"奥林匹克"号的船舷上,撞出个大洞,酿成一场重大海难事故。——《十万个为什么》

事故原因:根据伯努利方程,流体在同一水平面上运动时 $z_1 = z_2$,速度越大,压力越小,反之亦然。列车在高速通过时,周围的空气也被带着向前流动,越靠近列车的空气流速就越大,压力也越小;离列车越远,空气流速越慢,几乎静止不动,此时压力大的空气向压力小的方向流动,因此,站在路旁的人就觉得有人在往火车里推他们,所以是压力差把人推向列车。为确保人身安全,后来在所有站台上都画了一条"安全白线",是根据"伯努利方程"原理而划定。两艘船平行行驶时,中间的水流速比两边的流速快,因而内侧压力比外侧小,于是在内外压差的作用下,最终撞在一起,小船由于质量远小于大船,向中间靠拢的速度比大船快得多,因此造成小船撞击大船。物理学称为"船吸现象"。

任务2.3　流体在圆管中的流动状态

2.3.1　流体的黏度

1)流体的内摩擦力

人们通过实验测定发现,流体在管中的流动速度分布是不均匀的。如图2.15所示,在管道上任一横截面上各点的流体速度不同,管子中心流体速度最大,越接近管壁流体流动速度越小,在贴近管壁处,流动速度为零。各层速度不同,速度快的流体层对与之相邻的速度较慢的流体层发生了一个推动其向运动方向前进的力,而同时速度慢的流体层对速度快的流体层也作用一个大小相等、方向相反的力,即流体的内摩擦力。

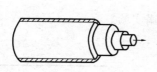
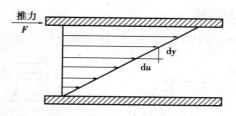

图2.15　水流筒模型　　　　图2.16　平板间速度分布

流体在流动时的内摩擦,是流动阻力产生的依据,流体流动时必须克服内摩擦力而做功,从而将流体的一部分机械能转变为热而损失掉。

2)牛顿黏性定律

流体流动所产生时内摩擦力的性质,称为黏性。设有上下两块平行放置、面积很大而相距很近的平板,两板间充满静止的液体,如图2.16所示。

实验证明,对于一定的液体,内摩擦力F与两流体层的速度差Δu成正比,与两层之间的垂直距离Δy成反比,与两层间的接触面积S成正比,即

$$F = \mu \frac{\Delta u}{\Delta y} S$$

式中　μ——比例系数,又称黏度系数,简称黏度。

单位面积上的内摩擦力称为剪应力,用τ表示,当流体在管内流动,忽略径向方向流速,则

$$\tau = \frac{F}{S} = \mu \frac{du}{dy} \tag{2.29}$$

式中　$\dfrac{du}{dy}$——速度梯度,表示与流动方向垂直的y方向速度变化率。

式(2.29)所显示的关系,称为牛顿黏性定律。

3)黏度

由式(2.29)可得

$$\mu = \frac{\tau}{\dfrac{\mathrm{d}u}{\mathrm{d}y}}$$

黏度是流体物理性质之一,其值由实验测定。液体的黏度随温度升高而减小,气体的黏度则随温度升高而增大。压力对液体黏度的影响则可忽略不计;气体的黏度,除非在极高或极低的压力下,可认为与压力无关。黏度是有限值的。混合物的黏度没有加和性,只能用实验或经验公式求取。流体的黏度也可通过相关手册查得。黏度名称为"泊",用符号 P 表示,或"厘泊",用符号 cP 表示。单位为 N·s/m²,或 Pa·s。其换算关系为

$$1\ \mathrm{Pa \cdot s} = 10\ \mathrm{P} = 1\ 000\ \mathrm{cP} = 1\ 000\ \mathrm{mPa \cdot s}$$

2.3.2 流体的流动类型与雷诺准数

1)雷诺实验

为了认识流体的流动状态,科学家设计了著名的雷诺实验。

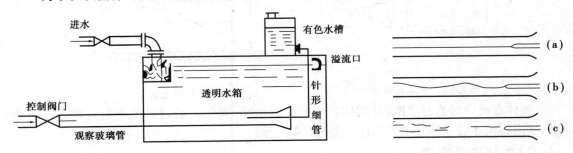

图 2.17 雷诺实验

当水的流量较小时,玻璃管水流中出现一丝稳定而明显的着色直线。随着流速逐渐增加,开始阶段着色线呈直线在管子中间位置流动,如图 2.17(a)所示,表明玻璃管内流体的质点彼此做平行于管中心线的直线运动,故把这种流动称为层流。当流量增大到某临界值时,着色线开始抖动,弯曲(图 2.17(b)),继而断裂,最后完全与水流主体混在一起(图 2.17(c)),无法分辨,而整个水流也就染上了颜色,表明玻璃管内流体作不规则杂乱流动,彼此相互碰撞混合,质点的流速大小和方向随时发生变化,故把这种流动称为湍流或紊流。介于两者之间的称为过渡流。

2)流体类型的判断

流体的流动状况是由多方面因素决定的,流速 u、管径 d、流体的黏度 μ 和密度 ρ 等能引起流体流动状态的改变。通过进一步的分析研究,可把这些影响因素组合成为无因次数群 $\rho u d/\mu$ 作为流体类型判断的依据,此数群被称为雷诺准数,用 Re 表示。

雷诺指出:

①当 $Re \leqslant 2\ 000$ 时,出现层流区,层流是稳定的。

②当 $2\ 000 < Re < 4\ 000$ 时,有时出现层流,有时出现湍流,决定于外界的扰动,此为过渡区。

③当 $Re \geq 4\ 000$ 时,出现湍流区。

3)流体在圆管中的速度分布

流体在管道截面上的速度分布规律因流型而异。理论分析和实验都已证明,层流时的速度沿管径按抛物线的规律分布,截面上各点的平均流速 u 等于管中心处最大速度 u_{max} 的 0.5 倍,如图 2.18(a)所示。湍流的平均流速 u 可用经验公式求算,一般取 0.82 左右,如图 2.18(b)所示。

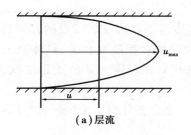 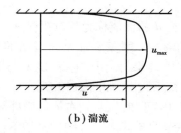

(a)层流   (b)湍流

图 2.18　流体在圆管内的速度分布

任务 2.4　管路系统计算

2.4.1　管路中的流动阻力

流体在管路系统中流动时,产生的流动阻力有两种类型,即直管阻力和局部阻力。

1)直管阻力

直管阻力指流体流动时的内摩擦力 h_f,方向与流体流向相反,大小可用范宁公式计算为

$$h_f = \lambda \frac{l}{d} \times \frac{1}{2} u^2 \tag{2.30}$$

式中　λ——流体的摩擦系数,λ 是无因次的系数。它是雷诺准数的函数或者是雷诺准数与相对管壁粗糙度的函数。

输送流体管道的管壁都不可能绝对光滑,其表面都有不同程度的凸凹,其中凸凹的平均高度称为管壁的绝对粗糙度,用 ε 表示。常见工业管道的 ε 值见表 2.2。

表 2.2　常见工业管道的绝对粗糙度

材料	管道类别	绝对粗糙度 ε /mm	材料	管道类别	绝对粗糙度 ε /mm
金属管	无缝黄铜管、铜管及铅管	0.01 ~ 0.05	非金属管	干净玻璃管	0.001 5 ~ 0.01
	新的无缝钢管、镀锌铁管	0.1 ~ 0.2		橡皮软管	0.01 ~ 0.03
	新的铸铁管	0.3		木管道	0.25 ~ 1.25
	具有轻度腐蚀的无缝钢管	0.2 ~ 0.3		陶土排水管	0.45 ~ 6.0
	具有显著腐蚀的无缝钢管	0.5 以上		很好整平的水泥管	0.33
	旧的铸铁管	0.85 以上		石棉水泥管	0.03 ~ 0.8

　　ε 与管径 d 的比值称为相对粗糙度。相对粗糙度可更好地反映管壁的几何特性及其对流动阻力的影响。摩擦系数 λ 与雷诺准数 Re 及管壁相对粗糙度有关,具体数值由实验测定。根据实验结果,得到摩擦系数 λ 与 Re 及管壁相对粗糙度 ε/d 的关系曲线,称为穆迪(Moody)摩擦系数图,如图 2.19 所示。

　　从图 2.19 可知,从左到右依雷诺准数 Re 增大。整个图分为 4 个区域:层流区、过渡区、湍流区及完全湍流区。现分别讨论如下:

　　(1)层流区

$$\lambda = \frac{64}{Re}$$

其中,λ 与管壁粗糙度无关。

　　(2)过渡区

　　此区内流体流动情况规律性差,一般按照湍流区处理。可将湍流区的曲线向左外延,查取相应的摩擦系数。

　　(3)湍流区

　　此区内当 ε/d 一定时,Re 增大,λ 减小;Re 一定时,ε/d 增大,λ 增大。

　　(4)完全湍流区

　　此区内 λ 与 Re 无关,只与管壁相对粗糙度有关。对于指定的管路而言

$$\sum h_{\mathrm{f}} = \lambda \frac{l}{d} \frac{u^2}{2} = 常数\, u^2$$

阻力损失 $\sum h_{\mathrm{f}}$ 与流速的平方 u^2 成正比。

2)局部阻力

　　流体通过输送管路上的阀门、三通、弯头等管件以及管径发生变化时,由于流体速度的大小和方向突然发生变化,使流体流动力边界层破坏,导致质点产生扰动或涡流,产生额外的能量损失,称为局部阻力损失,简称局部阻力,用 h_{f}' 表示。局部阻力的计算方法有两种,即当量长度法和阻力系数法。

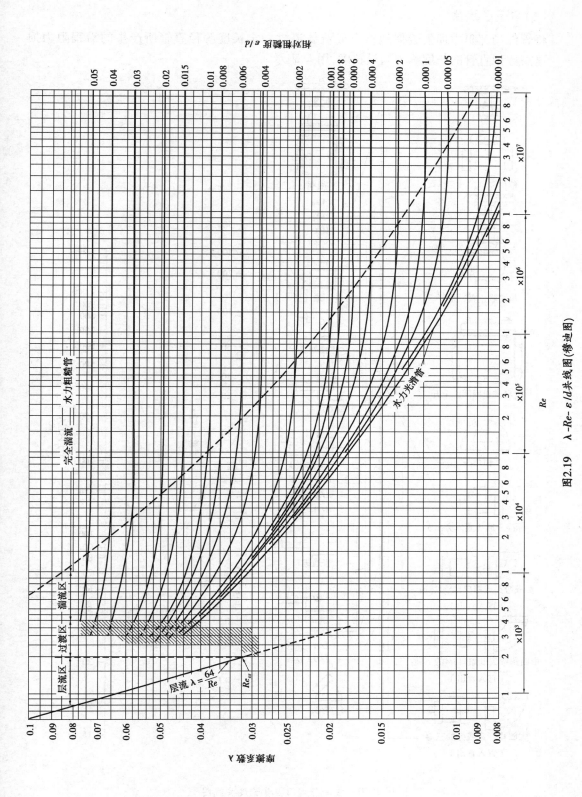

图2.19 $\lambda - Re - \varepsilon/d$ 关系图(穆迪图)

制药工程原理与设备
HIYAO GONGCHENG YUANLI YU SHEBEI

（1）当量长度法

将管件局部阻力损失近似地折合成流体流过一定长度等径直管所产生的沿程阻力损失。这一虚拟直管的长度称为当量长度，用 l_e 表示。

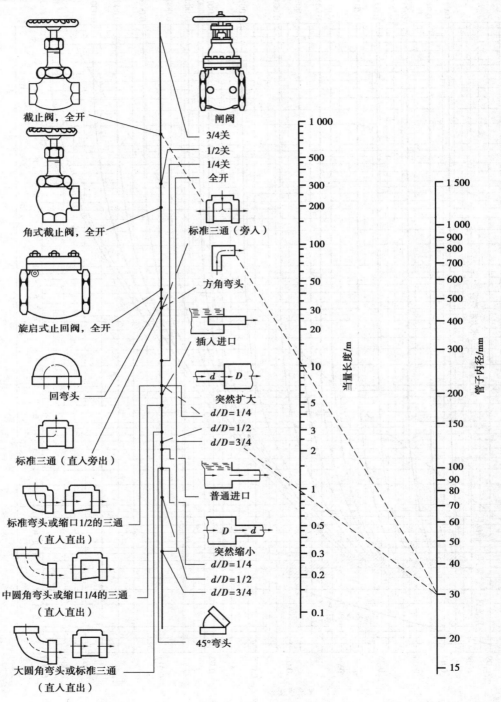

图 2.20 管件与阀门当量长度共线图

每个具体管件的 $h_{f'}$ 可用 l_e 求出，即

$$h_{f'} = \lambda \frac{l_e}{d} \times \frac{1}{2} u^2 \tag{2.31}$$

管件和阀门的当量长度共线图如图 2.20 所示。

（2）阻力系数法

局部阻力可认为近似地服从平方定律。局部阻力可表示成动能的函数，即

$$h_{f'} = \xi \times \frac{u^2}{2} \tag{2.32}$$

式中　ξ——局部阻力系数。

一般而言 ξ 值可由实验测定。不同的管件有不同的阻力系数。管道突然扩大或缩小都能产生流体的能量损失，截面突然改变引起 ξ 变化与大小管截面比的关系如图 2.21 所示。流体流入储槽或设备，截面突然增大，可认为 $A_{小}/A_{大} \approx 0$，可查得 $\xi = 1$；流体从储槽或设备进入管道，截面突然缩小，可认为 $A_{小}/A_{大} \approx 0$，可查表 2.3 得 $\xi = 0.5$。其他管径变化可在表 2.3 中查出，u 取细管中的流速。

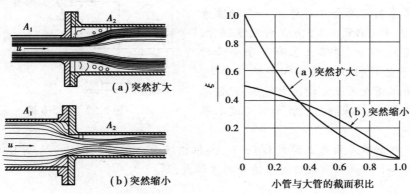

图 2.21　截面突然改变引起 ξ 变化与大小管截面比的关系图

表 2.3　常见管件的阻力系数和当量长度

名称	阻力系数 ξ	当量长度与管径之比	名称	阻力系数 ξ	当量长度与管径之比
弯头,45°	0.35	17	全开标准截止阀	6	300
弯头,90°	0.75	35	半开标准截止阀	9.5	475
三通	1	50	全开角阀	2	100
回弯头	1.5	75	球式止逆阀	70	3 500
管接头,活接头	0.04	2	摇板式止逆阀	2	100
全开闸阀	0.17	9	水表,盘式	7	350
半开闸阀	4.5	225			

2.4.2　管路系统的计算

管路总能量损失又常称总阻力损失，是管路上全部直管阻力与局部阻力之和，即

$$\sum h_{\mathrm{f}} = \left(\lambda \frac{\sum l_{\mathrm{e}} + \sum l}{d} + \sum \xi \right) \frac{u^2}{2} \qquad (2.33)$$

式中　$\sum h_{\mathrm{f}}$——管路的总能量损失,J/kg;

　　　$\sum l$——管路上各段直管的总长度,m;

　　　$\sum l_{\mathrm{e}}$——管路上全部管件与阀门等的当量长度之和,m;

　　　u——流体流经管路的流速,m/s;

　　　$\sum \xi$——局部阻力系数之和。

【例题2.6】　如图2.22所示,用泵把20 ℃的苯从地下储罐送到高位槽,流量为300 L/min。高位槽液面比储罐液面高10 m。泵吸入管路用 $\phi89 \times 4$ mm的无缝钢管,直管长为15 m,管路上装有一个底阀(可粗略地按旋启式止回阀全开时计)、一个标准弯头;泵排出管用 $\phi57 \times 3.5$ mm的无缝钢管,直管长度为50 m,管路上装有1个全开的闸阀、1个全开的截止阀和3个标准弯头。储罐及高位槽液面上方均为大气压,设储罐液面维持恒定,泵的效率为70%。试求泵的轴功率。

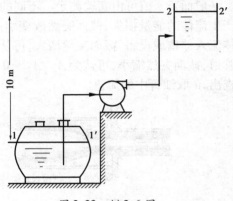

图2.22　例2.6图

解　取储罐液面为上游截面1—1′,高位槽液面为下游截面2—2′,并以截面1—1′为基准水平面。在两截面间列伯努利方程式,则

$$gZ_1 + \frac{u_1^2}{2} + \frac{p_1}{\rho} + W_{\mathrm{e}} = gZ_2 + \frac{u_2^2}{2} + \frac{p_2}{\rho} + \sum h_{\mathrm{f}}$$

式中

$$Z_1 = 0, Z_2 = 10 \text{ m}, p_1 = p_2 = 0(\text{表})$$
$$u_1 = u_2 = 0$$

故

$$W_{\mathrm{e}} = 9.81 \times 10 + \sum h_{\mathrm{f}} = 98.1 + \sum h_{\mathrm{f}}$$

吸入管路上的能量损失为

$$\sum h_{\mathrm{f}}, a = \left(\lambda_{\mathrm{a}} \frac{l_{\mathrm{a}} + \sum l_{\mathrm{e}}, a}{d_{\mathrm{a}}} + \xi_{\mathrm{c}} \right) \frac{u_{\mathrm{a}}^2}{2}$$

式中

$$d_{\mathrm{a}} = 89 \text{ mm} - 2 \times 4 \text{ mm} = 81 \text{ mm} = 0.081 \text{ m}, l_{\mathrm{a}} = 15 \text{ m}$$

管件、阀门的当量长度为底阀6.3 m,标准弯头2.7 m,故

$$\sum l_{\mathrm{e}}, a = 6.3 \text{ m} + 2.7 \text{ m} = 9 \text{ m}$$

进口阻力系数 $\xi_{\mathrm{c}} = 0.5$,则

$$u_a = \frac{300}{1\,000 \times 60 \times \frac{\pi}{4} \times 0.081^2} \ \text{m/s} = 0.97 \ \text{m/s}$$

查得苯的密度为 $880 \ \text{kg/m}^3$，黏度为 $6.5 \times 10^{-4} \ \text{Pa} \cdot \text{s}$，则

$$Re_a = \frac{d_a u_a \rho}{\mu} = \frac{0.081 \times 0.97 \times 880}{6.5 \times 10^{-4}} = 1.06 \times 10^5$$

取管壁的绝对粗糙度 $\varepsilon = 0.3 \ \text{mm}$，$\varepsilon/d = 0.3/81 = 0.003\,7$，查得 $\lambda = 0.029$，则

$$\sum h_f, a = \left(0.029 \times \frac{15+9}{0.081} + 0.5\right) \ \text{J/kg} = 4.28 \ \text{J/kg}$$

排出管路上的能量损失为

$$\sum h_f, b = \left(\lambda_b \frac{l_b + \sum l_e, b}{d_b} + \xi_e\right)\frac{u_b^2}{2}$$

式中

$$d_b = 57 \ \text{mm} - 2 \times 3.5 \ \text{mm} = 50 \ \text{mm} = 0.05 \ \text{m}, l_b = 50 \ \text{m}$$

管件、阀门的当量长度分别为：全开的闸阀 $0.33 \ \text{m}$，全开的截止阀 $17 \ \text{m}$，3 个标准弯头 $1.6 \ \text{m} \times 3 = 4.8 \ \text{m}$，故

$$\sum l_e, b = 0.33 \ \text{m} + 17 \ \text{m} + 4.8 \ \text{m} = 22.13 \ \text{m}$$

出口阻力系数 $\xi_e = 1$，则

$$u_b = \frac{300}{1\,000 \times 60 \times \frac{\pi}{4} \times 0.05^2} = 2.55 \ \text{m/s}, Re_b = \frac{0.05 \times 2.55 \times 880}{6.5 \times 10^{-4}} = 1.73 \times 10^5$$

仍取管壁的绝对粗糙度 $\varepsilon = 0.3 \ \text{mm}$，$\varepsilon/d = 0.3/50 = 0.006$，查得 $\lambda = 0.031\,3$，则

$$\sum h_f, b = \left(0.031\,3 \times \frac{50 + 22.13}{0.05} + 1\right) \times \frac{2.55^2}{2} \ \text{J/kg} = 150 \ \text{J/kg}$$

管路系统的总能量损失

$$\sum h_f = \sum h_f, a + \sum h_f, b = 4.28 \ \text{J/kg} + 150 \ \text{J/kg} \approx 154.3 \ \text{J/kg}$$

故

$$W_e = 98.1 \ \text{J/kg} + 154.3 \ \text{J/kg} = 252.4 \ \text{J/kg}$$

苯的质量流量为

$$W_s = V_s \rho = \frac{300}{1\,000 \times 60} \times 880 \ \text{kg/s} = 4.4 \ \text{kg/s}$$

泵的有效功率为

$$N_e = W_e W_s = 252.4 \times 4.4 \ \text{W} = 1\,110.6 \ \text{W} \approx 1.11 \ \text{kW}$$

泵的轴功率为

$$N = \frac{N_e}{\eta} = \frac{1.11}{0.7} \ \text{kW} = 1.59 \ \text{kW}$$

任务 2.5 流体输送管道及组件

2.5.1 管材

制药工业中常用的管材有铸铁管、焊接钢管、不锈钢管及有色金属管等金属管材,聚乙烯管、聚氯乙烯管、聚丙烯管及工程塑料管等塑料管及各种橡胶管等,也可能用到陶瓷管和玻璃管等。不同的材质有不同的适用范围,制药工业中管材的使用要遵循《药品生产质量管理规范》(GMP)的具体要求。

2.5.2 管件

管路施工时常需将各段管子连接起来,另外尚需变换方向、改变管径、增加分支管路等。管件与管子间的连接方式有承插式连接、焊接、螺纹连接及卡子连接等方式。常用的管件有法兰(图2.23)、活接头(图2.24)、管接头、弯头、三通、四通及异径管等。常见的管件如图2.25所示。

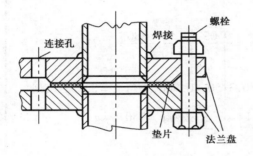

图 2.23 法兰示意图

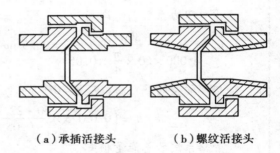

(a)承插活接头 (b)螺纹活接头

图 2.24 活接头示意图

常用的阀门有球阀、旋塞阀、截止阀及闸阀等,如图2.26所示。

1)球阀

阀芯为中间开孔的球体,通过靠旋转球体控制阀的启闭。其特点是:结构简单,体积小,开关迅速,流体阻力小。它可用于含有悬浮物的液体管路,不宜用于需较精密调节流量的管路。

2)旋塞阀

利用一个中间开孔的锥体作阀芯,靠旋转锥体控制阀的启闭。其特点与球阀相似,开满和闭紧之间约为90°。

3)截止阀

利用装在阀杆底部的阀盘(旋转阀杆时可随起升)与阀座内的阀体相配合来控制阀的启闭。其特点是:容易调节流量,制造维修方便。适用于蒸汽等介质,不适用于黏度较大、含有

图 2.25 各类管件

沉淀颗粒的介质。因阻力较大,不适于用高真空系统。

4)闸阀

在阀杆底部装有与介质流动方向垂直的阀板,旋转阀杆时可随着一起升降,控制阀的启闭。其特点是:流体阻力小,密封性能好,具有一定的流量调节性能。适于制成大口径的阀门,通常被用在液体管路中。

5)止逆阀(止回阀)

可防止流体倒流。当液体顺向(图 2.26 中箭头)流动时液体将阀盘顶起,阀门打开,当液体逆向流动时,阀盘因自身质量落到阀体的阀座上将阀门关闭。

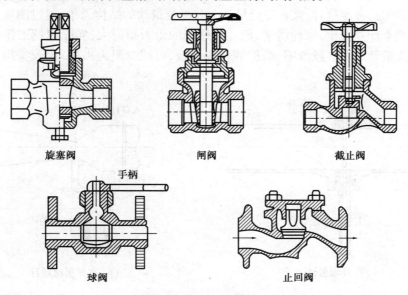

图 2.26 阀门示意图

6)其他常用阀门

除了上述阀门外,制药企业还经常用到隔膜阀、疏水阀、减压阀、节流阀及安全阀等。

(1)隔膜阀

用隔膜把阀体内腔与阀盖内腔及驱动部件隔开,避免对输送液体产生污染。

(2)疏水阀

用于自动排出凝结水、空气及其他不凝结气体,并阻止水蒸气泄漏。

(3)减压阀

借助气源(或水源)自身的动力将其压力降低,以获得稳定的气源(或水源)压力。

(4)安全阀

用于管路系统的保护。正常情况处于常闭状态,管路中压力超过规定值时自动打开排放。

任务 2.6 流体测量仪表

2.6.1 压差流量计

1)原理

压差式流量计的工作原理是根据流体的流速或流量可通过管道直径改变造成的压强改变体现出来,从而实现对流速的测定。常用流量计有测速管、孔板流量计、文丘里流量计。管道安装中常用孔板流量计、文丘里流量计。孔板流量计的结构简单,通过测量主体管道和孔板处压强差来计算流量,原理清晰,但孔板造成的阻力损失大,实际测量工作中还需要校正。文丘里流量计是用一段渐缩、渐扩管代替孔板,可减少阻力损失,比较实用。其结构如图 2.27 所示。

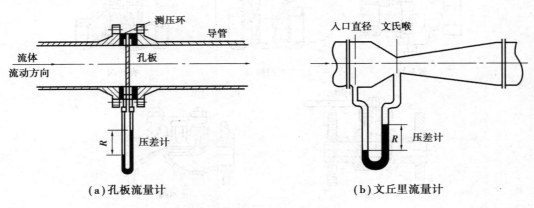

(a)孔板流量计　　　　　　　　　(b)文丘里流量计

图 2.27 压差流量计示意图

2）流量计算

根据伯努利方程，可推导出流量计测量流量的计算公式为

$$V_s = C_V A_0 \sqrt{\frac{2Rg(\rho_0 - \rho)}{\rho}} \qquad (2.34)$$

式中　V_s——体积流量，m^3/s；

$\quad C_V$——流量系数（$0.98 \sim 0.99$）；

$\quad A_0$——孔面积，m^2；

$\quad R$——压差计读数，m；

$\quad \rho_0$——指示液的密度，kg/m^3；

$\quad \rho$——待测液体的密度，kg/m^3。

2.6.2　转子流量计

1）组成

转子流量计由一带刻度的锥形玻璃管和置于玻璃管内部的不锈钢（也有用铜、铝或塑料等材料）做成的转子（也称浮子）组成，通过管架和连接件垂直安装于管道，结构如图 2.28 所示。

2）转子流量计的工作原理

流体自下而上流过转子流量计时，在转子的上下两端造成一定压强差，其作用形成升力，使转子浮起。转子浮起上升后，由于锥形玻璃管的管道与转子构成的环形截面面积增大，流体流过环隙截面的流速会降低，并造成转子上下两端压强差的数值减少，转子上升到一定高度，受到的升力（此时为转子承受的静压力和浮力之和）与其重力达到平衡，转子会悬浮在与流体流速相适应的高度。从流量计玻璃管的刻度可看出相应的流量。

转子流量计的优点是：能量损失小，读数方便，测量范围宽，能用于腐蚀性流体。其缺点是：玻璃管易于破损，安装时必须保持垂直并需安装支路以便于检修。

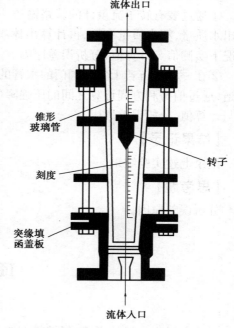

图 2.28　转子流量计示意图

3）流量计算

当转子停留在某固定位置时，转子与玻璃管之间的环形面积就是某一固定值。此时，流体流经该环形截面的流量和压力差的关系可用伯努利方程推导出，即

$$V_s = C_R A_R \sqrt{\frac{2(\rho_f - \rho)V_f g}{\rho A_f}} \qquad (2.35)$$

式中　V_s——体积流量，m^3/s；

V_f——转子的体积,m^3;

C_R——流量系数;

A_R——转子与玻璃管之间环形截面积,m^2;

A_f——转子的截面积,m^2;

ρ_f——转子的密度,kg/m^3;

ρ——待测液体的密度,kg/m^3。

技能实训2 流体与管路测量

【实训目的】

熟悉流体流量、平均流速的测定方法,能够根据测定结果判断管内流动情况;能够将伯努利方程结合在实际生产操作中。

【实训内容】

①通过装有转子流量计的管路输送一定量的自来水,待流速稳定后,测定一定时间段内的出水质量,算出质量流量,再计算出体积流量,与转子流量计数据作比较。记录不同流速情况下实测值与计算值,分析误差原因。

②在一段装有若干弯头阀门的水管的两个部位安装U形压差计,以一定流速的水流经管道,通过伯努利方程计算之间的压强降(等于阻力损失×密度),比较不同流速情况下实测值与计算值,分析误差原因。

【结果记录】

记录上述实验结果。

【思考题】

分析误差原因。

项目小结

学生通过本项目的学习,能够掌握流体静力学和流动动力学的基本概念和基本内容,能够进行简单的管路计算和选型。培养学生用理论知识解决实际问题的能力,为后续项目的理论学习和实际技能实训做铺垫,同时也为制药工程相关专业的专业技能的培养和职业素养的养成奠定基础。

复习思考题

一、名词解释

表压;绝压;真空度;黏度。

二、计算题

1. 在苯和甲苯的混合液中,苯的质量分数为 0.48,试求混合液在 25 ℃ 下的密度。

2. 燃烧重油所得的燃烧气,经分析知其中含 CO_2 8.5%,O_2 7.5%,N_2 76%,H_2O 8%(体积%),试求此混合气体在温度 500 ℃、压力 101.3 kPa 时的密度。

3. 我国西北某地的平均大气压强为 85.6×10^3 Pa,我国中某平原地区的平均大气压强为 $1.013\ 3 \times 10^3$ Pa。在中原某地设备的真空表读数为 96 kPa。为保持在相同的绝对压强下操作,在西北某地使用相同设备,真空表的读数应控制为多少?

4. 水从小管流入大管,前后 $\phi42 \times 3$ mm、$\phi60 \times 3.5$ mm,体积流量为 15 m^3/h,试求在大小管内的质量流量、平均流速和质量流速。

5. 如图 2.29 所示,冷冻盐水循环系统中盐水的密度为 1 100 kg/m^3,流量为 40 m^3/h,管道的直径相同。盐水由 A 处流经两个换热器至 B 处的能量损失为 100 J/kg,由 B 处流至 A 处的能量损失为 50 J/kg。试计算:

(1)如果泵的效率为 70%,泵的轴功率为多少千瓦?

(2)如果 A 处的压强表读数为 245.2×10^3 Pa,B 处的压强表读数为多少帕?

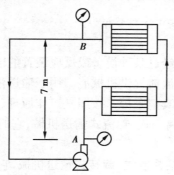

图 2.29 冷冻盐水循环系统

6. 20 ℃ 的水在 $\phi78 \times 4$ mm 的无缝钢管中流动,流量为 35 m^3/h,试判断其流动类型。如果保持为层流流动,则管中的最大平均流速应为多少?

7. 用泵输送密度为 1 100 kg/m^3、黏度为 1.7 mPa·s 的盐水到储水池,在 $\phi78 \times 4$ mm 的无缝钢管中,流量为 35 m^3/h,最初液面与最终液面的高度差为 24 m,直管长度为 120 m,有两个全开的截止阀和 5 个 90°标准弯头。求泵的有效功率。

项目 3　流体输送机械

📖 知识目标

- 理解离心泵的工作原理；
- 掌握离心泵安装高度的计算方法；
- 理解离心泵、往复泵、离心通风机、空气压缩机、真空泵的结构、工作原理及操作方法；了解其他形式的流体输送机械的结构和工作原理。

📖 技能目标

- 能认识不同类型的流体输送机械，具备初步的选择和使用能力。

📖 知识点

- 离心泵；气蚀现象；鼓风机；压缩机；真空泵。

流体从低处升至高处，或者经过某种设备或反应装置的输送过程中，需要能量来克服位压头差和流体阻力损失，必须对流体提供机械能。用于输送液体的机械，称为泵。用于输送气体的机械，称为风机、压缩机、真空泵等。按照其工作原理，可分为：

①动力式（叶轮式）。包括离心式、轴流式输送机械，它们借助高速旋转的叶轮使流体获得能量。

②容积式（正位移式）。包括往复式、旋转式输送机械，它们利用活塞或转子的挤压作用使流体升压以获得能量。

③其他类型。是指不属于上述两类的其他形式，如喷射式等。

任务 3.1 离心泵

3.1.1 离心泵的结构

离心泵由叶轮、泵壳、轴封 3 大部件组成,如图 3.1 所示。

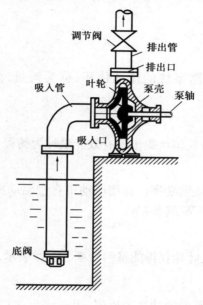

图 3.1 离心泵示意图

1)叶轮

叶轮是离心泵的关键部件,由 6 ~ 12 片稍微向后弯曲的叶片组成。叶轮有开式、半闭式、全闭式 3 种类型,如图 3.2 所示。全闭式叶轮适合于输送清洁性液体,泵的工作效率较高。开式和半闭式叶轮不易堵塞,用于输送固含量高的悬浮液或浆液,但工作效率低。根据吸液方式,可分为单吸式叶轮和双吸式叶轮。双吸式叶轮吸液量大,可基本上消除轴向推力。

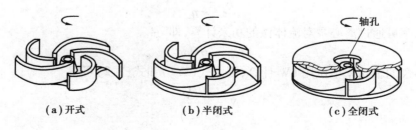

(a)开式   (b)半闭式   (c)全闭式

图 3.2 离心泵叶轮示意图

2) 泵壳

泵壳多制成蜗壳形,其内有一逐渐扩大的流道。泵壳起着汇集流体、转化动能、减少能量损失的作用。

3) 轴封装置

泵轴和泵壳之间的密封,称为轴封。常见的有填料密封和机械密封两种。轴封起着防止高压液体从泵壳内沿间隙漏出和外界气体进入的作用。

3.1.2 离心泵的性能参数和特征曲线

1) 离心泵的性能参数

(1) 流量 Q

单位时间内排送出到管路系统的流体体积,称为流量,以 Q 表示,单位为 L/s 或者 m^3/h。

(2) 扬程 H

离心泵对单位质量(1 N)流体所提供的有效能量称为扬程,以 H 表示,单位为 m。

(3) 轴功率 N

轴功率 N 是指泵轴所需要的功率。如用电动机直接驱动离心泵,它就是电动机传给泵轴的功率,用 N 表示。单位是 W 或者 kW。

(4) 有效功率 N_e

有效功率 N_e 是指流体从叶轮获得能量的功率,用 N_e 表示,单位是 W 或者 kW。

(5) 效率 η

效率 η 是指有效功率与泵的轴功率的比值,用 η 表示。离心泵在工作中不可能将外界能量全部传给液体,有能量损失。离心泵的能量损失主要有以下 3 个方面:

① 容积损失。因泄漏造成的损失。

② 机械损失。离心泵部件相互之间产生的摩擦力和其他局部阻力损失。

③ 水力损失。因黏性液体流经叶轮通道和蜗壳而产生的摩擦阻力,以及因改变流速方向时引起的环流和冲击而产生的局部阻力损失。

效率、有效功率、轴功率三者的关系为

$$N = \frac{N_e}{\eta} \tag{3.1}$$

有效功率可通过离心泵对流体做的功来计算,即

$$N_e = HQ\rho g \tag{3.2}$$

若离心泵的轴功率单位用 kW 计算,则由式(3.1)和式(3.2)可得

$$N = \frac{HQ\rho}{102\eta} \tag{3.3}$$

2) 离心泵的特征曲线

离心泵的扬程、轴功率、效率 3 个参数都与流量有关,都是流量的函数。这些函数关系

常用实验测定数据建立 Q-H、Q-N、Q-η 的坐标图来表示,如图 3.3 所示。

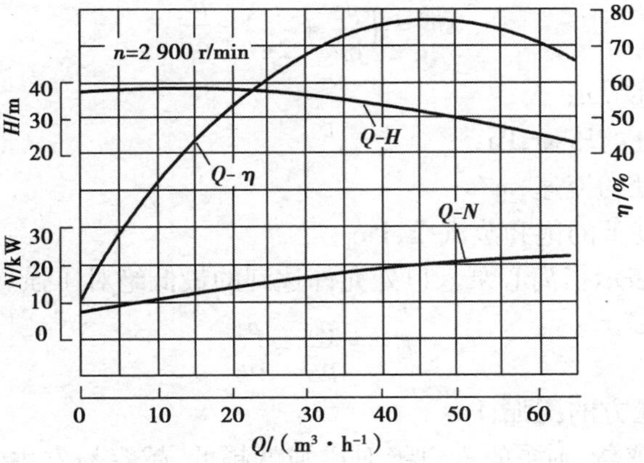

图 3.3　离心泵曲线

由 Q-H 可知,流量越大扬程越小;Q-N 表示流量越大轴功率越大;Q-η 表示效率随着流量呈先上升后下降的趋势,这说明离心泵在一定转速下有一个最高效率点,称为设计点。此时,对应的流量称为额定流量,对应的 Q,H,N 的值称为最佳工况参数。离心泵铭牌上标出的性能参数来源于此。

在实际工作中,离心泵是在以最高效率为中心的一个工况参数范围内工作,称为泵的高效区。选用离心泵时,应使泵在高效区内工作。

3.1.3　离心泵安装使用中应注意的问题

1) 气缚现象

如果离心泵在启动时,泵壳内存在空气(其密度远远小于液体的密度),泵壳内的流体受到的离心力小,流体无法压出,吸入口也不能形成负压区,待输送液体不能吸入泵内,无法进行流体输送。这种现象称为离心泵的气缚现象。启动离心泵前,必须将泵体注满待输送液体。如果泵高于储槽液面,在泵的吸入管底部必须安装底阀(一种止逆阀),防止液体倒流而吸入空气。有的泵体在最高点有排气口。通过注液、排气程序,保证离心泵泵壳和吸入管路内无空气积存。

2) 气蚀现象

离心泵叶轮中心处的液体被甩出以后,在叶轮中心的吸入口处就形成负压区,如果此压强低于被输送液体在操作温度下的饱和蒸汽压,将引起液体的部分汽化,形成许多小气泡。当含有大量气泡的液体流进叶轮的高压区时,气泡受压破裂,形成局部真空,引起周围液体高速填充,质点就像无数小弹头一样、连续冲击叶轮表面。在压力大、频率高的液体质点连续打击下叶轮表面迅速损坏的现象称为离心泵的气蚀。气蚀现象会降低离心泵的性能,使其流量、扬程和效率大大下降。如果泵在严重气蚀状态下继续运转,叶轮会很快被破坏成蜂窝状或海绵状,最终导致完全损坏。

为了防止气蚀现象的发生,离心泵低压区的绝对压强必须大于该操作温度下的饱和蒸汽压一定的数值,这个数值为离心泵的气蚀余量,该术语又被称为净正吸入压头。用 Δh 表

示,单位为 m,即

$$\Delta h = \left(\frac{p_e}{\rho g} + \frac{u_e^2}{2g} \right) - \frac{p_v}{\rho g} \tag{3.4}$$

式中　Δh——气蚀余量,m;

　　　p_e——泵入口处的压强,Pa;

　　　u_e——泵入口处的流速,m/s;

　　　p_v——操作温度下的饱和蒸汽压,Pa。

允许吸上真空度表示指离心泵入口处允许达到的最低绝对压强。用 H_s 表示,则

$$H_s = \frac{p_0}{\rho g} - \frac{p_e}{\rho g} \tag{3.5}$$

式中　p_0——储液槽上方的压强,Pa。

离心泵安装高度越高,则泵的入口绝对压强就越低,越容易发生气蚀现象。因此,离心泵的安装高度受到限制。用 H_{max} 表示离心泵的允许安装高度。根据伯努利方程,可得

$$H_{max} = H_s - \frac{u_e^2}{2g} - H_f \quad \text{或} \quad H_{max} = \frac{p_0}{\rho g} - \frac{p_v}{\rho g} - \Delta h - H_f \tag{3.6}$$

式中　H_f——吸入管路的阻力损失,m。

根据离心泵铭牌指标常压室温的允许吸上真空度,通过计算吸入管道的压头损失和入口点处动压头,可求得常压室温条件下离心泵的允许安装高度。实际安装时,安装高度应比该值再低 0.5 ~ 1 m。如果安装高度为负值,泵应该安装在储液槽液面之下。

【例题 3.1】　用 IS80-65-125 型离心泵从常贮管中将温度 20 ℃的清水输送到用户。槽内水面恒定,输送量为 30 m³/h。已知泵吸入管路的阻力损失为 2.5 m,动压头可忽略不计。试求离心泵的最大安装高度(当地大气压为 9.81×10^4 Pa)。

解　查表得知,IS65-50-125 型离心泵的转速为 2 900 r/min,流量为 30 m³/h 时的气蚀余量为 3.0 m;20 ℃水的物理参数:密度为 988.2 kg/m³,饱和蒸汽压为 2.335×10^3 Pa。

离心泵的安装高度为

$$H_{max} = \frac{p_0}{\rho g} - \frac{p_v}{\rho g} - \Delta h - H_f$$

$$H_{max} = \frac{98\ 100 - 2\ 345}{988.2 \times 9.81}\ \text{m} - 3\ \text{m} - 2.5\ \text{m} = 4.28\ \text{m}$$

3.1.4　离心泵的类型和选用

1)离心泵的类型

(1)清水泵

清水泵用于输送清水及理化性质与水相似的液体,按进液方式可分为单吸和双吸两种类型。应用最为广泛的是 IS 型号系列。该系列的扬程范围为 8 ~ 98 m,流量范围为 4.5 ~ 360 m³/h。若要求压头高但流量并不太大,则可选用多级离心泵,其系列代号为"D",其扬

程范围可达到 14 ~ 351 m,流量范围为 10.8 ~ 850 m³/h。若输送液体流量大但不要求很高的压头,则可选用双吸式泵,其系列代号为"sh",扬程范围为 9 ~ 140 m,流量范围为 120 ~ 12 500 m³/h。

（2）耐腐蚀型泵

制药车间输送的液体常具有不同程度的酸碱性,对金属设备有腐蚀作用,要使用耐腐蚀泵进行液体的输送。耐腐蚀泵系列代号为"F",扬程范围为 15 ~ 105 m,流量范围为 2 ~ 400 m³/h。

（3）油泵

输送石油产品的离心泵,称为油泵。其系列代号为"Y"。油泵的特点是:密封性能好,冷却效果好。全系列扬程范围为 60 ~ 600 m,流量范围为 6.25 ~ 500 m³/h。

（4）杂质泵

杂质泵用于输送悬浮液和浆液等,其系列代号为"P"。可分为污水泵"PW"型、泥浆泵"PN"型。

2）离心泵的选用

①根据被输送液体的理化性质和操作条件,确定泵的类型。

②根据管路系统对流量和扬程提出的要求,从泵的样本产品目录或者系列特性曲线选出合适的型号。在选定型号时,所选型号提供的扬程、流量、效率等参数要适当大一些。当有几种型号都能满足要求时选择效率最大的离心泵。

③根据泵的要求选择动力部分的功率,若被输送液体的密度大于水的密度,则要核算泵的轴功率是否符合要求。

3.1.5 其他类型的液体泵

1）往复泵

往复泵是一种容积泵,也称正位移泵。它依靠活塞的往复运动并依次开启吸入阀和排出阀(它们都是单向阀),从而交替吸入和排出液体,达到输送流体之目的。泵的主要部件有泵缸、活塞、吸入阀、排出阀和其他连接件、传动部分组成,如图3.4所示。在电动机驱动下并通过减速箱、曲柄、连杆和活塞杆的作用,使往复泵的活塞在缸体内作往复运动。通常把活塞运动的距离称为冲程。有一个吸入和排出循环的称为单动泵,活塞左右移动均能完成吸入和排出的称为双动泵。单动泵的流量呈间歇性的,双动泵流量连续但不均匀,生产中可采用三联泵就可避免上述问题。

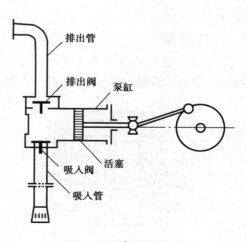

图 3.4 往复泵示意图

往复泵的扬程与泵的几何尺寸无关,排液能力与冲程有关,与管路系统无关。因此,往复泵的流量不能用出口阀门调节,使用前,阀门必须打开。往复泵主要用于低流量、高压强的流体输送,可用于高黏度的流体,但不能用于腐蚀性流体和含固体粒子的悬浮液。

2)计量泵

计量泵的工作原理与往复泵完全相同,如图 3.5 所示。流量体积是通过调节偏心轮实现的。计量泵常用于液体体积的计量。

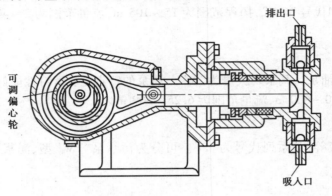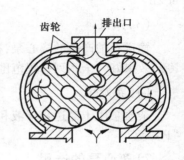

图 3.5　计量泵示意图　　　　　　　　　　　图 3.6　齿轮泵示意图

3)齿轮泵

齿轮泵主要由泵体和紧密啮合的一对齿轮(其中一个是主动轮)组成,如图 3.6 所示。齿轮的外缘与外壳的间隙很小。齿轮转动时,进口侧两轮的啮合齿相互拨开,形成局部负压而吸入液体。进入后,液体分成两路,在齿轮与泵壳的空隙中被齿轮推着前进,压送到出口,形成高压将液体排出。

齿轮泵的特点是:结构简单、紧凑、体积小,操作可靠,管理使用方便,可与电动机直接相连。流量与往复泵一样仅与转子转速有关,几乎不随压强而改变,且较往复泵更均匀,产生的液压较高而流量较小。适宜输送黏度大的液体(如油类);由于缝隙较小,不宜输送含有固体的悬浮液。

4)螺杆泵

螺杆泵(图3.7)主要由泵壳与一个或一个以上螺杆所构成。螺杆在具有内螺旋的泵壳中转动,将液体沿轴向推进,最后挤压至排出口而排出。

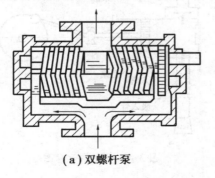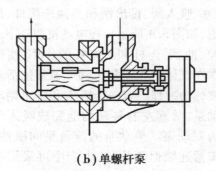

(a)双螺杆泵　　　　　　　　　　　(b)单螺杆泵

图 3.7　螺杆泵示意图

螺杆泵的特点是:无噪声,无振动,流量均匀,效率比齿轮泵高。螺杆转速高时出口压强可达 17.5 MPa。泵壳内衬硬橡胶,可输送悬浮液。适用于在高压下输送黏稠液体。

5)旋涡泵

旋涡泵是一类特殊类型的离心泵,由泵壳、叶轮构成,如图 3.8 所示。其叶轮是一个圆盘,从盘中心向外成辐射状排列的众多凹槽构成叶片。叶轮与泵壳之间形成液体流道进液口和出液口之间有间壁隔开。旋涡泵运行时泵内液体随叶轮旋转,在引液道与各片之间多次往返被多次做功,从而使液体获得较高的能量而被排出。

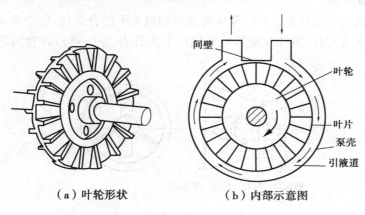

(a)叶轮形状　　　　(b)内部示意图

图 3.8　旋涡泵示意图

旋涡泵适用于高压头、低流量的场合,不适宜输送高黏度液体或含固体粒子的液体。

6)蠕动泵

蠕动泵(图 3.9)主要由一个中心主动滚轮外接若干个等距离从动滚轮和若干条贴在压板面上的硅胶管所组成。电机驱使主动滚轮转动,由于摩擦力的作用,主动滚轮又带动各从动滚轮陆续从硅胶管上面滚压而过,把硅胶管内的流体一股一股地挤出泵外。

蠕动泵的特点是:体积小,质量轻,使用方便,无噪声;可定时定量,正反双向输送液体和气体;流量精确恒定,连续可调,可按比例自动配液;流体在硅胶管内输送,可较好地防止污染。

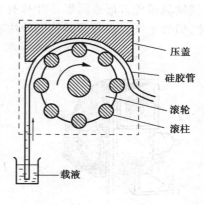

图 3.9　蠕动泵示意图

任务 3.2　气体输送机械

气体输送机械根据输送机械的输出压强大小,可分为通风机、鼓风机、压缩机及真空泵 4 种基本类型。

3.2.1 通风机

工业常用通风机有轴流式和离心式两类。输送气体时,常用离心式通风机。离心式通风机可根据终压的表压力大小分为 3 类:低压通风机,风压≤1 kPa;中压通风机,风压 1～3 kPa;高压通风机,风压 3～5 kPa。另外,根据用途,可分为一般通风机、排尘通风机、高温通风机、防腐通风机及防爆通风机等。

1)轴流式通风机

轴流式通风机主要由叶轮、机壳、集风器及电动机 4 个部分组成,如图 3.10 所示。当风机叶轮由电动机动旋转时,因叶片旋转对空气产生推升力,空气就沿着轴向流入筒内,并由风机尾部排出。

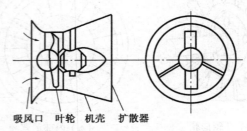

吸风口　叶轮　机壳　扩散器

图 3.10　轴流式通风机示意图

2)离心式通风机

离心通风机由蜗形机壳和多叶片的叶轮组成,如图 3.11 所示。叶轮直径大,叶片数目多,气体流道成方形或圆形。叶片有平直、前弯和后弯状。若通风机要求风量大,可选用前弯片,但效率低。高效通风机的叶片通常是后弯片。

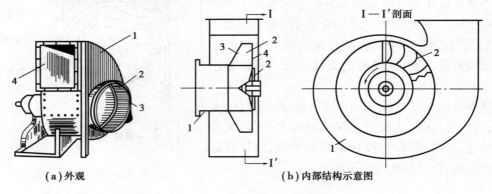

(a)外观　　　　　　　　　(b)内部结构示意图

图 3.11　离心式通风机示意图

1—机壳;2—叶轮;3—集流器;4—排出口

离心通风机的工作原理与离心泵相同,都是在叶轮中心区产生低压而吸入气体,气体质点在叶片上获得动能并转化成静压能而被排出。

3.2.2 鼓风机

1)离心式鼓风机

离心式鼓风机又称涡轮鼓风机或透平鼓风机,其结构一般由3~5个叶轮串联组成,各级叶轮直径基本相同,结构与多级离心泵相似,其工作原理与离心通风机相似,如图3.12所示。其工作过程是气体由吸入口进入后经过第一级的叶轮和导轮,被送入第二级的叶轮入口,经过多级加压后排出,从而获得比较高的风压。

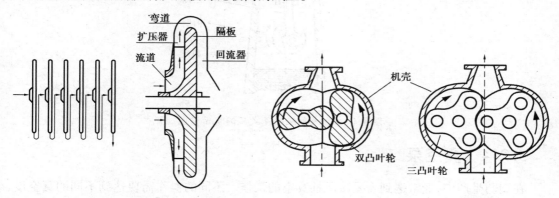

图 3.12 离心式鼓风机示意图 　　　　图 3.13 罗茨鼓风机示意图

离心式鼓风机的压缩比不高,产生的热量不大,不需要冷却装置,适合于送风。制药工业中常用于空调系统的送风设备。

2)罗茨鼓风机

罗茨鼓风机与齿轮泵相似,它主要由一个机壳和一对转向相反的转子所组成,如图3.13所示。两个转子转动时,在机壳内形成一个低压区和一个高压区,气体从低压区吸入,从高压区排出。如果改变转子旋转方向,则吸入口和排出口互换,所以开机前要检查转子转动方向。

罗茨鼓风机结构简单,风量、风压比较稳定,对输送带液气体和含尘气体不敏感,排气量大。其缺点是转速低、噪声大。通常罗茨鼓风机作输送气体和抽真空使用。

3.2.3 压缩机

1)往复式压缩机

往复式压缩机的基本结构、工作原理与往复泵比较相似,它依靠活塞的往复运动将气体吸入和压出(图3.14)。其主要部件有汽缸、活塞、吸气阀及排气阀组成。由于往复式压缩机的汽缸壁与活塞使用油润滑,送出的气体中含有润滑油成分,而且噪声大,一般不能用作洁净车间空调系统的送风设备。

2)离心式压缩机

离心式压缩机是一种叶片旋转式压缩机,又称透平压缩机。其主要结构和工作原理与离心式鼓风机相类似。离心式压缩机的叶轮级数多于离心式鼓风机,转速高于离心式鼓风机,可达3 500~8 000 r/min,能产生0.4~10 MPa的压力。

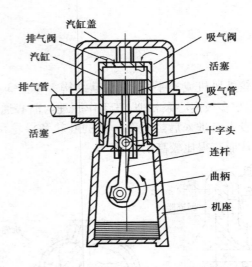

图 3.14　立式单级往复式压缩机示意图

3.2.4　真空泵

在制药生产中,经常遇到需要减压抽真空的操作。不同的操作需要达到不同的真空度,见表3.1。

表 3.1　真空度等级表

名称	压力范围	名称	压力范围
粗真空	$10^3 \sim 10^5$ Pa	超高真空	$10^{-12} \sim 10^{-6}$ Pa
低真空	$10^{-1} \sim 10^3$ Pa	极高真空	10^{-12} Pa 以下
高真空	$10^{-6} \sim 10^{-1}$ Pa		

真空设备按其工作原理可分为以下4类:

①机械真空泵。包括往复式真空泵和旋转式真空泵。旋转式真空泵又可分为水环式真空泵、油封式旋转真空泵和罗茨真空泵等。

②喷射泵。包括水蒸气喷射泵和水力喷射泵等。

③扩散泵。如油扩散泵等。

④表面吸附泵。包括钛离子泵和分子筛吸附泵等。

生产中根据真空度的要求选择不同的真空泵。

1)水环式真空泵

水环式真空泵的结构如图3.15所示。泵壳内偏心位置装有叶轮,壳内装入水后,叶轮旋转时,形成密封的环形水幕,形成大小不同的密封小室。小室增大区域,形成负压,将气体吸入,小室变小区域,形成高压将气体排出。其特点是:结构简单、紧凑,易于制造和维修,使用寿命长,适用于抽吸含有液体的气体。其缺点是:效率低,所产生的真空度不高。

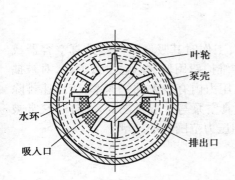

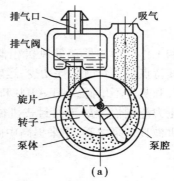

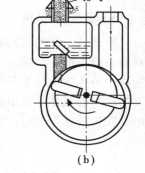

图 3.15　水环式真空泵示意图　　　　　图 3.16　旋片真空泵示意图

2)油封式旋转真空泵

制药工业中,常用到油封式旋转机械真空泵,用矿物油作为密封,利用能够自由伸缩的旋片或滑阀转动引起工作腔体的周期性变化,达到抽气的目的。常用的有旋片式真空泵(图3.16)和滑阀真空泵(图3.17)。为了提高抽真空的效果,可采用双级或多级串联的方式。上述真空泵能够达到较高的真空,但排气量比较小,适用于干燥或少量可凝性液体的气体,不适用含尘气体或与密封油起化学作用的气体。

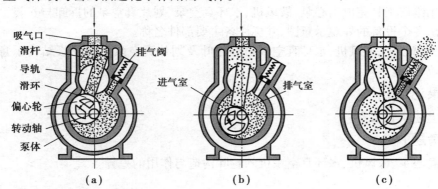

图 3.17　滑阀真空泵示意图

3)喷射泵

喷射泵是由吸入口、喷嘴、喉管及扩散管组成,如图3.18所示。工作蒸汽或水高速从喷嘴喷出,在喷射过程中,流体的静压能转变为动能,产生低压,将气体吸入。吸入的气体与流体在喉管混合后进入扩散管,使部分动能转变为静压能,从出口排出。其特点是:工作压力范围大,抽气量大,结构简单,适应性强;其缺点是效率低。

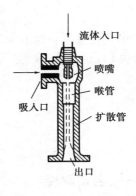

图 3.18　喷射泵示意图

4)往复真空泵

往复真空泵的原理与往复压缩机结构与原理相同,主要用于大型抽真空系统。由于固体颗粒和腐蚀性气体易损坏往复真空泵的汽缸壁和活塞,故不能将往复式真空泵用于抽排含尘或腐蚀性气体。

5）罗茨真空泵

罗茨真空泵的结构和工作原理与罗茨鼓风机相似,工作时其吸气口与被抽真空容器或真空系统主抽泵相接。其特点是:启动快,耗功少,运转维护费用低,抽速大、效率高,对被抽气体中所含的少量水蒸气和灰尘不敏感,在 1～100 Pa 压力内有较大抽气速率,能迅速排除突然放出的气体。这个压力范围恰好处于油封式机械真空泵与扩散泵之间。因此,它常被串联在扩散泵与油封式机械真空泵之间,用来提高中间压力范围的抽气量。

技能实训 3　流体输送机械的拆卸与安装

【实训目的】

掌握常见维修工具的使用方法。掌握离心泵、鼓风机、水环真空泵、划片真空泵的结构与原理。

【实训内容】

①使用维修工具完成离心泵、鼓风机、水环真空泵、划片真空泵的拆卸与安装。

②画出各个设备的外观示意图,并标注各主要部件名称。

③画出离心泵、鼓风机、水环真空泵机的轮叶及划片真空泵的划片板结构示意图,并标明主要部位名称。

【结果记录】

记录上述实验结果。

【思考题】

分析离心泵、鼓风机、水环真空泵机的轮叶构造与作用的差异。

项目小结

学生通过本项目的学习,能够掌握流体输送机械的基本概念和基本内容,能够进行设备的分类和识别。培养学生设备维修操作的基本能力,提高学生实际动手能力。

复习思考题

一、名词解释

扬程;轴功率;气缚现象;气蚀;气蚀余量。

二、填空题

1. 离心泵的主要部件由 _____、_____、_____ 组成,叶轮的构造主要有 _____、_____、_____ 3 种。

2. 离心泵开启前应 _____ 出口阀门,往复泵开启前应 _____ 出口阀门。

3. 常见的气体输送机械有 _____、_____、_____、_____ 4 种。

三、计算题

1. 用型号为 IS65-50-125 的离心泵将敞口贮槽中 80 ℃的水送出,吸入管路的压头损失为 4 m,当地大气压为 98 kPa。试确定此泵的安装高度。

2. 用油泵从贮槽向反应器输送 44 ℃的异丁烷,贮槽中异丁烷液面恒定,其上方绝对压力为 652 kPa。泵位于贮槽液面以下 1.5 m 处,吸入管路全部压头损失为 1.6 m。44 ℃时异丁烷的密度为 530 kg/m^3,饱和蒸汽压为 638 kPa。所选用泵的允许汽蚀余量为 3.5 m,问此泵能否正常操作?

项目4 沉降与过滤

制药生产过程中经常遇到不同类型的混合物。混合物按照物系可分为均相系和非均相系。沉降与过滤是利用流体力学原理，采用使分散相和连续相发生相对运动的方法，从而实现非均相混合物分离的单元操作。

任务4.1 沉降

固体颗粒在重力场和离心力场中因场效应而发生沉降。在制药生产中，两种形式都存在，如中药提取液的离心分离和静置沉淀。需要注意的是，沉降分离是不彻底的分离。互不相容重液与轻液也适用沉降分离法。

4.1.1 颗粒的基本性质

1) 颗粒的特性

按照颗粒的机械性质，可分为刚性颗粒和非刚性颗粒。例如，泥沙、石子等无机物颗粒属于刚性颗粒。刚性颗粒变形系数很小,而细胞则是非刚性颗粒,其形状容易随外部空间条件的改变而改变。常将含有大量细胞的液体归属于非牛顿型流体,因这两类物质力学性质不同,故在生产实际中应采用不同的分离方法。

如果按颗粒形状划分,则可分为球形颗粒和非球形颗粒。

球形颗粒的体积为

$$V_P = \frac{4}{3}\pi r^3 = \frac{1}{6}\pi d^3 \tag{4.1}$$

其表面积为

$$S_P = 4\pi r^2 = \pi d^2 \tag{4.2}$$

颗粒的表面积与其体积之比称为比表面积,用符号 S_0 表示,单位是 m^2/m^3。其计算式为

$$S_0 = \frac{S}{V} = \frac{6}{d}$$

将非球形颗粒直径折算成球形颗粒的直径,称为当量直径 d_e。在进行有关计算时,将 d_e 代入相应的球形颗粒计算公式中即可。根据折算方法不同,当量直径的具体数值也不同,常见当量直径如下:

体积当量直径 d_e

$$d_e = \sqrt[3]{\frac{6V_P}{\pi}} \tag{4.3}$$

表面积当量直径 d_{es}

$$d_{es} = \sqrt{\frac{S_P}{\pi}} \tag{4.4}$$

球形度形状系数 ϕ_s

$$\phi_s = \frac{S}{S_P} \tag{4.5}$$

2)颗粒群的特性

由大小不同的颗粒组成的集合,称为颗粒群。在非均相体系中颗粒群包含了一系列直径和质量都不相同的颗粒,呈现出一个连续系列的分布,可用标准筛进行筛分得到不同等级的颗粒。

由于颗粒之间有空隙,因此,颗粒的密度就分为真密度和堆积密度。所谓颗粒的真密度,就是只计算颗粒群的真实体积所得到的密度,单位是 kg/m^3。

所谓堆积密度,就是由颗粒真实体积与空隙体积之和计算得到的密度,又称表观密度,单位是 kg/m^3。通常,可利用密度的大小对颗粒在非均相体系中的运动状态进行分析。

4.1.2 重力沉降及设备

颗粒受到重力加速度的影响而沉降的过程,称为重力沉降。

1)粒子在重力场的移动

粒子在沉降过程中受力如图4.1所示。如果粒子在重力沉降过程中不受周围颗粒和器壁的影响,称为自由沉降。而固体颗粒因相互之间的影响而使颗粒不能正常沉降的过程称为干扰沉降。固体颗粒在静止流体中,受到的作用力有重力、浮力和阻力。如果合力不为零,则颗粒将作加速运动,表现为固体颗粒开始沉降。当颗粒加速沉降时,所受到的摩擦力和其他流体阻力的作用越来越大,作用在颗粒上的合力渐趋为零。因此,颗粒的沉降过程分为加速沉降阶段和匀速沉降阶段。其中,加速阶段时间很短,颗粒在短时间内即达到最大速度。随着合力减小为零,颗粒进入匀速沉降阶段,保持匀速运动直至下沉到容器底部。因此,颗粒在匀速沉降阶段的速度就近似地看作整个沉降过程的速度。其表达式为

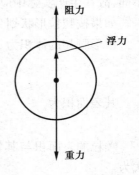

图4.1 粒子受力示意图

$$u_t = \sqrt{\frac{4gd(\rho_s - \rho)}{3\zeta\rho}} \tag{4.6}$$

式中　ρ_s——固体颗粒密度,kg/m^3;

　　　ρ——流体的密度,kg/m^3;

　　　d——颗粒的直径,m;

　　　ζ——沉降系数。

影响颗粒沉降速度的因素是多种多样的。从式(4.6)可知,流体的密度越大,沉降速度越小,颗粒的密度越小,沉降速度越小。颗粒形状也是影响沉降的一个重要因素。对于同一性质的固体颗粒,由于非球形颗粒的沉降阻力比球形颗粒的大得多,因此,其沉降速度较球形颗粒的要小一些。

当容器较小时,容器的壁面和底面均能增加颗粒沉降时的曳力,使颗粒的实际沉降速度较自由沉降速度低。

当颗粒的体积浓度大于0.2%时,颗粒之间的相互干扰也是降低沉降速度的重要因素。

如果颗粒是在流动的流体中沉降,则颗粒的沉降速度需要根据流体的流动状态来确定,可参阅有关资料进行计算。值得注意的是,当颗粒直径小于20 μm时,仅靠重力作用使其自由沉降所需的时间是工业生产无法接受的,因此,必须使用外力加速沉降过程。

2)沉降槽工作原理及设备

沉降分离是利用位能进行分离的典型操作,其基本装置为沉降槽,如图4.2所示。在重力作用下,由于固体与液体的密度差,固体沉于底部,清液从槽上部沿周边溢流排出。最适合于处理固液密度差比较大,固体含量不太高,而处理量比较大的悬浮液。

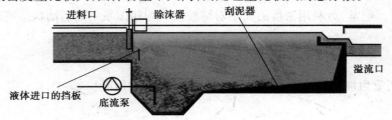

图4.2 沉降槽示意图

生产中普遍应用的是单层连续沉降槽,是一个底部稍带锥形的大直径圆筒形槽。料浆经中央下料筒送至液面以下 0.3 ~ 1 m 处,即要插到悬浮液区。清液由槽壁顶端周圈上的溢流堰连续流出,称为溢流。颗粒下沉,沉渣由缓慢转动的耙集中到底部中央的卸渣口排出,称为底流。在连续沉降槽中,上部的悬浮液很稀,颗粒的沉降速度快,而底部的密度和浓度都很高,虽然每一个颗粒的沉降终速很小,但单位时间单位面积上固体颗粒通过的总量要比槽的中部多,因此,在连续沉降过程中,会出现一个质量速率为最小值的平面,它对沉降槽固体的产量起控制作用,称为极限平面。

工业用于气体悬浮颗粒的设备为沉降室,其结构较沉降槽简单。含尘气体以一定流速进入沉降室后,由于截面扩大导致流速减小,气体中的颗粒受重力作用而沉降。沉降室的长度要与高度比例恰当,保证气体在沉降室内停留的时间内,颗粒能沉降到底部。

4.1.3 离心沉降

1)离心沉降基本原理

当固体颗粒极小时,单靠自然重力沉降的方法很难实现快速分离。在其他因素不变的情况下,最有效的提高粒子沉降速度的途径就是提高加速度。

如图 4.3 所示,当颗粒处于离心场时,将受到 4 个力的作用,即重力 F_g、惯性离心力 F_c、向心力 F_f 和阻力 F_d。与其他 3 种力相比,微小颗粒所受的重力太小,可不予考虑。根据牛顿运动定律,当颗粒所受

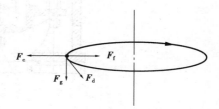

图 4.3 粒子离心受力情况

的惯性离心力、向心力和阻力平衡时,颗粒在径向上将保持匀速运动而沉降到器壁。在匀速沉降阶段的径向速度就是颗粒在此位置上的离心沉降速度 u_t,其计算式为

$$u_t = \sqrt{\frac{4d(\rho_s - \rho)u_T^2}{3\zeta\rho R}} \tag{4.7}$$

式中 u_t——切向速度;

$\dfrac{u_T^2}{R}$——离心场的离心加速度。

由式(4.7)可知,离心沉降速度随旋转半径 R 的变化而变化。半径增大,则沉降速度减小。

离心加速度与重力加速度之比,称为离心分离因数,用 K_c 表示。它是离心分离设备的重要性能指标。其定义式为

$$K_c = \frac{u_t}{g} = \frac{u_T^2}{Rg} \tag{4.8}$$

K_c 值越高,离心沉降效果越好。常用离心机的 K_c 值在几十至几千,高速管式离心机的 K_c 值可达到数万至数十万,分离能力强。

2)离心沉降设备

用于离心沉降分离的设备可分为实验室用瓶式离心机和工业用无孔转鼓离心机两种类型。其中,无孔转鼓离心机可分为三足式离心机、碟片式离心机、高速管式离心机及旋风分离器。旋风分离器主要用于气体中颗粒的分离。

(1)三足式沉降离心机

三足式沉降离心机是它利用离心沉降的原理分离悬浮液或乳浊液的机械。固相在离心

力的作用下被沉降,从而实现固液分离,并在特殊机构的作用下分别排出机体。三足式沉降离心机结构如图4.4所示,整机由外壳、转鼓、传动主轴及底盘等部件组成,机体悬挂在机座的3根支杆上。由于有弹簧装置起减振作用,在运行时非常平稳。沉降式三足离心机的转鼓壁上无孔,由传动轴驱动作一定速度的旋转,混悬液进入转鼓后也随之旋转,从而产生了强大的离心力。在离心力的作用下,重液部分被甩向转鼓壁,残留在转鼓壁上或者沉积于转鼓底部的集液槽里。当集液槽里积累了一定量的重液后,需要停机卸掉。有从上部卸料和从下部卸料两种方式。

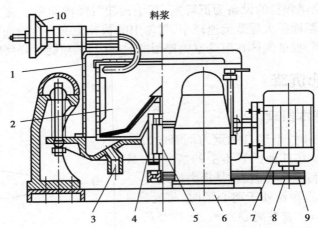

图4.4　三足式沉降离心机结构示意图
1—机壳;2—转鼓;3—排出口;4—轴承座;5—主轴;
6—底盘;7—电机;8—皮带轮;9—三角带;10—吸液装置

人工卸料三足式离心机对物料适应性强,操作方便,结构简单,制造成本低,是目前工业上广泛采用的离心分离设备。其缺点是:需间歇或周期性循环操作,卸料阶段需减速或停机,不能连续生产。又因转鼓体积大,分离因数小,对微细颗粒分离不完全,需要用高分离因数的离心机配合使用才能达到分离目的。

(2)碟式离心机

碟式离心机为沉降式离心机,是立式离心机的一种。整机由转轴、转鼓及几十到一百多片倒锥形碟片等主要部件组成,如图4.5所示。转鼓装在立轴上端,通过传动装置由电动机驱动而高速旋转。转鼓内有一组互相套叠在一起的碟片。碟片直径一般为 0.2~0.6 m,其上有沿圆周分布垂直贯通的孔,碟片之间的间距为 0.5~1.25 mm。碟片的作用是缩短固体颗粒(或液滴)沉降距离,扩大转鼓的沉降面积,提高离心分离能力。悬浮液(或乳浊液)由位于转鼓中心的进料管加入转鼓。当悬浮液(或乳浊液)流过碟片之间的间隙时,固体颗粒(或液滴)在离心机作用下沉降到碟片上形成沉渣(或液层)。沉渣沿碟片表面滑动而脱离碟片并积聚在转鼓内直径最大的部位,分离后的液体从出液口排出转鼓。

依据碟片分离机的分离方式,碟片分离机可分为三相分离(液-液-固)碟片分离机(DRY)和二相分离(液-固)碟片式分离机(DHC)两种;在自动排渣式碟片分离机中依据排渣方式的不同,可分为手动自动排渣碟片分离机和由 PLC 系统完全控制的全自动排渣碟片分离机;依据碟片分离机内部排渣方式的不同,碟式分离机可分为活塞式排渣碟式分离机和喷嘴式排渣分离机,一般可根据物料的特性来选择排渣方式。

碟片式离心机的转速一般为 4 000~7 000 r/min,分离因数可达 4 000~10 000,特别适用于

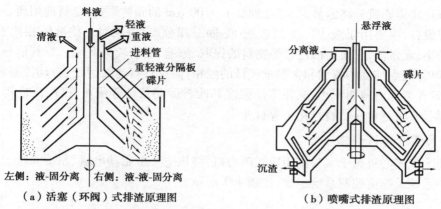

（a）活塞（环阀）式排渣原理图　　　　（b）喷嘴式排渣原理图

图4.5 碟式离心机模式图

一般离心机难以处理的两相密度差较小的液-液分离,其分离效率高,可连续性操作。

（3）高速管式离心机

高速管式离心机由细长的管状机壳和转鼓等部件构成,如图4.6所示。常见的转鼓直径为0.1~0.15 m,其转速一般可达10 000~50 000 r/min,分离因数可达15 000~65 000。在转鼓中心有一转轴,起传动作用。在轴的纵向上安装有肋板,起带动液体转动的作用。高速管式离心机的工作过程是:启动转鼓,待运转平稳后,从下部通入待分离液体,进入转鼓内的液体被肋板带动作高速旋转,强大的离心力将密度大的颗粒甩向转鼓壁,形成重液,并被挤压向上,从重液出口排出;液体在高速旋转时,质轻的液体分布在转轴周围,并被挤压向上,从轻液出口排出。在分离固-液混悬体系时,将重液出口关闭,只开启轻液出口,固体颗粒沉积在鼓壁上,经一段时间后,停机清理沉渣后待用。

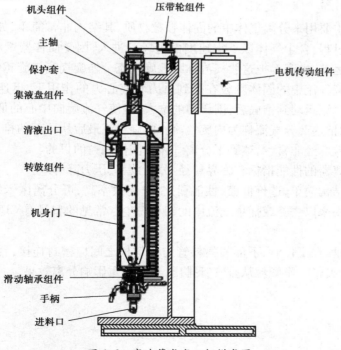

图4.6 高速管式离心机模式图

高速管式离心机分离因数大,能处理 0.1 ~ 100 μm 的固体颗粒,是目前用离心法进行分离的理想设备,主要用于液-固、液-液或液-液-固三相分离,特别对一些液固相比重差异小、固体粒径小、含量低、介质腐蚀性强等物料的提取、浓缩、澄清较为适用。与其他分离机械相比,具有可得到高纯度的液相和含湿量较低的固相,而且具有连续运转、自动控制、操作安全可靠、节省人力和占地面积小、减轻劳动强度和改善劳动条件等优点,已广泛应用在生物医药、中药制剂、保健食品、饮料、化工等行业。

(4)高速冷冻离心机

高速冷冻离心机属于实验室用瓶式离心机,整机主要由驱动电机、制冷系统、显示系统、自动保护系统及速度控制系统组成,如图 4.7 所示。

图 4.7　高速冷冻离心机

高速冷冻离心机转速可达 25 000 r/min,分离因数可达 89 000,分离效果好,是目前生制药工业广为使用的分离设备。在使用高速冷冻离心机时,为了运转平稳,每一个容器里盛装的液体质量要均等,且在盖上盖子后才能启动,否则容易发生安全事故。

(5)旋风分离器

旋风分离器主要用来分离气体中的固体颗粒物质,其结构非常简单,如图 4.8 所示。旋风分离器的工作过程:含尘气体以一定速度由进风管进入,因受筒体器壁和器顶的约束,贴壁呈螺旋状向下运动,生产上把这股气流称为外旋气流。外旋气流越旋越快,产生的离心力也越来越强。外旋气流中的固体颗粒在受到重力和离心力的作用下,迅速贴壁向下落入集料管中。当外旋气流运动到锥底后,因压力的增大,迫使气流旋向中心的低压柱而形成上旋的气流,通常人们把这部分气流称为内旋气流。内旋气流最后从顶部的排气管排出,排出的气体中夹带的颗粒已经非常少,达到了分离气体中固体颗粒的目的。

评价旋风分离器的性能指标有临界粒径、分离效率、压力降等。

旋风分离器结构简单,造价低廉,性能稳定,分离效率高,可分离微米级的颗粒,因而被制药工业广泛地用来以去除或捕集气流中的细小粉尘。常见的型号有 CLT 型、CLB 型、CLK 型、CLG 型等。

需要注意的是,在工作时,下部的集料管与集料桶之间应密封连接,否则因漏气使得内旋气流产生涡流,夹带大量颗粒从排气管排出,从而严重影响分离效果。

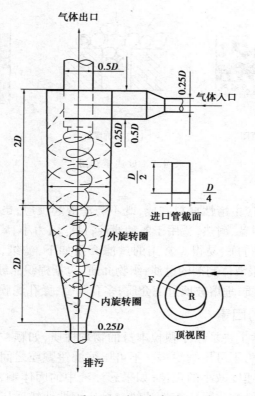

图 4.8 旋风分离器

任务 4.2 过滤

4.2.1 过滤基本原理

1)工作原理

利用多孔性介质(如滤布)截留固-液悬浮液中的固体粒子,进行固-液分离的方法称为过滤。其中,多孔性介质称为过滤介质;所处理的悬浮液称为滤浆;滤浆中被过滤介质截留的固体颗粒称为滤饼或滤渣,滤饼通过架桥在过滤介质表面形成过滤层;通过过滤介质后的液体称为滤液,如图 4.9 所示。驱使液体通过过滤介质的推动力可以是重力、压力或离心力。

2)过滤方式的分类

按料液流动方向不同,过滤可分为常规过滤和错流过滤。常规过滤时,料液流动方向与过滤介质垂直;错流过滤时,料理流动方向平行于过滤介质。按操作压力不同,可分为常压过滤、减压过滤和加压过滤。按过滤方式的不同,有表层过滤和深层过滤。

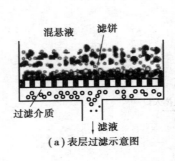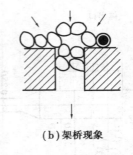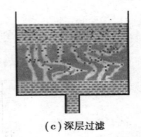

| （a）表层过滤示意图 | （b）架桥现象 | （c）深层过滤 |

图 4.9　过滤示意图

3）过滤介质

过滤介质也称滤材,应由惰性材料制成,既不与滤液起反应,也不吸附或很少吸附待滤液中的有效成分;耐酸、耐碱、耐热,适用于各种滤液;过滤阻力小、滤速快、反复应用易清洗;应具有足够的机械强度;价廉、易得。常用的过滤介质如下:滤纸,常用滤纸的孔径为 1 ~ 7 μm;脱脂棉,适用于口服液体制剂的过滤;织物介质,包括棉织品纱布、帆布等;烧结金属过滤介质;多孔塑料过滤介质;垂熔玻璃过滤介质;多孔陶瓷;微孔滤膜等。

4）影响过滤速度的因素

影响过滤速度的因素主要是悬浮颗粒本身的物理性质,如颗粒坚硬程度。在施加压力时固体颗粒不变形,则称为不可压缩滤饼。不可压缩滤饼颗粒之间的空隙不会因受压力而变小,因而不会产生过滤速度减小的现象;如果悬浮液中的固体颗粒是较软的粒子,加压时颗粒会发生较大的形变,则称为可压缩性滤饼。可压缩性滤饼受压时会缩小原来颗粒之间的空隙,以致阻碍滤液的通过,因而过滤速度减小甚至停止过滤。总之,滤饼的压缩性是滤饼过滤的最大影响因素。为了减小可压缩性滤饼的过滤阻力,可采用助滤剂改变滤饼结构,提高滤饼的刚性和颗粒之间的空隙率。助滤剂是有一定刚性的颗粒状或纤维状固体,其化学性质稳定,不与混合体系发生任何化学反应,不溶解于溶液相中,在过滤操作的压力范围内是不可压缩的固体。常用的助滤剂有硅藻土、活性炭、纤维粉及珍珠岩粉等。

4.2.2　过滤设备

制药工业常用的过滤机械设备有板框压滤机、过滤离心机和转鼓真空过滤机等。

1）板框压滤机

板框过滤器由多个中空滤框和实心滤板交替排列在支架上组成,是一种加压下间歇操作的过滤设备,如图 4.10 所示。滤浆被放入板框内,在指定压强(泵压)作用下,滤液分别穿过两侧滤布排出。固相则被滤布截留在框内。当滤饼达到一定厚度或充满全框后,即停止过滤。打开板框,卸出滤饼,清洗滤布,重新装合,进行下一个循环。

板框过滤的优点是:过滤面积大,结构简单,价格低,动力消耗少,对不同过滤特性的液体适应性强。其缺点是:不能连续操作,设备笨重,劳动强度大,卫生条件差,非过滤的辅助时间较长。适合于固体含量1% ~10%的悬浮液的分离。

2）转鼓真空过滤机

转鼓真空过滤机由转鼓、液槽、抽真空装置及喷气喷水装置组成,如图 4.11 所示。核心

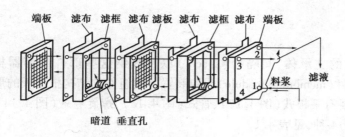

图 4.10 板框过滤机结构示意图

1—料浆通道;2,3,4—滤液通道

部件是转鼓和分布装置。转鼓外形是一个长圆筒,其内部顺圆筒轴心线用金属板隔成了 18 个扇形小区,每一个小区就是一个过滤室,每一个过滤室都有一个通道与转鼓轴颈端面连通,轴颈端面紧密地接触在气体分布器上。

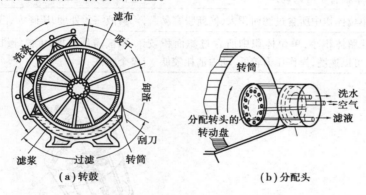

（a）转鼓   （b）分配头

图 4.11 转鼓真空过滤机的工作示意图

转鼓旋转一周时,由于分配头的作用,各小过滤室依次分别与滤液排出管、洗涤水排出管及空气吸进管相通。因此,每个小过滤室可依次进行过滤、洗涤、吸干、吹松及卸渣等项操作。固定盘上 3 个凹槽有一定距离,故可使各项操作不会相遇。

4.2.3 膜过滤

膜过滤技术是指以膜为过滤介质,以压力为推动力的膜分离技术,根据膜选择性的不同,可分为反渗透(RO)、纳滤(NF)、超滤(UF)及微滤(MF)等。各种膜的过滤粒径不同,微滤的粒径为 0.025 ~ 10 μm;超滤的粒径为 5 ~ 10 nm;反渗透粒径为 0.2 ~ 1 nm;纳滤的粒径为 0.1 ~ 1 nm,分子量为 200 ~ 1 000。

1)膜过滤装置构成及材料

（1）膜过滤装置

膜过滤装置由过滤器、膜组件、泵、管路、控制阀及仪表等组成。其原理是:在一定压力差作用下,使过滤液经过滤膜,从而达到分离目的。

（2）过滤膜材料

常用的过滤膜材料有醋酸纤维素、聚醚、聚酰胺、聚氯乙烯、聚四氟乙烯、聚偏氟乙烯、聚酯、再生纤维及丙烯腈共聚物等。无机膜材料有陶瓷膜、金属滤膜、氧化锆、α-氧化铝、γ-氧化铝等。

2）膜组件

由膜、固定膜的支承体、间隔物（spacer）以及收纳这些部件的容器构成的一个单元（unit），称为膜组件（membrane module）或膜装置。膜组件的结构根据膜的形式而异，目前市售商品膜组件主要有平板式（图4.12）、管式（图4.13）、螺旋卷式（图4.14）及中空纤维（毛细管）式（图4.15）4种，见表4.1。

表4.1 膜过滤装置分类

形式	优点	缺点
平板式	保留体积小，能耗介于管式和螺旋卷式之间	死体积较大
管式	易清洗，无死角适于处理含固体较多的料液，单根管子可以调换	保留体积大，单位体积中所含过滤面积较小，压降大
螺旋卷式	单位体积中所含过滤面积大，换新膜容易	料液需预处理，压降大，溶液污染
中空纤维式	保留体积小，单位体积中所含过滤面积较大，可以逆洗，操作压力较低，动力消耗较低	料液需预处理，单根纤维损坏时，需调换整个膜件

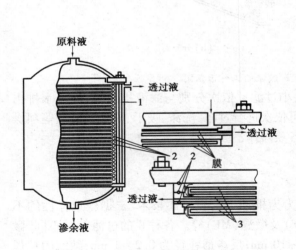

图4.12 系紧螺栓式板框式膜器件
1—螺栓；2—密封圈；3—滤板

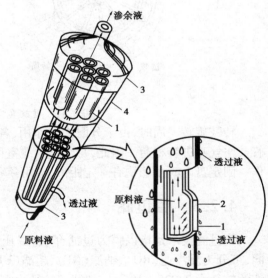

图4.13 内压型管束式膜器件
1—玻璃管；2—反渗透膜；3—末端管件；4—外壳

任务4.3 空气净化工程

药品生产行业是关系到人民生命安全的一个特殊行业，车间卫生极为重要。车间卫生包括车间内各种设施器材和空气环境的卫生。对于车间空气卫生的要求有两个方面：一方

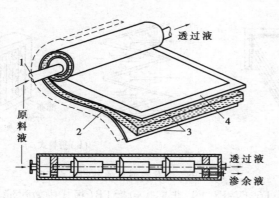

图 4.14 卷筒式膜器件
1—透过液收集管;2—隔网;3—膜;4—密封边界

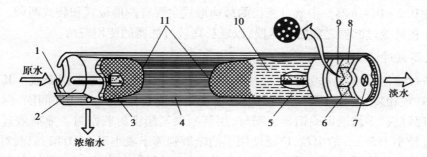

图 4.15 中空纤维膜器件
1,6—密封环;2,7—端板;3,10—中空纤维膜;
4—外壳;5—原水分布管;8—支承管;9—管板;11—网格

面要把悬浮在空气中的尘粒数降到最低,另一方面要除掉空气中的微生物。空气净化的目的就是要除去空气中的尘粒和微生物,为制药车间输送已经洁净了的新鲜空气。目前,进行空气净化的方法主要采用膜过滤法。

4.3.1 空气净化过程

1)空气过滤器的分类

空气的净化过程可分为初效过滤、中效过滤、亚高效过滤及高效过滤 4 个阶段。各阶段所需要的设备分别是初效过滤器、中效过滤器、亚高效过滤器及高效过滤器。

(1)初效过滤器

初效过滤器是空气净化处理的第一级过滤,主要是滤过大颗粒灰尘和各种异物,截留直径是 10 μm。初效过滤器有板式、折叠式和袋式 3 种样式,其中袋式和折叠式构造如图 4.16所示。因初效过滤器空隙大,阻力小,可采用较高风速(0.4 ~ 1.2 m/s)过滤。为便于清洗,初效过滤器的滤材一般采用粗、中孔径的泡沫塑料或无纺布,可根据过滤器进口新风的含尘浓度,定期更换清洗,以保持其具有较低的过滤阻力和较高的进风量。

(2)中效过滤器

中效过滤器在空气过滤器中属 F 系列过滤器。F 系列中效空气过滤器分袋式和非袋式

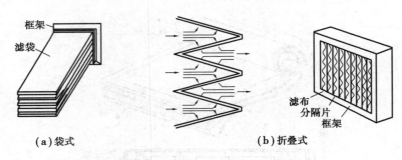

（a）袋式　　　　　　　　　（b）折叠式

图 4.16　空气过滤器的结构形式

两种,其中袋式包括 F5,F6,F7,F8,F9;非袋式包括 FB(板式中效过滤器),FS(隔板式中效过滤器),FV(组合式中效过滤器)。中效过滤器主要用于滤除直径为 1～10 μm 的颗粒,一般采用的过滤介质是可清洗的中、细孔径的泡沫塑料、玻璃纤维、合成纤维或无纺布。空气的过滤速度是 0.2～0.4 m/s。中效过滤器的结构形式主要有楔形板式和袋式两种。常把中效过滤器设计在高效过滤器之前的正压段,以延长高效过滤器的使用寿命。

（3）亚高效过滤器

亚高效过滤器采用超细玻璃纤维滤纸或聚丙烯滤纸为滤材,经密摺而成。其结构形式有分隔式、管式和袋式。密摺的滤纸由纸隔板或铝箔隔板做成的小插件间隔,保持流畅通道,外框为镀锌板、不锈钢板或铝合金型材,用新型聚氨酯密封胶密封。亚高效过滤器主要用于除去直径小于 5 μm 的尘粒,广泛使用于洁净级别等于或小于 10 万级,以及对环境除尘和灭菌要求较高的场所,是 30 万级洁净车间的终端过滤器。可广泛用于电子、制药、医院、食品等行业的一般性过滤,也可用于耐高温场所。

（4）高效过滤器

高效过滤器主要用于捕集 0.5 μm 以下的颗粒灰尘及各种悬浮物,可滤除 99.97% 0.3 μm 的尘粒,是洁净厂房和局部净化设备的终端过滤器。作为各种过滤系统的末端过滤,采用超细玻璃纤维纸作滤材,胶版纸、铝箔板等材料折叠作分割板,新型聚氨酯密封胶密封,并以镀锌板、不锈钢板、铝合金型材为外框制成。高效过滤器是属于不可再生的滤材,因此在高效过滤器前一定要安装中效或亚高效过滤器进行保护。高效空气过滤器一般采用折叠式滤器组件,为了保证过滤效率和提供足够的风量,高效过滤器采用较低的风速,风速保持在 0.01～0.03 m/s,以及较大的过滤面积。

2）洁净车间空气净化系统的组成

洁净车间空气净化系统的组成包括空气除尘系统、空气消毒系统、气流组织系统等单元。空气净化工程主要设备由引风机、前置过滤器、主过滤器(静电除尘器)、臭氧杀菌层、活性炭过滤器、负离子发生器(光触媒过滤网)等组成,如图 4.17 所示。

4.3.2　典型空气净化工程简介

如图 4.18 所示为典型循环风系统,常规循环风系统中有新风与回风的流通管路。当已经净化了的新风进入洁净室后,流通出来的风就是回风。为了充分利用已除去了颗粒和大量微生物的车间放空气体,在实际设计中往往按一定比例将回风输送到新风管路与新风混

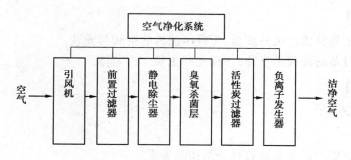

图4.17 空气净化流程

合,然后经过中效和高效过滤器,再次被送入洁净室使用,这样节约了能源,降低了生产成本。

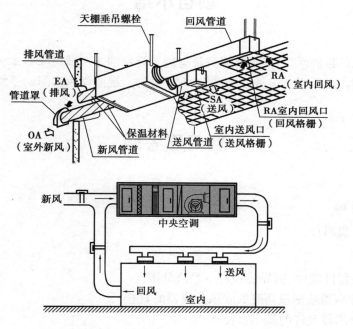

图4.18 典型循环风空气净化流程图

新风通过初效过滤器后由风机送经干燥器、中效过滤器,最后通过高效过滤器进入车间。从洁净车间出来的回风回到空调箱中与新风一起经过净化处理再次进入车间使用。除尘器被用来除去放空尾气中的颗粒,排风机被用来调节回风比例。

技能实训4 沉降与过滤设备的拆卸与安装

【实训目的】

掌握旋风分离器、板框压滤机的结构与原理。

【实训内容】

①使用维修工具完成旋风分离器、板框压滤机的拆卸与安装。

②画出各个设备的外观示意图,并标注各主要部件名称。

【结果记录】

记录上述实验结果。

【思考题】

简述旋风分离器的最小分离直径与结构的关系。

项目小结

学生通过本项目的学习,能够掌握沉降与过滤设备的基本概念和基本内容,能够进行设备的分类和识别。培养学生设备维修操作的基本能力,提高学生实际动手能力。

复习思考题

一、名词解释

沉降;过滤;膜组件。

二、选择题

1. 旋风分离器性能中,临界粒径这一术语是指(　　　)。

　　A. 旋风分离器效率最高时的旋风分离器的直径

　　B. 旋风分离器允许的最小直径

　　C. 旋风分离器能够全部分离出来的最小颗粒的直径

　　D. 能保持直流流型时的最大颗粒直径

2. 助滤剂应具有的性质是(　　　)。

　　A. 颗粒均匀、柔软、可压缩

　　B. 颗粒均匀、坚硬、不可压缩

　　C. 粒度分布广、坚硬、不可压缩

　　D. 颗粒均匀、可压缩、易变性

3. 颗粒在静止的流体中沉降时,在相同的流体条件下,颗粒的球形度越小,阻力系数(　　　)。

　　A. 越大　　　　　　B. 越小　　　　　　C. 不变　　　　　　D. 不确定

三、填空题

1. 沉降的类型主要分为_____、_____。

2. 按操作压力不同, 过滤可分为_____、_____、_____。

3. 空气的净化过程可分为_____、_____、_____和_____ 4 个阶段。

四、问答题

1. 影响重力沉降的主要因素有哪些?

2. 三足式离心机的工作原理及优缺点有哪些?

3. 过滤的原理及影响因素有哪些?

4. 空气过滤器的结构有哪些?

5. 简述空气净化的设备及主要工艺流程。

项目 5　搅　拌

搅拌是利用叶轮旋转或其他方式,使设备内液体物料形成某种特定方式的循环流动。搅拌本身不是目的,而是一种手段。借助搅拌操作可达到的目标通常是:使两种或两种以上的物料混合均匀;促进液体与固体之间的化学反应;促进液体与液体、液体与容器壁之间的传热;使气泡充分地与液体接触,加快传质速率,等等。

任务 5.1　机械搅拌装置分类

制药常用的液体搅拌方法是机械搅拌。典型的机械搅拌装置如图 5.1 所示。常用的搅拌罐是立式圆筒形设备,它由上下封头和罐体组成。搅拌罐内装有一定高度的液体,由电机直接或通过减速装置驱动搅拌轴,使搅拌器按一定的速度在液体中旋转,促使液体在搅拌罐内作循环流动,以实现搅拌的目的。

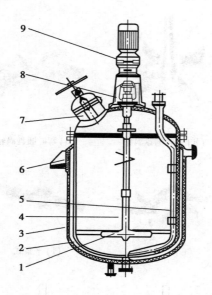

图 5.1 典型的机械搅拌装置
1—搅拌器;2—罐体;3—夹套;4—搅拌轴;
5—压出管;6—支座;7—入孔;8—轴封;9—传动装置

5.1.1 搅拌器的类型

1)按照搅拌器性能分类

按照搅拌器性能可分为以下两大类:

(1)小直径高速搅拌器

其特点是叶片小、转速高。它主要包括推进式搅拌器和涡轮式搅拌器,适用于液体黏度较低的场合。

(2)大直径低速搅拌器

其特点是叶片大、转速低。它主要包括桨式搅拌器、锚式搅拌器和螺带式搅拌器,适用于液体黏度较高的场合,如图 5.2 所示。

2)按工作原理分类

搅拌器按工作原理可分为 3 大类:

(1)轴向流搅拌器

以推进式为代表,如图 5.3(a)所示。液体在搅拌罐内主要作轴向和切向流动,具有流量大、压头低的特点。

(2)径向流搅拌器

其工作原理与离心泵叶轮相似,以平直叶圆盘涡轮式为代表,如图 5.3(b)所示。液体在搅拌罐内主要作径向和切向流动,具有流量较小、压头较高的特点。

(3)混合流搅拌器

以斜叶涡轮搅拌器为代表,液体在搅拌罐内既有轴向流又有径向流。

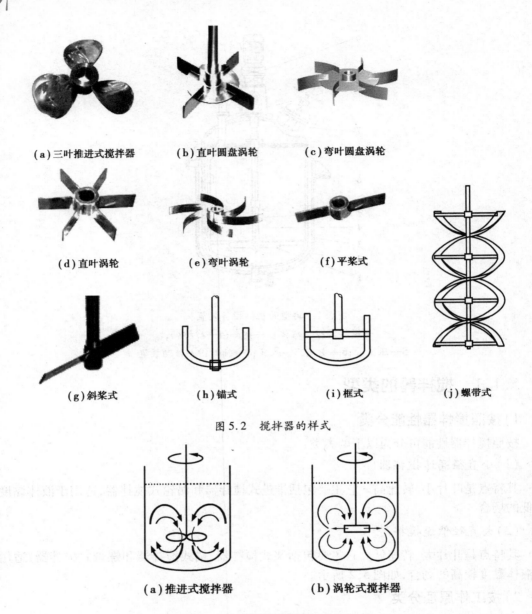

(a)三叶推进式搅拌器　(b)直叶圆盘涡轮　(c)弯叶圆盘涡轮

(d)直叶涡轮　(e)弯叶涡轮　(f)平桨式

(g)斜桨式　(h)锚式　(i)框式　(j)螺带式

图 5.2　搅拌器的样式

(a)推进式搅拌器　　(b)涡轮式搅拌器

图 5.3　两种搅拌器的总体循环流动

5.1.2　常用搅拌器的特点

1)推进式搅拌器

推进式搅拌器又称螺旋桨式搅拌器,如图 5.2(a)所示。其结构简单、安装容易,叶轮直径较小,一般取搅拌罐内径的 1/4 ~ 1/3。转速较高,可达 100 ~ 500 r/min。叶片端部的圆周速度一般为 5 ~ 15 m/s。

工作时,液体在高速旋转的叶轮作用下作轴向和切向运动,液体的轴向分速度使液体沿轴向向下流动,流至罐底时再沿罐壁折回,并重新返回螺旋桨入口,形成如图 5.3(a)所示的总体循环流动。切向分速度使离开螺旋桨叶的液体带动罐内整个液体作圆周运动,这种圆周运动甚至使罐中心处液体下凹,器壁处的液面上升,减小了罐的有效容积。下凹严重时,螺旋桨的中心会吸入空气,使搅拌效率急剧下降。若液体中含有固体颗粒时,圆周运动还会将颗粒甩向罐壁,并沉积到搅拌罐底部,起到与混合相反的作用,故应采取措施抑制罐内物料的圆周运动。

由于推进式搅拌器具有循环量大、速度快、压头低的特点,因此,对搅拌低黏度的大量液体具有良好的效果,适用于大尺度均匀混合的场合,如液体的混合、固液的混悬、强化搅拌罐内的传热等。

2)涡轮式搅拌器

此类搅拌器的形式很多。常见的典型结构如图 5.2(b)、(c)、(d)、(e)所示。涡轮式搅拌器的直径一般为罐内径的 1/6 ~ 1/2,转速可达 10 ~ 500 r/min,叶片端部的圆周速度一般为 3 ~ 8 m/s。

工作时,液体作径向和切向运动,并以很高的速度排出。液体的径向分速度,使液体流向壁面,在壁面分为上下两路返回搅拌器。液体的切向分速度,使搅拌罐内的液体产生圆周运动,应采取措施抑制。

与推进式搅拌器相比,涡轮式搅拌器所造成的总体流动的回路较为曲折,由于排出速度较高,因而叶端附近的液体湍动更为剧烈,可将液体微团破碎得很细。常用于黏度小于 50 Pa·s 的液体的反应、混合、传热以及固体在液体中的溶解、悬浮和气体分散等过程。但对于易分层的物料,如含有较重颗粒的混悬液,此类搅拌器不适用。

3)桨式搅拌器

桨式搅拌器的桨叶尺寸大,转速低。其搅拌直径为搅拌罐内径的 1/2 ~ 4/5,叶片宽度为其旋转直径的 1/6 ~ 1/4,转速为 1 ~ 100 r/min,叶片端部的圆周速度为 1.5 ~ 3.0 m/s。按桨叶的不同,可分为平桨式、斜桨式和多层斜桨式,如图 5.2(f)、(g)所示。

桨式搅拌器的叶片长,通常为两叶,转速较慢,产生的压头较低,可使液体作径向和切向运动,斜桨式搅拌器还可产生轴向小范围流动。可用于简单的液体混合、固液溶解、悬浮和气体分散等过程。当搅拌高黏度液体时,可将其旋转直径增大至罐内径的 0.9 倍以上,并设置多层桨叶。

4)锚式和框式搅拌器

两类都是桨式搅拌器的改进,其形状与罐底部相似,如图 5.2(h)、(i)所示。旋转直径大,与罐的内径基本相等,间隙很小,转速很低,仅为 1 ~ 100 r/min,叶片端部的圆周速度为 1 ~ 5 m/s。此类搅拌器搅拌范围大,无死区。由于搅拌器产生刮壁效应,可防止器壁沉积现象。但基本上不产生轴向运动,故轴向混合效果较差。锚式和框式搅拌器适用于中、高黏度液体的混合、反应及传热等过程,尤其适用于粥状物料的搅拌。

5)螺带式搅拌器

此类搅拌器旋转直径不小于罐内径的 9/10,如图 5.2(j)所示。转速仅为 0.5 ~ 50 r/min,叶端圆周速度小于 2 m/s。搅拌时能产生液体的轴向运动,使物料上下窜动混合均匀,混合效果好。螺带式搅拌器适用于高黏度液体的混合、反应及传热等过程。

任务 5.2　搅拌混合原理及选型

5.2.1　搅拌混合原理

1）总体流动

将两种不同的液体置于槽内,开动搅拌器,搅拌器的叶轮把能量传给液体,产生高速液流,这股液流又推动周围的液体,在槽内形成一个循环流动,这种宏观流动称为总体流。总体流动的作用促进了槽内液体宏观上的均匀混合。

2）涡流运动

当叶轮旋转时,所产生的高速液流通过静止的或运动速度较低的液体中时,由于高速液体和低速液体在其交界面上产生了速度梯度,使界面上的液体受到很大的剪切作用,因而产生大量旋涡,并且迅速向周围扩散,进行上下、左右、前后各方向紊乱的且又是瞬间改变速度的运动,即涡流运动。这种因涡流作用而产生的湍动可视为微观流动。液体在这种微观流动的作用下被破碎成微团,微团的尺寸取决于旋涡的大小。

实际混合过程是总体流动、涡流运动和分子扩散等的综合作用。

3）"打旋"现象

将搅拌器安装在立式平底圆形槽的中心线上,槽壁光滑且无挡板,在低黏度液体中进行搅拌,当叶轮的旋转速度达到足够高时,无论是轴向流叶轮或是径向流叶轮,都会产生切向流动,使液体自由表面的中央向下凹,四周凸起形成漏斗形的旋涡,严重时,能使全部液体围绕着搅拌器团团旋转。当叶轮的旋转速度越大,旋涡下凹的深度也越大。这种流动状态称为"打旋"。

"打旋"时造成下列不良后果:

①混合效果差,液体只随着叶轮转动,不能造成各层液体之间的相对运动,没有产生轴向混合的机会。

②当搅拌固、液相悬浮液时,容易发生分层或分离,其中的固体颗粒被甩至槽壁而沉降在槽底。

③当旋涡中心凹度达到一定深度后,还会造成从表面吸入空气的现象,这样就降低了被搅拌物料的表观密度,使加于物料的搅拌功率显著降低,其结果降低了搅拌效果。

④"打旋"时造成搅拌功率不稳定,加剧了搅拌器的振动,易使搅拌轴受损。

总之,当搅拌过程中出现"打旋"时,应设法加以抑制。

5.2.2　搅拌器的强化措施

1）提高搅拌器转速

搅拌器的工作原理与泵的叶轮相似。提高转速,可提供较大的压头,实际上就是提高搅拌器向液体提供的能量,这样既可增加液体的湍动程度,又提高了液体的混合效果。

2)抑制搅拌槽内的"打旋"现象

当搅拌槽内发生"打旋"现象后,几乎不产生轴向混合作用,叶片与液体的相对运动减弱,压头降低,搅拌器的功率降低,混合效果差。为了抑制"打旋"现象,通常采用的方法有以下两种:

(1)在搅拌槽内安装挡板

最常用的挡板是沿槽壁面垂直安装的条形板,挡板的上端高出液面,下端通到槽底,挡板的宽度,一般为槽径的1/10,挡板数量宜用4块,均布在槽内。当槽内设置挡板后,除了可完全消除"打旋"现象外,还可使搅拌槽内的切向流动改变为轴向、径向流动,增大了被搅拌液体的湍动程度,提高了混合效果,但搅拌功率却成倍增加。

(2)破坏循环回路的对称性

为了防止"打旋"现象,还可采用破坏循环回路对称性的方法,增加旋转运动的阻力,可产生与设置挡板时相似的搅拌效果。最常用的方法有偏心式搅拌、倾斜式搅拌和偏心式水平搅拌等。

3)控制回流液体的速度和方向

在搅拌槽内设置导流筒,可严格控制回流液体的速度和流动方向。导流筒的作用,不仅可提高槽内液体的搅拌程度,加强叶轮对液体的剪切作用,而且还确立了充分的循环流型,使槽内的液体均通过导流筒内的剧烈混合区域,从而提高混合效率,消除短路现象。

5.2.3 搅拌器的选型

针对不同的物料系统和不同的搅拌目的,搅拌器的类型很多,欲选一台合适的搅拌器,既要满足搅拌目的,也要保证所需的功率要小。因此,在选型时首先应根据工艺过程对被搅拌液体的流动条件的要求,或者根据工艺过程对搅拌过程的控制因素的要求,如工艺过程要求对流循环良好,或者是工艺过程要求剪切力强等,对具体的工艺过程要作具体分析,弄清过程的控制因素后再作选择。

选型时,不仅要考虑搅拌过程的目的,同时也要考虑动力的消耗。另外,搅拌器的结构也是选型中所要考虑的。总之,一种好的选型方法最好既能满足选择结果合理,又可满足选择方法简便。但是,在实际过程中要同时具备这两个条件却难以做到。而在具体选型时,则根据工艺要求、被搅拌物料的黏度和搅拌的特性来选型。

技能实训5 搅拌器的观察与结构绘制

【实训目的】

掌握搅拌器的结构与原理。

【实训内容】

①使用维修工具完成搅拌器的拆卸、安装。

②画出搅拌器的结构示意图,并注明其所属类别。

【结果记录】

记录上述实验结果。

【思考题】

如何提高搅拌效率。

项目小结

　　搅拌装置在工业生产中的应用范围很广,在药品生产企业搅拌也是常见的单元操作之一。学生通过对本项目的学习,能够认识生产中常见的搅拌装置及其作用,能根据不同场合选择合适的搅拌器。

复习思考题

一、填空题

1. 搅拌器按工作原理可分为 3 大类:第一类为_____,以_____为代表;第二类为_____,以_____为代表;第三类为_____,以_____为代表。

2. 常用的搅拌器有_____、_____、_____和_____。

二、问答题

1. 简述推进式搅拌器和涡轮式搅拌器的特点和适用对象。

2. 什么是打旋现象? 打旋对搅拌有什么影响?

3. 牛顿型液体与非牛顿型液体在搅拌过程中的黏度有什么不同?

4. 对下列不同的液体选择合适的搅拌器:

(1)粥状物料的搅拌;

(2)高黏度液体的混合;

(3)低黏度液体的搅拌。

项目 6　传　热

任务 6.1　概　述

6.1.1　传热的基本方式

根据传热机理的不同,热量传递有 3 种基本方式:热传导、对流传热和热辐射。传热可依靠其中的一种或几种方式进行。无论以何种方式传热,净的热量总是由高温处向低温处传递。

1)热传导

热传导又称导热,是借助物质分子、原子或自由电子的运动来传递热量的过程。当物体内部在传热方向上无质点宏观迁移的条件下,只要存在温度差,就必然发生热传导。可见,热传导不仅发生在固体中,同时也是流体内的一种传热方式。

气体、液体、固体的热传导进行的机理各不相同。在静止液体或作层流运动的流体层中,热传导是由分子的振动或热运动来实现的;在非金属固体中,热传导是由晶格的振动来实现的;在金属固体中,热传导主要依靠自由电子的迁移来实现。由此,良好的导电体也是良好的导热体。很明显,热传导不能在真空中进行,热水瓶抽真空的目的就是减少导热损失。

2)对流传热

对流传热又称给热,是指利用流体质点在传热方向上的相对运动来实现热量传递的过程。根据引起流体质点相对运动的原因不同,可分为强制对流传热和自然对流传热。若相对运动是由外力作用(如泵、风机、搅拌器等)而引起的,称为强制对流传热;若相对运动是由于流体内部各部分温度的不同而产生密度的差异,使流体质点发生相对运动的,则称为自然对流传热。流体在发生强制对流传热时,往往伴随着自然对流传热,但一般强制对流传热的强度比自然对流传热的强度要大得多。

3)热辐射

热物体发出辐射能的过程,称为热辐射。它是一种通过电磁波传递能量的方式。具体来说,物体将热能转变成辐射能,以电磁波的形式在空中进行传送,当遇到另一个能吸收辐射能的物体时,即被其部分或全部吸收并转变为热能。辐射传热就是不同物体间相互辐射和吸收能量的结果。由此可知,辐射传热不仅是能量的传递,同时还伴有能量形式的转换。热辐射不需要任何媒介,换而言之,可在真空中传播。这是热辐射不同于其他传热方式的另一特点。应予指出,只有物体温度较高时,辐射传热才能成为主要的传热方式。

实际上,传热过程往往不是以某种传热方式单独出现,而是两种或 3 种传热方式的组合。例如,工厂中普遍使用的间壁式换热器中的传热,主要是以对流传热和热传导相结合的方式进行的,后面将详细介绍。

6.1.2　传热速率和热通量

1)传热速率

传热过程中,热量传递的快慢用传热速率来表示。传热速率是指单位时间内通过传热面传递的热量,用 Φ 表示,单位为 W。

与其他传递过程类似,传热速率可表示为

$$\Phi = \frac{\text{传热推动力(温度差)}}{\text{传热阻力(热阻)}} = \frac{\Delta t}{R} \tag{6.1}$$

2)热通量

热通量是指单位传热面积、单位时间内传递的热量,用 q 表示,单位为 W/m^2,即

$$q = \frac{\Phi}{S} \tag{6.2}$$

式中　S——传热面积,m^2。

6.1.3　温度场和温度梯度

1)温度场

当物体在炉中加热时,热量通过物体表面传入物体,并由表面向其内部传递。显然,物

体内各点温度不相同,由表面向其内部逐渐降低。随着时间的增加,各点温度逐渐增加,直至稳定时为止。人们将某一瞬间物体内各点温度分布的总称,称为温度场。

温度场分为两大类:温度不随时间变化的稳态温度场和温度随时间变化的非稳态温度场。不稳态温度场中的导热称为非稳态导热;稳态温度场中的导热称为稳态导热。物体温度只沿某一方向或某两个方向变化的温度场,分别称为一维温度场或二维温度场。

2)等温面

温度场中同一时刻下相同温度各点组成的空间曲面,称为等温面。

3)温度梯度

温度梯度是指相邻等温面之间的温度。温度梯度是向量,其方向垂直于等温面,其正方向指向温度增加的方向,如图 6.1 所示。

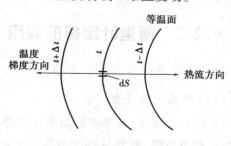

图 6.1 温度梯度示意图

任务 6.2 热传导

6.2.1 傅里叶定律

1)傅里叶定律

在各向同性均质的导热物体中,热传导的传热速率与温度梯度及垂直于热流方向的表面积成正比。这一定律是 1822 年傅里叶(J. Fourier)在固体导热实验的基础上总结出来的,故以他的名字命名为傅里叶定律。用数学公式表示为

$$\mathrm{d}\Phi = -\lambda \cdot \mathrm{d}S \frac{\partial t}{\partial n} \qquad (6.3)$$

式中　$\mathrm{d}\Phi$——热传导速率,W 或 J/s;

　　$\mathrm{d}S$——等温表面的面积,m^2;

　　$\frac{\partial t}{\partial n}$——温度梯度,℃/m 或 K/m;

　　λ——导热系数,W/(m·℃)或 W/(m·K);

　　"−"表示热流方向与温度梯度方向相反。

2)导热系数

由傅里叶定律可得出导热系数的定义式,即

$$\lambda = -\frac{\mathrm{d}\Phi}{\mathrm{d}S \frac{\partial t}{\partial n}} \qquad (6.4)$$

由式(6.4)可知,导热系数是热流密度矢量和温度降度的比值,数值上等于单位温度梯

度下的热通量。它是表征物质导热性能的一个物性参数，λ 越大，导热性能越好。导热性能的大小与物质的组成、结构、温度及压力等有关。

物质的导热系数通常由实验测定。各种物质的导热系数数值差别极大，一般而言，金属的导热系数最大，非金属的次之，液体的较小，而气体的最小。工业上常见物质的导热系数可从有关手册中查得。

6.2.2　傅里叶定律的应用

1) 平壁导热

(1) 单层平壁导热

如图6.2所示，若平壁的面积 A 与厚度 δ 相比很大，则从边缘处的散热可忽略，两侧分别维持均匀恒定的温度 t_{w1} 和 t_{w2}，材料的物性值(热导率等)为常数，无内热源。分析这些条件可看出，壁内温度只沿垂直于壁面的 x 方向发生变化，即所有等温面是垂直于 x 轴的平面，且壁面的温度不随时间变化，显然为一维稳定导热。此时，傅里叶定律应改写为

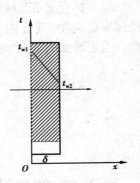

图6.2　单层平壁导热

$$\Phi = -\lambda A \frac{\partial t}{\partial x}$$

当 $x = 0$ 时，$t = t_{w1}$；$x = \delta$ 时，$t = t_{w2}$，且 $t_{w1} > t_{w2}$。按此边界条件积分，上式可得

$$\Phi = \frac{\lambda}{\delta} A (t_{w1} - t_{w2}) \tag{6.5}$$

或

$$\Phi = \frac{t_{w1} - t_{w2}}{\dfrac{\delta}{\lambda A}} = \frac{\Delta t}{R} \tag{6.5a}$$

$$q = \frac{\Phi}{A} = \frac{t_{w1} - t_{w2}}{\dfrac{\delta}{\lambda}} = \frac{\Delta t}{R'} \tag{6.5b}$$

式中　δ——平壁厚度，m；

Δt——平壁两侧的温度差，导热推动力，K；

$R = \dfrac{\delta}{\lambda A}$——导热热阻，K/W；

$R' = \dfrac{\delta}{\lambda}$——单位传热面积的导热热阻，$m^2 \cdot K/W$。

热阻的概念对传热过程的分析和计算都非常有用。由式(6.5a)可知，导热壁面越厚、导热面积和导热系数越小，其热阻越大。

【**例题6.1**】　普通砖平壁厚度为500 mm,一侧温度为300 ℃,另一侧温度为30 ℃,已知平壁的平均导热系数为0.9 W/(m·℃),试求:

(1)通过平壁的导热通量,W/m²;

(2)平壁内距离高温侧300 mm处的温度。

解　(1)由式(6.5b),得

$$q = \frac{\Phi}{A} = \frac{t_1 - t_2}{\dfrac{\delta}{\lambda}} = \frac{300 - 30}{\dfrac{0.5}{0.9}} \text{ W/m}^2 = 486 \text{ W/m}^2$$

(2)由式(6.5b),可得

$$t = t_1 - q\frac{\delta}{\lambda} = 300 \text{ ℃} - 486 \times \frac{0.3}{0.9} \text{ ℃} = 168.8 \text{ ℃}$$

(2)多层平壁导热

工业上常常遇到多层不同材料组成的平壁,如工业用的窑炉,其炉壁通常由耐火砖、保温砖以及普通建筑砖由里向外构成,其中的导热称为多层平壁导热。下面以如图6.3所示的3层平壁为例,说明多层平壁导热的计算方法。由于是平壁,各层壁面面积可视为相同设为A,各层壁面厚度分别为δ_1,δ_2和δ_3,导热系数分别为λ_1,λ_2和λ_3,假设层与层之间接触良好,即互相接触的两表面温度相同。各表面温度分别为t_{w1},t_{w2},t_{w3}和t_{w4},且$t_{w1} > t_{w2} > t_{w3} > t_{w4}$,则在稳定导热时,通过各层的导热速率必定相等,即$\Phi_1 = \Phi_2 = \Phi_3 = \Phi$。故有

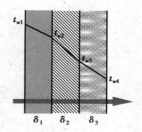

图6.3　3层平壁导热

$$\Phi = \frac{\Delta t_1}{R_1} = \frac{\Delta t_2}{R_2} = \frac{\Delta t_3}{R_3} = \frac{t_{w1} - t_{w4}}{\dfrac{\delta_1}{\lambda_1 S} + \dfrac{\delta_2}{\lambda_2 S} + \dfrac{\delta_3}{\lambda_3 S}}$$

化简得

$$\Phi = \frac{S(t_{w1} - t_{w4})}{\dfrac{\delta_1}{\lambda_1} + \dfrac{\delta_2}{\lambda_2} + \dfrac{\delta_3}{\lambda_3}} \tag{6.6}$$

若由3层平壁导热向n层平壁推广,其导热速率方程式为

$$\Phi = \frac{S(t_{w,1} - t_{w,n+1})}{\sum\limits_{i=1}^{n} \dfrac{\delta_i}{\lambda_i}} \tag{6.7}$$

式中,下标i为平壁的序号。

【例题 6.2】 某平壁燃烧炉由一层 100 mm 厚的耐火砖和 80 mm 厚的普通砖砌成,其导热系数分别为 1.0 W/(m·℃) 和 0.8 W/(m·℃)。操作稳定后,测得炉内壁温度 700 ℃,外表面温度为 100 ℃。为减少热损失,在普通砖的外表面增加一层厚为 30 mm,导热系数为 0.03 W/(m·℃) 的保温材料。等操作稳定后,又测得炉内壁温度为 800 ℃,外表面温度为 70 ℃。设原有两层材料的导热系数不变,试求:

(1)加保温层后热损失比原来减少的百分数;

(2)加保温层后各层的温度差和热阻。

解 (1)加保温层前,为双层平壁的导热,单位面积的热损失,即热通量为

$$q = \frac{\Phi}{A} = \frac{t_{w1} - t_{w3}}{\dfrac{\delta_1}{\lambda_1} + \dfrac{\delta_2}{\lambda_2}} = \frac{700 - 100}{\dfrac{0.10}{1.0} + \dfrac{0.08}{0.8}} \; \text{W/m}^2 = 3\,000 \; \text{W/m}^2$$

加保温层后为 3 层平壁导热,单位面积的热损失即热通量为

$$q' = \frac{\Phi'}{A} = \frac{t_{w1} - t_{w4}}{\dfrac{\delta_1}{\lambda_1} + \dfrac{\delta_2}{\lambda_2} + \dfrac{\delta_3}{\lambda_3}} = \frac{800 - 70}{\dfrac{0.10}{1.0} + \dfrac{0.08}{0.8} + \dfrac{0.03}{0.03}} \; \text{W/m}^2 = 608 \; \text{W/m}^2$$

$$热损失减少百分比 = \frac{3\,000 - 608}{3\,000} = 79.7\%$$

(2)已求得 $q' = \dfrac{\Phi'}{A} = 608 \; \text{W/m}^2$,则由式(6.6),得

$$\Delta t_1 = \frac{\delta_1}{\lambda_1}\left(\frac{\Phi'}{A}\right) = \frac{0.1}{1.0} \times 608 \; ℃ = 61 \; ℃ ; \; R_1 = \frac{\delta_1}{\lambda_1} = \frac{0.1}{1.0} \; \text{m}^2 \cdot \text{K/W} = 0.1 \; \text{m}^2 \cdot \text{K/W}$$

$$\Delta t_2 = \frac{\delta_2}{\lambda_2}\left(\frac{\Phi'}{A}\right) = \frac{0.08}{0.8} \times 608 \; ℃ = 61 \; ℃ ; \; R_2 = \frac{\delta_2}{\lambda_2} = \frac{0.08}{0.8} \; \text{m}^2 \cdot \text{K/W} = 0.1 \; \text{m}^2 \cdot \text{K/W}$$

$$\Delta t_3 = \frac{\delta_3}{\lambda_3}\left(\frac{\Phi'}{A}\right) = \frac{0.03}{0.03} \times 608 \; ℃ = 608 \; ℃ ; \; R_3 = \frac{\delta_3}{\lambda_3} = \frac{0.03}{0.03} \; \text{m}^2 \cdot \text{K/W} = 1 \; \text{m}^2 \cdot \text{K/W}$$

2)圆筒壁导热

(1)单层圆筒壁导热

工业生产中的导热问题大多是圆筒壁中的导热问题,它与平壁导热的不同之处在于圆筒壁的传热面积和热通量不再是常量,而是随半径而变,同时温度也随半径而变,但传热速率在稳定时依然是常量。

如图 6.4 所示,设圆筒壁的内外半径分别为 r_1 和 r_2,长度为 l,内外表面温度分别为 t_1 和 t_2,且 $t_1 > t_2$。若在圆筒壁半径 r 处沿半径方向取微元厚度 dr 的薄层圆筒,其传热面积可视为常量,等于 $2\pi rl$;同时通过该薄层的温度变化为 dt,则通过该薄层的导热速率可表示为

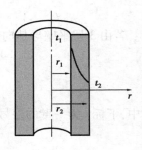

图 6.4 单层圆筒壁导热

$$\Phi = -\lambda A \frac{dt}{dr} = -\lambda (2\pi rl) \frac{dt}{dr}$$

将上式分离变量积分并整理,得

$$\Phi = 2\pi\lambda l \frac{t_1 - t_2}{\ln\dfrac{r_2}{r_1}} = \frac{t_1 - t_2}{\dfrac{\ln\left(\dfrac{r_2}{r_1}\right)}{2\pi\lambda l}} = \frac{\Delta t}{R} \tag{6.8}$$

式中,$R = \dfrac{\ln\left(\dfrac{r_2}{r_1}\right)}{2\pi\lambda l}$,即为圆筒壁的导热热阻。

式(6.8)即为单层圆筒壁的导热速率方程式,该式也可写成与平壁导热速率方程式相类似的形式,即

$$\Phi = \frac{A_m \lambda(t_1 - t_2)}{\delta} \tag{6.9}$$

$$A_m = 2\pi r_m l$$

$$r_m = \frac{r_2 - r_1}{\ln\left(\dfrac{r_2}{r_1}\right)}$$

式中　δ——圆筒壁的厚度,m;

　　　A_m——圆筒壁的对数平均面积,m^2;

　　　r_m——圆筒壁的对数平均半径,m。

当 $r_2/r_1 \leq 2$ 时,式(6.9)中的对数平均值可用算术平均值代替。

(2)多层圆筒壁导热

在工业上,多层圆筒壁的导热情况也比较常见。例如,在高温或低温管道的外部包上一层乃至多层保温材料,以减少热量损失(或冷量损失);在反应器或其他容器内衬以工业塑料或其他材料,以减少腐蚀;在换热器内换热管的内、外表面形成污垢,等等。

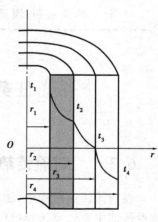

图6.5　3层圆筒壁的导热

以 3 层圆筒壁为例,如图 6.5 所示。假设各层之间接触良好,各层的导热系数分别为 λ_1,λ_2 和 λ_3,厚度分别为 $\delta_1 = r_2 - r_1$,$\delta_2 = r_3 - r_2$ 和 $\delta_3 = r_4 - r_3$,根据串联过程的规律,可写出 3 层圆筒壁的导热速率方程式为

$$\Phi = \frac{\Delta t_1 + \Delta t_2 + \Delta t_3}{R_1 + R_2 + R_3} = \frac{t_1 - t_4}{\dfrac{\ln\left(\dfrac{r_2}{r_1}\right)}{2\pi l\lambda_1} + \dfrac{\ln\left(\dfrac{r_3}{r_2}\right)}{2\pi l\lambda_2} + \dfrac{\ln\left(\dfrac{r_4}{r_3}\right)}{2\pi l\lambda_3}}$$

化简得

$$\Phi = \frac{2\pi l(t_1 - t_4)}{\dfrac{1}{\lambda_1}\ln\dfrac{r_2}{r_1} + \dfrac{1}{\lambda_2}\ln\dfrac{r_3}{r_2} + \dfrac{1}{\lambda_3}\ln\dfrac{r_4}{r_3}} \tag{6.10}$$

对 n 层圆筒壁

$$\Phi = \frac{2\pi l(t_1 - t_{n+1})}{\sum_{i=1}^{n} \frac{1}{\lambda_i} \ln \frac{r_{i+1}}{r_i}} \tag{6.11}$$

【例题6.3】 外径为426 mm的蒸汽管道,其外包上一层厚度为200 mm的保温层,保温层材料的导热系数为0.50 W/(m·℃)。若蒸汽管道与保温层交界面处温度为180 ℃,保温层的外表面温度为40 ℃,试求每米管长的热损失和保温层的温度分布。假定层间接触良好。

解 已知

$$r_2 = 0.426/2 \text{ m} = 0.213 \text{ m}, t_2 = 180 \text{ ℃}$$

$$r_3 = 0.213 \text{ m} + 0.2 \text{ m} = 0.413 \text{ m}, t_3 = 40 \text{ ℃}$$

$$\frac{\Phi}{l} = \frac{2\pi\lambda(t_2 - t_3)}{\ln \frac{r_3}{r_2}} = \frac{2\pi \times 0.50 \times (180 - 40)}{\ln \frac{0.413}{0.213}} \text{ W/m} = 664 \text{ W/m}$$

设保温层内半径为r,温度为t,代入上式,则

$$\frac{2\pi \times 0.50 \times (180 - t)}{\ln \frac{r}{0.213}} = 664$$

整理可得

$$t = 211.4 \ln r - 146.9$$

计算结果表明,圆筒壁内温度分布不是直线而是曲线。

任务6.3 对流传热与辐射传热

6.3.1 对流传热基本方程——牛顿冷却定律

在对流传热过程中,湍流主体主要为涡流传热,传热速度极快;而在过渡层及层流内层流量传递主要依靠传导进行,热阻主要集中在该区域,将此区域称为传热有效膜,简称传热膜。显然,传热膜的导热速率是对流传热速率的决定因素。

若传热壁面为平壁时,则传热膜也为平壁。可模仿固体平壁中的导热速率计算公式写出传热膜中导热速率的计算公式(即对流传热速率计算式)为

$$\Phi = \frac{\lambda}{\delta} A \Delta t \tag{6.12}$$

式中 Φ——对流传热速率,W;

λ——流体的导热系数,W/(m·K);

δ——传热膜厚度,m;

A——对流传热面积,m²;

Δt——流体与壁面间温度差的平均值,K;当流体被加热时,$\Delta t = t_w - t$;当流体被冷却时,$\Delta t = t - t_w$。

由于传热膜的厚度 δ 难以确定,且因传热膜包含不单纯是导热的过渡层以及传热壁大多并非是平壁等,故需引入一个综合系数 C,即

$$\Phi = \frac{C\lambda}{\delta}A\Delta t \qquad (6.13)$$

令 $h = \dfrac{C\lambda}{\delta}$,则式(6.13)可改写为

$$\Phi = hA\Delta t = \frac{\Delta t}{\dfrac{1}{hA}} \qquad (6.14)$$

或

$$q = h\Delta t = \frac{\Delta t}{\dfrac{1}{h}} \qquad (6.14a)$$

式中　h——对流传热系数,$W/(m^2 \cdot K)$;

$\dfrac{1}{hA}$——对流传热热阻,K/W;

$\dfrac{1}{h}$——单位传热面积的对流传热热阻,$m^2 \cdot K/W$。

式(6.14)称为对流传热基本方程式,又称牛顿冷却定律。

必须注意,传热系数一定要和传热面积及温度差相对应。例如,若热流体在换热器的管内流动,冷流体在换热器的管外流动,则它们的 h 分别为

$$\Phi = h_iA_i(T - T_w) \qquad (6.15)$$
$$\Phi = h_oA_o(t_w - t) \qquad (6.15a)$$

式中　A_o,A_i——换热器的管内表面积和管外表面积,m^2;

h_o,h_i——换热器管内侧和管外侧流体的 h 值,$W/(m^2 \cdot K)$。

牛顿冷却定律可用于传热壁面温度的估算:

当 $A_i = A_o$,$t_w \approx T_w$ 时,由式(6.15)及式(6.15a)得

$$t_w \approx \frac{h_iT + h_ot}{h_i + h_o} \qquad (6.16)$$

由式(6.16)可知,传热壁面的温度总是接近 h 较大侧流体的温度。

牛顿冷却定律是将复杂的对流传热问题,用一简单的关系式来表达,实质上是将矛盾集中在 h 上。因此,研究 h 的影响因素即其求取方法,便成为解决对流传热问题的关键。

6.3.2　对流传热系数

牛顿冷却定律也是 h 的定义式,即

$$h = \frac{\Phi}{A\Delta t}$$

由上式可知,h 表示单位传热面积上,流体与壁面的温度差为 1 K 时,单位时间以对流传

热方式传递的热量。它反映了对流传热的强度，h 越大，说明对流强度越大，对流传热热阻越小。

h 是受诸多因素影响的一个参数，表 6.1 列出了几种对流传热情况下的 h 值，从中可以看出，气体的 h 值最小，载热体发生相变时的 h 值最大，且壁气体的 h 值大得多。

表 6.1　h 值的经验范围

对流传热类型 （无相变）	$h/[\text{W} \cdot (\text{m}^2 \cdot \text{K})^{-1}]$	对流传热类型 （无相变）	$h/[\text{W} \cdot (\text{m}^2 \cdot \text{K})^{-1}]$
气体加热或冷却	5 ~ 100	有机蒸气冷凝	500 ~ 2 000
油加热或冷却	60 ~ 1 700	水蒸气冷凝	5 000 ~ 15 000
水加热或冷却	200 ~ 15 000	水沸腾	2 500 ~ 25 000

1）h 的影响因素

对流传热壁的流体流过固体壁时的热量传递。它是由热对流和导热构成的复杂的热量传递过程。因此，影响对流传热系数的因素不外乎是影响流动的因素及流体本身的热物理性质。

（1）流动的起因

对流传热分为自然对流传热和强迫对流传热。自然对流传热是流体在浮升力的作用下运动而引起的对流传热。强迫对流传热是流体在泵、风机及其他压差作用下流过传热面时的对流传热。流动的起因不同，传热规律不同，对流传热系数也不同。一般来说，同一流体的强迫对流传热系数比自然对流传热系数大。

（2）流动速度

当流型不变时，流速增加，层流边界层厚度减小，湍流边界层中层流底层的厚度也减小，对流传热热阻减小，对流传热系数增加。

流速增加时雷诺准数增加。雷诺准数的增加，有时会使流体由层流转变成湍流。湍流时由于流体微团的相互掺混作用，对流传热增强。因此，对于同一流体、同一种传热面，湍流时对流传热系数一般要大于层流时的对流传热系数。

（3）流体有无相变

对流传热无相变时流体仅改变显热，壁面与流体间有较大的温度差，而对流传热流体有相变时，流体吸收或放出汽化潜热。对于同一种流体，汽化潜热要比热容大得多，故有相变时的对流传热系数比无相变时大。此外，沸腾是液体中气泡的产生和运动增加了液体内部的运动，也使对流传热强化。

（4）壁面的几何形状、大小和位置

壁面的形状、大小和位置对流体在壁面上的运动状态、速度分布和温度分布都有很大影响。由于传热面的几何形状和位置不同，流体在传热面上的流动情况不同，从而对流传热系数也不同。此外，如传热面的大小、管束排列方式、管间距离及流体冲刷管子角度等也都影响流体沿壁面的流动情况，从而影响对流传热系数。

（5）流体的热物理性质

如果把手放在同温度的静止冷空气和冷水中,将会感到水比空气冷一些。这是由于水和空气的热物理性质不同,对流传热的强度不同引起的。对流传热是导热和流动着的流体微团携带热量的综合作用,因此对流传热系数与反映流体导热能力的热导率 λ、反映流体携带热量能力的密度 ρ 和比定压热容 c_p 有关。流体的黏度 η 的变化引起雷诺准数 Re 的变化,从而影响流体流态和流动边界层厚度 δ。体膨胀系数 a_v 影响自然对流传热时浮升力的大小和边界层内的速度分布(强迫对流强烈时 a_v 的影响往往可以忽略)。因此,流体的这些物性值也都影响对流传热系数的大小。

2）h 的关联式

由于影响 h 的因素很多,要建立一个通式求各种条件下的 h 是不可能的。通常是采用实验关联法获得各种条件下 h 的关联式。表6.2列出了有关各特征数的名称、符号及意义,供使用 h 关联式时参考。

表6.2　特征数的名称及意义

特征数的名称	符号	形式	意义
努赛尔特数	Nu	hl/λ	表示 h 的特征数
雷诺准数	Re	$lu\rho/\mu$	确定流动状态的特征数
普兰特数	Pr	$c_p\mu/\lambda$	表示物性影响的特征数
格拉斯霍夫数	Gr	略	表示自然对流影响的特征数

在使用 h 关联式时,应注意以下3个方面:

①应用范围。关联式中 Re,Pr 等特征数的数值范围。

②特征尺寸。Nu,Re 等特征数中应如何取定。

③定性温度。各特征数中流体的物性应按什么温度确定。

每一个 h 关联式对上述3个方面都有明确的规定和说明。

3）流体无变相的 h 关联式

在 h 的实验关联过程中,湍流、滞流的区间如下:

滞流:$Re < 2\ 300$;

湍流:$Re > 10\ 000$;

过渡区:$2\ 300 \leqslant Re \leqslant 10\ 000$。

为提高传热系数,流体在换热器内作强制对流时流体多呈湍流流动,较少出现滞流状态。因此,下面只介绍湍流和过渡区的 h 关联式。

（1）流体在圆形直管内作强制湍流

①低黏度流体(小于2倍常温水的黏度)

$$Nu = 0.023R^{0.8}Pr^n \tag{6.17}$$

或

$$h = 0.023\frac{\lambda}{d_i}\left(\frac{d_i u\rho}{\mu}\right)^{0.8}\left(\frac{c_p\mu}{\lambda}\right)^n \tag{6.17a}$$

式中,n 值的取值方法是:当流体被加热时,$n = 0.4$;当流体被冷却时,$n = 0.3$。

应用范围 $Re > 10\ 000, 0.7 < Pr < 120$;管长与管径比 $l/d_i \geqslant 60$。若 $l/d_i < 60$,将由式 (6.17a)算得的 h 乘以 $\left[1 + \left(\dfrac{d_i}{l}\right)^{0.7}\right]$ 加以修正。

特征尺寸 l:取为管内径 d_i。

定性温度:取为流体进、出口温度的算术平均值。

②高黏度液体

$$Nu = 0.023 Re^{0.8} Pr^{0.33} \varphi_w \qquad (6.18)$$

应用范围和特征尺寸与式(6.17)相同。

定性温度:取为流体进、出口温度的算术平均值。

φ_w 为黏度校正系数,当液体被加热时,$\varphi_w = 1.05$;当液体被冷却时,$\varphi_w = 0.95$。

【例题 6.4】 常压空气在内径为 50 mm、长度为 3 m 的管内由 20 ℃加热到 80 ℃,空气的平均流速为 15 m/s,试求管壁对空气的 h。

解 定性温度

$$t_m = \frac{t_1 + t_2}{2} = \frac{20\ ℃ + 80\ ℃}{2} = 50\ ℃$$

查得 50 ℃下空气的物性如下:

$$\mu = 1.96 \times 10^{-5}\ \text{Pa·s}; \lambda = 2.83 \times 10^{-2}\ \text{W/(m·K)}$$

$$\rho = 1.093\ \text{kg/m}^3; Pr = 0.698$$

$$Re = \frac{d_i u \rho}{\mu} = \frac{0.05 \times 15 \times 1.093}{1.96 \times 10^{-5}} = 41\ 824 > 10\ 000$$

$$\frac{l}{d_i} = \frac{3}{0.05} = 60$$

Pr, Re 及 $\dfrac{l}{d_i}$ 值均在式(6.17a)的应用范围内,故可用该式计算 h。又气体被加热,取 $n = 0.4$,则

$$h = 0.023 \frac{\lambda}{d_i} Re^{0.8} Pr^n = 0.023 \times \frac{2.83 \times 10^{-2}}{0.05} \times 41\ 824^{0.8} \times 0.698^{0.4}\ \text{W/(m}^2\text{·K)} =$$

$56.1\ \text{W/(m}^2\text{·K)}$

(2)流体在圆形直管内作强制过渡流

当 $Re = 2\ 300 \sim 10\ 000$ 时,属于过渡区,h 可先按湍流计算,然后将算得结果乘以校正系数 φ,即

$$\varphi = 1 - \frac{6 \times 10^5}{Re^{1.8}} \qquad (6.19)$$

(3)流体在弯管内作强制对流

流体在弯管内流动时,由于受惯性离心力的作用,流体的湍动程度增大了,使 h 值较直管内的大,此时 h 可校核计算为

$$h' = h\left(1 + 1.77\frac{d}{R}\right) \tag{6.20}$$

式中 h' ——弯管中的 h，W/(m²·K)；

h ——直管内的 h，W/(m²·K)；

d ——管内径，m；

R ——弯管轴的曲率半径，m。

(4)流体在非圆形管内作强制对流

当流体在非圆形管内作强制对流时，h 的计算仍可用上述关联式，只需将式中管内径换成相应的当量直径即可。在 Nu 数中的特征尺寸应采用传热当量直径，而 Re 数中的特征尺寸须采用流体力学当量直径。

传热当量直径定义为

$$d'_e = \frac{4 \times 流体流动截面积}{被流体湿润的传热周边长度} \tag{6.21}$$

例如，在套管换热器环隙内传热时，其传热当量直径为

$$d'_e = \frac{4 \times \dfrac{\pi}{4}(d_1^2 - d_2^2)}{\pi d_2} = \frac{d_1^2 - d_2^2}{d_2}$$

(5)流体在管外作强制对流

①流体横向流过管束

流体横向流过管束时，由于管与管之间的影响，情况较为复杂。管束的几何条件，如管径、管间距、管子排数以及排列方式等都对 h 有影响。管子的排列方式通常有直列和错列两种，错列又分为三角形错列和正方形错列。下面介绍一种较为简单的 h 计算方法。

当流体横向流过直列管束时，h 可计算为

$$Nu = 0.26Re^{0.6}Pr^{0.33} \tag{6.22}$$

当流体横向流过错列管束时，h 可计算为

$$Nu = 0.33Re^{0.6}Pr^{0.33} \tag{6.23}$$

式(6.22)、式(6.23)的应用条件如下：

应用范围：$Re > 3\ 000$。

特征尺寸：Nu，Re 中的 l 取为管外径 d_0，流速取流体通过每排管子最窄处的速度。

定性温度：取为流体的进、出口算术平均值。

管束的排数应为10，当排数不为10时，应将计算结果乘以表6.3中的校正系数。

表6.3 校正系数

排数	1	2	3	4	5	6	7	8	9	10	12	15	18	25
直列	0.64	0.80	0.83	0.90	0.92	0.94	0.96	0.98	0.99	1				
错列	0.68	0.75	0.83	0.89	0.92	0.95	0.97	0.98	0.99	1	1.01	1.02	1.03	1.04

②流体在换热器管间流动

对于常用的列管换热器，由于壳体是圆筒，管束中各列管子数目并不相等，而且大多装

有折流挡板,使得流体的流向和流速不断变化,因而当 $Re > 100$ 时,即可达到湍流。此时,h 的计算要视具体结构选用相应的计算公式。

列管换热器折流挡板的形式较多,其中弓形挡板最为常见。当换热器内装有圆缺形挡板(缺口面积约为 25% 壳体内截面积)时,壳方流体的 h 可计算为

$$Nu = 0.36Re^{0.55}Pr^{\frac{1}{3}}\varphi_{\mathrm{w}} \tag{6.24}$$

$$h = 0.36\frac{\lambda}{d_0}\left(\frac{d_e u\rho}{\mu}\right)^{0.55}\left(\frac{c_p\mu}{\lambda}\right)^{\frac{1}{3}}\varphi_{\mathrm{w}} \tag{6.24a}$$

应用范围:$Re = 2\times10^3 \sim 1\times10^6$。

特征尺寸:取为流体的进、出口算术平均值。

φ_{w} 为液体的热流方向校正系数,取值方法与式(6.18)相同,对无论是被加热还是被冷却,$\varphi_{\mathrm{w}} = 1$。

当量直径 d_e 根据管子的排列方式的不同,分别采用不同的公式进行计算。

管子为正方形排列时

$$d_e = \frac{4\left(t^2 - \frac{\pi}{4}d_0^2\right)}{\pi d_0} \tag{6.25}$$

管子为正三角形排列时

$$d_e = \frac{4\left(\frac{\sqrt{3}}{2}t^2 - \frac{\pi}{4}d_0^2\right)}{\pi d_0} \tag{6.26}$$

式中　t——相邻两管的中心距,m;

　　　d_0——管外径,m。

式(6.24)、式(6.24a)中的流速可根据流体流速管间最大截面积 A 计算,即

$$A = aD\left(1 - \frac{d_0}{t}\right) \tag{6.27}$$

式中　a——两挡板的距离,m;

　　　D——换热器壳体内径,m。

若换热器的管间无挡板,则管外流体将沿管束平行流动。此时,可用管内强制对流的关联式进行计算,只需将式中的直径换为当量直径即可。

(6)对流-辐射联合传热系数

制药工业中,许多设备和管道的外壁温度往往高于周围温度,此时热量将以对流和辐射两种方式散失于周围环境中,为减少热损失,需对温度较高或较低的设备(如换热器、塔器和蒸汽管道等)进行保温。

设备的热损失为对流传热和辐射传热之和。若分别计算会使过程非常复杂,同时也没有必要,因为工程上只需要了解总的热损失为多少。因此,往往对对流-辐射联合作用下的总热损失合并计算。计算式为

$$\Phi = h_{\mathrm{T}}A_{\mathrm{W}}(t_{\mathrm{w}} - t) \tag{6.28}$$

式中　h_{T}——对流-辐射联合传热系数,W/(m²·K);

　　　A_{W}——设备或管道的外壁面积,m²;

t_w,t——设备或管道的外壁温度和周围环境温度,K。

对流-辐射联合系数 h_T 可用以下经验式估算:

①室内($t_w < 150$ ℃,自然对流)

对圆筒壁($D < 1$ m)

$$h_T = 9.42 + 0.052(t_w - t) \qquad (6.29)$$

对平壁(或 $D \geqslant 1$ m 的圆筒壁)

$$h_T = 9.77 + 0.07(t_w - t) \qquad (6.30)$$

②室外

$$h_T = h_0 + 7\sqrt{u} \qquad (6.31)$$

对于保温壁面,一般取 $h_0 = 11.63$ W/($m^2 \cdot$ K);对于保冷壁面,一般取 $h_T = 7 \sim 8$ W/($m^2 \cdot$ K);为风速,m/s。

【例题6.5】 有一室外蒸汽管道,敷上保温层后外径为 0.4 m,已知其外壁温度为 33 ℃,周围空气的温度为 25 ℃,平均风速为 2 m/s。试求每米管道的热损失。

解 由式(6.31)可知联合传热系数为

$$h_T = h_0 + 7\sqrt{u} = 11.63 \text{ W/}(m^2 \cdot K) + 7\sqrt{2} \text{ W/}(m^2 \cdot K) = 21.53 \text{ W/}(m^2 \cdot K)$$

由式(6.28)得

$$\Phi = h_T A_W (t_w - t) = h_T \pi dl (t_w - t) = 216.44 \text{ W/m}$$

4)流体有相变时的对流传热

制药工业中,流体在换热过程中发生相变的情况很多。例如,在蒸发过程中,作为加热剂的蒸汽会冷凝成液体,被加热的物料则会沸腾汽化;在蒸馏操作中,一方面通过再沸器将物料加热汽化,另一方面则通过冷凝器将蒸馏过的物料进行冷凝。但就其本质而言,无非是两种情况:一种是液体的沸腾汽化,另一种是蒸汽的冷凝。由于流体在对流传热过程中伴随有相变,因此,比无相变时对流传热过程更为复杂。目前,对有相变时的对流传热研究还不是很充分,尽管迄今已有一些经验公式可供使用,但其可靠程度并不高。

(1)蒸汽冷凝过程的对流传热

①冷凝传热

如果蒸汽处于比其饱和温度低的环境中,将出现冷凝现象。在换热器内,当饱和蒸汽与温度低的壁面接触时,蒸汽将释放出潜热,并在壁面上冷凝成液体,发生在蒸汽冷凝和壁面之间的传热称为冷凝对流传热,简称冷凝传热。冷凝传热速率与蒸汽的冷凝方式密切相关。蒸汽冷凝主要有两种方式:膜状冷凝和滴状冷凝。如果冷凝液能够润湿壁面,则会在壁面上形成一层液膜,称为膜状冷凝;如果冷凝液不能润湿壁面,则会在壁面上杂乱无章地形成许多小液滴,称为滴状冷凝。在膜状冷凝过程中,壁面被液膜所覆盖,此时蒸汽的冷凝只能在液膜的表面进行,即蒸汽冷凝放出潜热必须通过液膜后才能传给壁面。因此,冷凝液膜往往成为膜状冷凝的主要热阻。冷凝液膜在重力作用下沿壁面向下流动时,其厚度不断增加,所以壁面越高或水平放置的管子管径越大,则整个壁面的平均 h 也就越小。

在滴状冷凝过程中,壁面的大部分直接暴露在蒸汽中,由于在这些部位没有液膜阻碍热流,故其 h 很大,是膜状冷凝的 10 倍左右。

尽管如此,要保持滴状冷凝是很困难的。即使在开始阶段为滴状冷凝,但经过一段时间后,由于液珠的聚集,大部分都要变成膜状冷凝。为了保持滴状冷凝,可采用各种不同的壁面涂层和蒸汽添加剂,但这些方法还处于研究和实验中。故在进行冷凝计算时,为安全起见一般按膜状冷凝来处理。

②膜状冷凝过程的 h

蒸汽在垂直管外(或垂直板上)的冷凝当液膜为滞流($Re < 2\,100$)时,冷凝传热系数可计算为

$$h = 1.13\left(\frac{g\rho^2\lambda^3 r}{\mu l\Delta t}\right)^{\frac{1}{4}} \tag{6.32}$$

式中　l——垂直管或板的高度,m;

　　　λ——冷凝液的导热系数,W/(m·K);

　　　ρ——冷凝液的密度,kg/m^3;

　　　μ——冷凝液的黏度,Pa·s;

　　　r——饱和蒸汽的冷凝潜热,kJ/kg;

　　　Δt——蒸汽饱和温度与壁温之差,K。

定性温度:取饱和蒸汽温度与壁面温度的平均值。

当液膜为湍流($Re > 2\,100$)时,冷凝传热系数可计算为

$$h = 0.007\,7\left(\frac{g\rho^2\lambda^3}{\mu^2}\right)^{\frac{1}{3}}Re^{0.4} \tag{6.33}$$

注意:对蒸汽在垂直管外(或垂直板上)冷凝,Re 的计算式为

$$Re = \frac{d_e u\rho}{\mu} = \frac{\dfrac{4A}{b}\dfrac{q_m}{A}}{\mu} = \frac{4M}{\mu} \tag{6.34}$$

式中　d_e——当量直径,m;

　　　A——冷凝液的流通面积,m^2;

　　　b——冷凝液的润湿周边长度,m;

　　　q_m——冷凝液的质量流量,kg/s;

　　　M——冷凝负荷,指单位时间内单位润湿周边上流过的冷凝液量,kg/(m·s)。

(2)蒸汽在水平管外冷凝

蒸汽在水平管外冷凝的 h 可计算为

$$h = 0.725\left(\frac{rg\rho^2\lambda^3}{n^{\frac{2}{3}}\mu d_0\Delta t}\right)^{\frac{1}{4}} \tag{6.35}$$

式中　n——垂直列上的管数。

定性温度:取饱和蒸汽温度与壁面温度的平均值。

在列管换热器中,各垂直列上的管数不同,则式(6.35)中的 n 应用平均管数 n_m 代替。若换热器内换热管的垂直列数为 z,则 n_m 可计算为

$$n_m = \frac{\sum\limits_{i=1}^{z} n_i}{\sum\limits_{i=1}^{z} n_i^{0.75}} \tag{6.35a}$$

6.3.3 辐射传热

热辐射是热量传递的3种基本方式之一。任何温度高于0 K的物体,每时每刻都在以热辐射的方式向外界辐射能量。与此同时,物体又在每时每刻接受其他物体以热辐射的方式向它辐射的能量。辐射传热是物体之间以热辐射方式进行热量交换的总的效果。

辐射是物体通过电磁波传递能量的现象。热辐射是由于物体内部微观粒子的热运动状态改变,而将部分内能转换成电磁波的能量发射出去的过程。电磁波落到物体上,一部分被物体吸收,将电磁波的能量重新转换为内能。由于起因不同,物体发出电磁波的波长不同。热辐射产生的电磁波称为热射线。热射线包括部分紫外线、全部可见光和红外线。根据分析,工业上的一般物体热辐射射线都是指红外线。

热辐射有两个重要特性:一是光谱性质,即光谱辐射力随波长变化;二是方向性,即辐射度因方向而异。下面通过实际物体来介绍此两个特性。

实际物体对投射辐射的吸收能力与投射辐射的波长分布有关,这是由于实际物体对不同波长的辐射能吸收比不同的缘故。光谱吸收比$a(\lambda)$为物体对某一特定波长投射辐射能吸收的百分数,即

$$a(\lambda) = \frac{G_{\lambda,a}}{G_\lambda} \tag{6.36}$$

式中 G_λ——波长为λ的投射辐射,W/m³;

$G_{\lambda,a}$——所吸收的波长为λ的投射辐射,W/m³。

两物体间的辐射传热,一般可用下列公式求表面热流量,即

$$\Phi_{1-2} = C_{1-2}\phi S\left[\left(\frac{T_1}{100}\right)^4 - \left(\frac{T_2}{100}\right)^4\right] \tag{6.37}$$

式中 Φ_{1-2}——净的热辐射热流量,W;

C_{1-2}——总辐射系数,W/(m²·K⁴);

S——辐射面积,m²;

ϕ——角因数,设备向大气辐射$\phi=1$;

T_1,T_2——高温和低温表面的热力学温度,K。

任务6.4 传热过程计算

6.4.1 热量衡算

流体在两壁间稳定传热时,不考虑热量损失,单位时间内热流体释放的热量等于冷流体

吸收的热量,即

$$\Phi = \Phi_h = \Phi_c$$

由于工业换热器中流体的进出口压力差不大,故可近似为恒压过程。根据热力学定律

$$\Phi_h = q_h(H_1 - H_2) = q_h c_{ph}(T_1 - T_2) \tag{6.38}$$

$$\Phi_c = q_c(h_2 - h_1) = q_c c_{pc}(t_2 - t_1) \tag{6.38a}$$

式中　Φ——热负荷,即单位时间内热流体向冷流体传递的热量,W;

Φ_h, Φ_c——单位时间内流体放出、吸收的热量,W;

q_h, q_c——热、冷流体的质量流量,kg/s;

H_1, H_2——热流体的进、出口焓,kJ/kg;

h_1, h_2——冷流体的进、出口焓,kJ/kg;

c_{ph}, c_{pc}——热、冷流体的定压比热容,kJ/(kg·K);

T_1, T_2——热流体的进、出口温度,K;

t_1, t_2——冷流体的进、出口温度,K。

注意 c_p 的求取:一般由流体换热前后的平均温度(即流体进出换热器的平均温度) $\dfrac{T_1 + T_2}{2}$ 或 $\dfrac{t_1 + t_2}{2}$ 查得。

若流体在换热过程中仅发生恒温相变,其热负荷可计算为

$$\Phi_h = q_h r_h \tag{6.39}$$

$$\Phi_c = q_c r_c \tag{6.39a}$$

式中　r_h, r_c——热、冷流体的汽化潜热,kJ/kg。

若流体在换热过程中既有相变化又有温度变化(非恒温相变过程)

$$\Phi_h = q_h[r_h + c_{ph}(T_s - T_2)] \tag{6.40}$$

式中　T_s——冷凝液的饱和温度,K。

需要注意的是,当流体为几个组分的混合物时,很难直接查到其比热容、汽化潜热和焓。此时,工程上常常采用加和法近似计算,即

$$B_m = \sum (B_i x_i) \tag{6.41}$$

式中　B_m——代表混合物中的 c_{pm} 或 r_m 或 H_m;

B_i——代表混合物中 i 组分的 c_p 或 r 或 H;

x_i——混合物 i 组分的质量分数或摩尔分数。

【例题6.6】　在一套管换热器内用 0.16 MPa 的饱和蒸汽的消耗量为 10 kg/h,冷凝后进一步冷却到 100 ℃,空气流量为 420 kg/h,进、出口温度分别为 30 ℃ 和 80 ℃。空气走管程,蒸汽走壳程。试求:

(1)热损失;

(2)换热器的热负荷。

解　(1)在本题中,要求热损失,必须先求出两流体的热负荷。

①蒸汽的热负荷

对于蒸汽机冷凝水可用焓差法计算,由式(6.38)得

$$\Phi_h = q_h(H_1 - H_2) = \frac{10}{3\,600} \times (2\,698.1 - 418.68) \text{ kW} = 6.33 \text{ kW}$$

②空气的热负荷

空气的进、出口平均温度为

$$t_m = \frac{30+80}{2}\ ℃ = 55\ ℃$$

由式(6.39a)得

$$\Phi_c = q_c c_{pc}(t_2 - t_1) = \left(\frac{420}{3\ 600}\right) \times 1.005 \times (80-30)\ kW = 5.86\ kW$$

故热损失为

$$\Phi_l = \Phi_h - \Phi_c = 6.33\ kW - 5.86\ kW = 0.47\ kW$$

(2)因为空气走管程,所以换热器的热负荷应为空气的热负荷,即

$$\Phi = \Phi_c = 5.86\ kW$$

6.4.2　总传热速率方程

间壁式换热器的传热速率与换热器的传热面积、传热推动力等有关,则

$$\Phi = KA\Delta t_m \tag{6.42}$$

式中　Φ——总传热速率,W;

K——总传热系数,W/(m² · K);

A——总传热面积,m²;

Δt_m——传热平均温度差。

式(6.42)称为总传热速率方程。

6.4.3　总传热面积的计算

总传热面积由总传热速率方程计算确定。由式(6.42)得

$$A = \frac{\Phi}{K\Delta t_m} \tag{6.43}$$

6.4.4　平均温度差的计算

在传热基本方程中,Δt_m 为换热器的传热平均温差,传热平均温度差的大小及计算方法与两流体间的温度变化及相对流动方向情况有关。

1)恒温传热过程的传热平均温度差

恒温传热过程中,高温区域和低温区域温度不变,Δt_m 为恒值,则

$$\Delta t_m = T - t$$

式中　T——高温区域温度,℃ 或 K;

t——低温区域温度,℃ 或 K。

2)变温传热过程的传热平均温度差

（1）并、逆流时的传热平均温度差

$$\Delta t_{\mathrm{m}} = \frac{\Delta t_1 - \Delta t_2}{\ln \dfrac{\Delta t_1}{\Delta t_2}} \tag{6.44}$$

式中　Δt_{m}——对数平均温度差，K。

在进行计算时，要特别注意正确计算 Δt_1 和 Δt_2，此处很容易出错，最好先根据流向画出两流体温度变化示意图，如图6.6所示。为方便计算，一般取换热器两端 Δt 中数据较大者为 Δt_1。

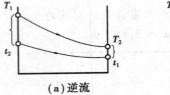
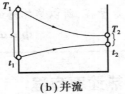

图 6.6　温差示意图

此外，当 $\dfrac{\Delta t_1}{\Delta t_2} \leqslant 2$ 时，可近似用算术平均值代替对数平均值。

（2）错流和折流的传热平均温度差

对于错流和折流时的平均温度差，先按逆流操作计算对数平均温度差，再乘以考虑流动方向的校正因素，即

$$\Delta t_{\mathrm{m}} = \varphi_{\Delta t} \Delta t'_{\mathrm{m}} \tag{6.45}$$

式中　$\varphi_{\Delta t}$——温度差矫正系数，无因次；

$\Delta t'_{\mathrm{m}}$——按照逆流计算的对数平均温度差，K。

$\varphi_{\Delta t}$ 是 P 和 R 的函数，可通过校正系数表查得，即

$$\varphi_{\Delta t} = f(P, R) \tag{6.46}$$

式中

$$P = \frac{t_2 - t_1}{T_1 - t_1} = \frac{\text{冷流体的温升}}{\text{两流体的最初温差}}$$

$$R = \frac{T_1 - T_2}{t_2 - t_1} = \frac{\text{热流体的温降}}{\text{冷流体的温升}}$$

【例题6.7】　在套管换热器内，热流体温度由 90 ℃ 冷却到 70 ℃，冷流体温度由 20 ℃上升到 60 ℃。试分别计算：

（1）两流体作逆流和并流时的平均温度差；

（2）若操作条件下，换热器的热负荷为 585 kW，其传热系数 K 为 300 W/(m² · K)，两流体作逆流和并流时所需的换热器的传热面积。

解　（1）传热平均推动力

逆流时热流体温度 T 为 90 ℃，70 ℃。

冷流体温度 t 为 60 ℃,20 ℃。

两端温度差 Δt 为 30 ℃,50 ℃,故

$$\Delta t_m = \frac{\Delta t_1 - \Delta t_2}{\ln \dfrac{\Delta t_1}{\Delta t_2}} = \frac{50 - 30}{\ln \dfrac{50}{30}} ℃ = 39.2 ℃$$

由于 50/30 < 2,也可近似取算术平均值法,即

$$\Delta t_m = \frac{50 + 30}{2} ℃ = 40 ℃$$

并流时,热流体温度 T 为 90 ℃,70 ℃。

冷流体温度 t 为 20 ℃,60 ℃。

两端温度差 Δt 为 70 ℃,10 ℃,故

$$\Delta t_m = \frac{\Delta t_1 - \Delta t_2}{\ln \dfrac{\Delta t_1}{\Delta t_2}} = \frac{70 - 10}{\ln \dfrac{70}{10}} ℃ = 30.8 ℃$$

(2)所需传热面积

逆流时

$$A = \frac{\Phi}{K \Delta t_m} = \frac{585 \times 10^3}{300 \times 39.2} \ m^2 = 49.74 \ m^2$$

并流时

$$A = \frac{\Phi}{K \Delta t_m} = \frac{585 \times 10^3}{300 \times 30.8} \ m^2 = 63.31 \ m^2$$

6.4.5 总传热系数

1)总 K 值的计算

由传热基本方程 $K = \dfrac{\Phi}{A \Delta t_m}$ 可知,传热系数在数值上等于单位传热面积、热流体与冷流体温度差为 1 K 时,换热器的传热速率。传热系数是评价换热器传热性能的重要参数,也是对传热设备进行工艺计算的依据。影响传热系数 K 值的因素很多,主要有换热器的类型、流体的种类和性质以及操作条件等。

以冷、热流体通过间壁的传热为例。传热包括两侧的对流传热和间壁的热传导,即

$$\frac{1}{KA} = \frac{1}{h_i A_i} + \frac{\delta}{\lambda A_m} + \frac{1}{h_o A_o} \tag{6.47}$$

式中 A_i, A_o, A_m ——传热壁的外表面积、内表面积、平均表面积,m^2;

K——基于 A 的传热系数,$W/(m^2 \cdot K)$;

h_i, h_o——两侧流体的对流传热系数;

δ——壁厚,m;

λ——导热系数,$W/(m \cdot ℃)$ 或 $W/(m \cdot K)$。

式(6.47)即为计算 K 值的基本公式。计算时,传热面积 A 可分别选择传热面的外表面

积 A_o 或内表面积 A_i 或平均表面积 A_m，但传热系数 K 必须与所选传热面积相对应。

若 A 取 A_o，则有

$$\frac{1}{K_o} = \frac{A_o}{h_i A_i} + \frac{\delta A_o}{\lambda A_m} + \frac{1}{h_o} \tag{6.48}$$

2) 污垢热阻的影响

换热器在使用过程中，传热壁面常有污垢形成，对传热产生附加热阻，该热阻称为污垢热阻。通常，污垢热阻比传热壁面的热阻大得多，因而在传热计算中应考虑污垢热阻的影响。影响污垢热阻的因素很多，主要有流体的性质、传热壁面材料、操作条件等。由于污垢热阻的厚度及导热系数难以准确地估计，因此，通常选用经验值。表6.4列出了一些常见流体的污垢热阻 R_s 的经验值。

表 6.4　常见流体的污垢热阻

流体	$R_s/(m^2 \cdot K \cdot kW^{-1})$	流体	$R_s/(m^2 \cdot K \cdot kW^{-1})$
水（>50 ℃）		水蒸气	
蒸馏水	0.09	优质不含油	0.052
海水	0.09	劣质不含油	0.09
清洁的河水	0.21	液体	
未处理的凉水塔用水	0.58	盐水	0.172
已处理的凉水塔用水	0.26	有机物	0.172
已处理的锅炉用水	0.26	熔盐	0.086
硬水、井水	0.58	植物油	0.52
气体		燃料油	0.172 ~ 0.52
空气	0.26 ~ 0.53	重油	0.86
溶剂蒸气	0.172	焦油	1.72

现设管内、外壁面的污垢热阻分别为 R_{si}，R_{so}，根据串联热阻叠加原理，则式(6.48)可写为

$$\frac{1}{K_o} = \frac{A_o}{h_i A_i} + R_{si} + \frac{\delta A_o}{\lambda A_m} + R_{so} + \frac{1}{h_o} \tag{6.49}$$

应予指出，在传热计算中，选择何种面积作为计算基准，结果完全相同。但工程上，大多以外表面为基准，除特别说明外，手册中所列的 K 值都是基于外表面积的传热系数，换热器标准系列中传热面积也指外表面积。

若传热壁面为平壁或薄管壁时，A_i，A_0，A_m 相等或近似相等，则式(6.49)可简化为

$$\frac{1}{K} = \frac{1}{h_i} + R_{si} + \frac{\delta}{\lambda} + R_{so} + \frac{1}{h_o} \tag{6.49a}$$

3) 强化传热途径

所谓强化传热，就是设法提高换热器的传热速率。从传热基本方程 $\Phi = KA\Delta t_m$ 可以看出，增大传热面积 A、提高传热推动力 Δt_m 以及提高传热系数 K 都是可以达到强化传热的目的。但是，实际效果却因具体情况而异。

（1）增大传热面积

增大传热面积，可提高换热器的传热速率。但是，增大传热面积不能靠简单地增大设备规格来实现，因为这样会使设备的体积增大，金属耗用量增加，设备费用相应增加。实践证明，从改进设备的结构入手，增加单位体积的传热面积，可使设备更加紧凑，结构更加合理。目前出现的一些新型换热器，如螺旋板式、板式换热器等，其单位体积的传热面积便大大超过了列管换热器。同时，还研制出并成功使用了多种高效能传热面，如带翅片或异形表面的传热管，便是工程上在列管换热器中经常用到的高效能传热管，它们不仅使用传热表面有所增加，而且强化了流体的湍流程度，提高了对流传热，使传热速率显著提高。

（2）提高传热推动力

增大传热平均温度差，可提高换热器的传热速率。传热平均温度差的大小取决于两流体的温度大小及流动形式。一般来说，物料的温度由工艺条件所决定，不能随意变动，而加热剂或冷却剂的温度，可通过选择不同介质和流量加以改变。例如，用饱和蒸汽作为加热剂时，增加蒸汽压力可提高其温度；在水冷器中增大冷却水流量或以冷冻盐水代替普通冷却水，可降低冷却剂的温度，等等。但需要注意的是，改变加热剂或冷却剂的温度，必须考虑技术上的可行性和经济性上的合理性。另外，采用逆流操作或增加壳程数，均可得到较大的平均传热温度差。

（3）提高传热系数

增大传热系数，可提高换热器的传热速率。由式（6.49a）可知，要降低总热阻，必须减小各项分热阻。但不同情况下，各项分热阻所占比例不同，故应具体问题具体分析，设法减小占比例较大的分热阻。一般来说，在金属换热器中壁面较薄且导热系数高，不会成为主要热阻；污垢热阻是一个可变因素，在换热器刚投入使用时，污垢热阻很小，可不予考虑，但随着使用时间的加长污垢逐渐增加，便可成为阻碍传热的主要因素，故对换热器必须定期进行清洗。

【例题 6.8】 有一用 25 mm×2 mm 无缝钢管制成的列管换热器，$\lambda = 46.5$ W/（m·K），管内通以冷却水，$h_i = 400$ W/（m²·K），管外为饱和水蒸气冷凝，$h_o = 10\ 000$ W/（m²·K），换热器刚投入使用，污垢热阻可以忽略。试计算：

（1）传热系数 K 即各分热阻所占总热阻的比例；

（2）将 h_i 提高 1 倍后的 K 值；

（3）将 h_o 提高 1 倍后的 K 值。

解 （1）由于壁面较薄可按平壁近似计算

根据题意：$R_{si} = R_{so} = 0$，由式（6.50a）得

$$K = \cfrac{1}{\cfrac{1}{h_i} + \cfrac{\delta}{\lambda} + \cfrac{1}{h_o}} = \cfrac{1}{\cfrac{1}{400} + \cfrac{0.002}{46.5} + \cfrac{1}{10\ 000}}\ \text{W/（m}^2 \cdot \text{K）} = 378.4\ \text{W/（m}^2 \cdot \text{K）}$$

各分热阻及所占比例的计算直观而简单，故省略计算过程，直接将计算结果列于表6.5。

表6.5　计算结果

热阻名称	热阻值	比例/%	热阻名称	热阻值	比例/%
总热阻	2.64	100	$\dfrac{1}{h_o}$	0.1	3.8
管内对流热阻	2.5	94.7	$\dfrac{\delta}{\lambda}$	0.04	1.5

从各热阻所占比例可知,管内对流热阻占主导地位,所以提高 K 值的有效途径应是减小管内对流热阻,即提高 h_i。下面的计算结果可以证实这一结论。

(2)将 h_i 提高1倍,即

$$h_i' = 800 \text{ W/(m}^2 \cdot \text{K)}$$

$$K' = 717.9 \text{ W/(m}^2 \cdot \text{K)}$$

增幅

$$\frac{717.9 - 378.4}{378.4} \times 100\% = 89.7\%$$

(3)提高1倍,即

$$h_o' = 20\,000 \text{ W/(m}^2 \cdot \text{K)}$$

$$K'' = 385.7 \text{ W/(m}^2 \cdot \text{K)}$$

增幅

$$\frac{385.7 - 378.4}{378.4} \times 100\% = 1.9\%$$

任务6.5　常见换热器

换热器是化工、制药、动力等许多工业部门的通用设备。由于物料的性质和传热的要求各不相同,因此,换热器有很多种,它们的特点不一。选用设计时,必须根据生产工艺要求进行选择。

6.5.1　换热器的分类

换热器的种类很多,这些换热器常按工作原理、结构和流体流程分类。

1)按工作原理分类

（1）间壁式换热器

工业上,很多情况下只要求将热流体的热量传给冷流体,不允许两种流体相互混合,如油冷却器中的油和水不能混合等。因此,在换热器中用固体壁将两种流体隔开,形成间壁式换热器。

（2）混合式换热器

在这种换热器中，两流体相互混合，依靠直接接触交换热量。因这种换热器不需要用固体壁将两流体隔开，故可节省大量金属。例如，将锅炉中的水蒸气直接通入水中将水加热的浴池，将水变成水滴与冷空气直接接触使水冷却的冷却塔，以及将水变成水滴与水蒸气接触使水加热而除去溶于水中氧气的除氧器等都是混合式换热器。

（3）回热式换热器

在这种换热器中，冷、热流体交替地与固体壁接触，使固体壁周期地吸热和放热，从而将热流体的热量传给冷流体，如锅炉的再生式空气预热器和燃气轮机的空气预热器。在这种换热器中两种流体基本上不混合。

间壁式换热器中的两流体不混合，因此，在工业上得到最广泛的应用。本书只介绍间壁式换热器。

2）按结构分类

间壁式换热器按结构方式，可分为以下5种：

（1）壳管式换热器

壳管式换热器由管束和管壳两部分组成。在这种换热器中，一种流体在管内流动；另一种流体在管壳内的管束间流动。

（2）套管式换热器

套管式换热器由两根同心圆管组成：一种流体在内管内流动；另一种流体在内外管间的环形通道中流动，是一种最简单的换热器。由于传热系数小，目前这种换热器只作为高压流体的热交换器。

（3）肋管式换热器

肋管式换热器在管外加有肋片，管外热阻减小，传热得到强化。

（4）翅片式换热器

翅片式换热器在换热器的内外表面装有很多翅片。

（5）板式换热器

上述几种换热器的间壁都是圆形或其他形状的管子，除此之外，还有一些换热器以板材作为间壁。

3）按流动形式分类

间壁式换热器按流体流动方式，可分为顺流换热器、逆流换热器和复杂流换热器3种。两流体平行且方向相同，称为顺流；两流体平行且方向相反，称为逆流；其他流动方式统称为复杂流。

6.5.2 间壁式换热器

1）列管换热器

列管换热器又称管壳式换热器，是一种通用的标准换热器设备。它具有结构简单、坚固耐用、用途广泛、清洗方便、实用性强等优点,在生产中得到广泛应用,在换热设备中占主导地位。列管换热器根据结构特点分为以下5种:

(1)固定管板式换热器

固定管板式换热器的结构如图6.7所示。其结构特点是:两块管板分别焊壳体的两端,管束两端固定在两管板上。其优点是:结构简单、紧凑,管内便于清洗;缺点是:壳程不能进行机械清洗,且当壳体与换热管的温差较大(大于50 ℃)时,产生的温差应力(又称热应力),具有破坏性,需在壳体上设置膨胀节,因而壳程压力受膨胀节强度限制不能太高。固定管板式换热器适用于壳程流体清洁且不结垢,两流体温差不大或温差较大但壳程压力不高的场合。

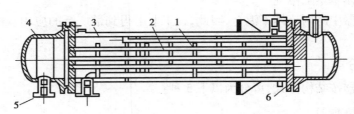

图6.7 固定管板式换热器

1—折流挡板;2—管束;3—壳体;4—封头;5—接管;6—管板

(2)浮头式换热器

浮头式换热器的结构如图6.8所示。其结构特点是:两端管板之一不与壳体固定连接,可在壳体内沿轴向自由伸缩,该端称为浮头。此种换热器的优点是:当换热管与壳体有温差存在,壳体或换热管膨胀时,互不约束,不会产生温差应力;管束可从管内抽出,便于管内和壳间的清洗。其缺点是:结构复杂,用材量大,造价高。浮头式换热器适用于壳体与管束温差较大或壳程流体容易结垢的场合。

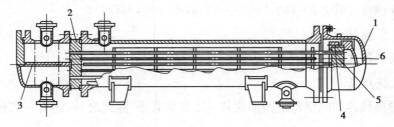

图6.8 浮头式换热器

1—壳盖;2—固定管板;3—隔板;4—浮头钩圈法兰;5—浮动管板;6—浮头盖

(3)U形管式换热器

U形管式换热器的结构如图6.9所示。其结构特点是:只有一个管板,管子呈U形,管子两端固定在同一管板上。管束可自由伸缩,当壳体与管子有温差时,不会产生温差应力。U形管式换热器的优点是:结构简单,只有一个管板,密封面少,运行可靠,造价低;管间清洗方便。其缺点是:管内清洗较困难;可排管子数目较少;管束最内层管间距大,壳程易短路。U形管式换热器适用于管、壳程温差较大或壳程介质易结垢而管程不易结垢的场合。

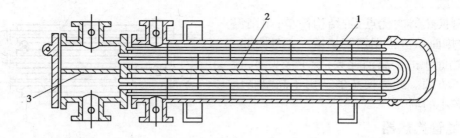

图6.9 U形管式换热器

1—内导流管;2—中间挡板;3—U形管

（4）填料函式换热器

填料函式换热器的结构如图6.10所示。其结构特点是:管板只有一端与壳体固定,另一端采用填料函密封。管束可以自由伸缩,不会产生温差应力。该换热器的优点是:结构较浮头式换热器简单,造价低;管束可从壳体内抽出,管、壳程均能进行清洗。其缺点是:填料函耐压不高,一般小于4.0 MPa;壳程介质可能通过填料函外漏。填料函式换热器适用于管、壳程温差较大或介质易结垢需要经常清洗且壳程压力不高的场合。

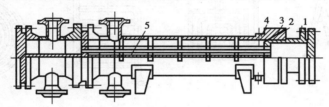

图6.10 填料函式换热器

1—活动管板;2—填料压盖;3—填料;4—填料函;5—纵向隔板

（5）釜式换热器

釜式换热器的结构如图6.11所示。其结构特点是:在壳体上部设置蒸发空间。管束可为固定管板式、浮头式或U形管式。釜式换热器清洗方便,并能承受高温、高压。适用于液-汽(气)式换热(其中,液体沸腾汽化),可作为简单的废热锅炉。

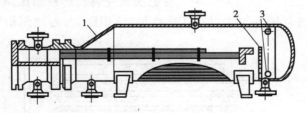

图6.11 釜式换热器

1—偏心锥壳;2—堰板;3—液面计接口

2）套管换热器

套管换热器是由两种直径不同的直套管套在一起组成同心套管,然后将若干段这样的套管连接而成,其结构如图6.12所示。每一段套管称为一程,程数可根据所需传热面积的多少而增减。

套管换热器的优点是：结构简单；耐高温高压；传热面积可根据需要增减。其缺点是：单位传热面积的金属消耗大；管子接头多，检修清洗不方便。此类换热器适用于高温高压及流量较小的场合。

3) 蛇管换热器

蛇管换热器根据操作方式不同，可分为沉浸式和喷淋式两类。

图 6.12　套管换热器

1—U 形肘管；2—外管；3—内管

(1)沉浸式蛇管换热器

沉浸式换热器通常以金属管弯绕而成，制成适应容器的形状，沉浸在容器内的液体中。管内流体与容器内液体隔着管壁进行换热。常用的蛇管形状如图 6.13 所示。此类换热器的优点是：结构简单、造价低廉，便于防腐，能承受高压。其缺点是：管外对流传热系数小，常需加搅拌装置，以提高传热系数。

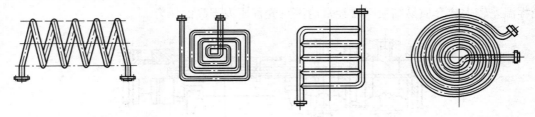

图 6.13　沉浸式蛇管的形状

(2)喷淋式蛇管换热器

喷淋式蛇管换热器的结构如图 6.14 所示。此类换热器常用于用冷却水冷却管内热流体。各排蛇管均垂直固定在支架上，蛇管的排数根据所需传热面积的多少而定。热流体自下部总管流入各排蛇管，从上部流出再汇入总管。冷却水由蛇管上部的喷淋装置均匀地喷洒在各排蛇形管上，并沿着管外表面淋下。该装置通常置于室外通风处，冷却水在空气中汽化时，可带走部分热量，以提高冷却效果。与沉浸式蛇管换热器相比，喷淋式蛇管换热器具有检修清洗方便、传热效果好等优点。其缺点是：体积庞大，占地面积多；冷却水耗用量较大，喷淋不均匀等。

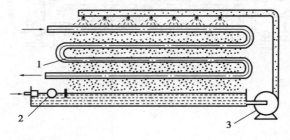

图 6.14　喷淋式蛇管换热器

1—弯管；2—控制阀；3—循环泵

4）翅片式换热器

翅片式换热器又称管翅式换热器，如图 6.15 所示。其结构特点是：在换热管的外表面或内表面或同时装有许多翅片，常用翅片有纵片和横片两类，如图 6.16 所示。

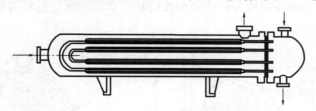

图 6.15 翅片式换热器结构

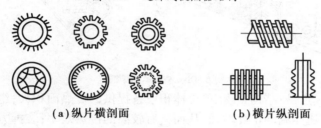

（a）纵片横剖面　　　（b）横片纵剖面

图 6.16 常见翅片的类型

制药生产中常遇到气体的加热或冷却，因气体的对流传热系数较小，故当换热的另一方为液体或发生相变时，换热器的传热热阻主要在气体一侧。此时，在气体一侧设置翅片，既可增大传热面积，又可增加气体的湍动程度，减少了气体侧的热阻，提高了传热效率。一般，当两种流体的对流传热系数之比超过 3:1 时，可采用翅片换热器。工业上常用翅片换热器作为空气冷却器，用空气代替水，不仅可在缺水地区使用，即使在水源充足的地方也较经济。

5）板式换热器

（1）夹套换热器

夹套换热器的结构如图 6.17 所示。它由一个装在容器外部的夹套构成，容器内的物料和夹套内的加热或冷却剂隔着器壁进行换热，器壁就是换热器的传热面。其优点是：结构简单，容易制造；可与反应器或容器构成一个整体。其缺点是：传热面积小；器内流体处于自然对流状态，传热效率低；夹管内部清洗困难。夹管内的加热剂和冷却剂一般只能使用不易结垢的水蒸气、冷却水和氨等。夹管内通蒸汽时，应从上部进入，冷凝水从底部排出；夹套内通液体载热体时，应从底部进入，从上部流出。

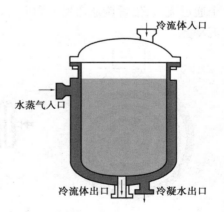

图 6.17 夹套换热器

（2）平板式换热器

平板式换热器简称板式换热器，其结构如图 6.18 所示。它是由若干块长方形薄金属板叠加排列，夹紧组装于支架上构成。两相邻板的边缘衬有垫片，压紧后板间形成流体通道。每块板的 4 个角上各开一个孔，借助于垫片的配合，使两个对角方向的孔和板面一侧的流道相通,另两个孔则与板面另一侧的流道相通,这样,使两流体分别在同一板块的两侧流过,通过板面进行换热。除了两端的两个板面外,每一块板面都是传热面,可根据所需传热面积的变化,增减板的数量。板片是板式换热器的核心部件。为使流体均匀流动,增大传热面积,促使流体湍动,常将板面冲压成各种凸凹的波纹状。常见的波纹形状有水平波纹、人字形波纹和圆弧形波纹等。

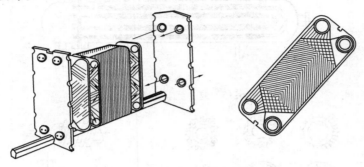

图 6.18　平板式换热器

板式换热器的优点是:结构紧凑,单位体积设备提供的传热面积大;组装灵活,可随时增减板数;板面波纹使流体湍动正度增强,从而具有较高的传热效率;装拆方便,有利于清洗和维修。其缺点是:处理量小;受垫片材料性能的限制,操作压力和温度不能过高。此类换热器适用于需要经常清洗、工作环境要求十分紧凑,操作压力在 2.5 MPa 以下,温度在 −35 ~ 200 ℃的场合。

（3）螺旋板式换热器

螺旋板式换热器的结构如图 6.19 所示。它是由焊在中心隔板上的两块金属薄板卷制而成,两薄板之间形成螺旋形通道,两板之间焊有一定数量的定距撑以维持通道间距,两端用盖板焊死。两流体分别在两通道内流动,隔着薄板进行换热。其中,一种流体由外层的一个通道流入,顺着螺旋通道流向中心,最后由中心的接管流出;另一种流体则由中心的另一个通道流入,沿螺旋通道反方向向外流动,最后由外层接管流出。两流体在换热器内作逆流流动。

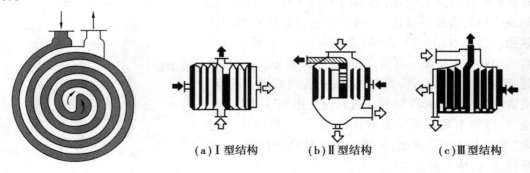

(a)Ⅰ型结构　　　(b)Ⅱ型结构　　　(c)Ⅲ型结构

图 6.19　螺纹板式换热器

①Ⅰ型结构

如图 6.19(a)所示,螺旋板两端的端盖被焊死,通道内无法进行清洗。

②Ⅱ型结构

如图6.19(b)所示,一个通道的两端为焊接密封,另一个通道的两端则是敞开的,敞开的通道与两端可拆封头上的接管相通。这样,便可对敞开通道进行清洗。

③Ⅲ型结构

如图6.19(c)所示,一种流体作螺旋流动,另一流体是轴向流动和螺旋流动的组合。适用于蒸汽的冷凝冷却。

螺旋板式换热器的优点是:结构紧凑;单位体积设备提供的传热面积大,约为列管换热器的3倍;流体在换热器内作严格的逆流运动(Ⅰ型),可在较小的温差下操作,能充分利用低温能源;由于流向不断变化,且允许选用较高的流速,故传热系数大,为列管换热器的1～2倍;又由于流速较高,同时有惯性离心力的作用,污垢不易沉积。其缺点是:制造和检修都很困难;流动阻力大,在同样物料和流速下,其流动阻力为直管的3～4倍;操作压力和温度不能太高,一般压力在2 MPa以下,温度则不超过400 ℃。

(4)板翅式换热器

如图6.20所示,板翅式换热器为单元体叠加结构。其基本单元体由翅片、隔板即封条组成。翅片上下放置隔板,两端边缘由封条密封,并由钎焊焊牢,即构成一个翅片单元体。将一定数量的单元体组合起来,并进行适当排列,然后焊在带有进出口的集流箱上,便可构成具有逆流、错流或错逆流等多种形式的换热器。

板翅式换热器的优点是:结构紧凑,单位体积设备具有的传热面积大;一般用铝合金制造,轻巧牢固;由于翅片促进了流体的湍动,其传热系数很

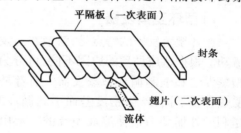

图6.20 板翅式换热器

高;由于所用铝合金材料,在低温和超低温下仍具有较好的导热性和抗拉强度,故可在200～273 ℃使用;同时因翅片对隔板有支承作用,其允许操作压力也较高,可达5 MPa。其缺点是:易堵塞,流动阻力大;清洗检修困难。故要求介质洁净,同时对铝不腐蚀。

板翅式换热器因其轻巧、传热效率高等许多优点,其应用领域已从航空、航天、电子等少数部门逐渐发展到石油化工、天然气液化、气体分离等更多的工业部门。

(5)热板式换热器

热板式换热器是一种新型高效换热器。其基本单元为热板。它是将两层或多层金属平板点焊或滚焊成各种图形,并将边缘焊接密封成一体。平板之间在高压下充气形成空间,得到最佳流动状态的流道形式。各层金属板道厚度可以相等,也可以不相等,板数可以为双层,也可以为多层,这样就构成了多种热板传热表面形式。热板式换热器具有流动阻力小,传热效率高,以及根据需要可做成各种形状等优点,可用于加热、保温、干燥、冷凝等多种场合。作为一种新型换热器,具有广阔的应用前景。

任务6.6　蒸发器

由于蒸发主要属于传热过程,因此,蒸发设备与一般的传热设备并无本质上的区别。但是,在蒸发过程中,需要不断移除产生的二次蒸汽,而二次蒸汽不可避免地会夹带一些溶液,因此,它除了需要进行传热的加热室外,还需要有一个进行气液分离的蒸发室。蒸发器的类型尽管各种各样,但都包括加热室和分离室这两个基本部分。

6.6.1　常用蒸发器的类型

蒸发器可用直接热源加热,也可用间接热源加热,工业上经常采用的是间接蒸汽加热的蒸发器。对间接加热蒸发器,根据溶液在加热室的运动情况,可分为循环型蒸发器和单程型蒸发器。

1)循环型蒸发器

循环型蒸发器的特点是:溶液在蒸发器内循环流动。根据造成循环的原因不同,可分为自然循环型蒸发器和强制循环型蒸发器。前者是由于溶液受热程度不同,产生密度差而引起循环的;后者则是利用外加动力迫使溶液循环的。常用的循环型蒸发器有以下5种:

（1）中央循环管式蒸发器

中央循环管式蒸发器又称标准式蒸发器,是应用广泛且历史悠久的大型蒸发器。其结构如图6.21所示。加热室由垂直管束构成,在管束中央有一根直径较大的管子,称为中央循环管。其截面积一般为加热管束总截面积的40%~100%。溶液在加热管和循环管内,加热蒸汽在管外冷凝放热。由于加热管内单位体积溶液的传热面积大于循环管内溶液的传热面积,加热管内溶液的受热程度较高,密度相对较小,从而产生循环管和加热管内溶液的密度差。在这个密度差的作用下,溶液自中央

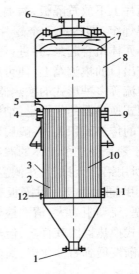

图 6.21　中央循环管式蒸发器
1—完成液出口;2—垂直管束;3—加热室;
4,9—加热蒸汽入口;5—料液进口;
6—二次蒸汽出口;7—除沫器;8—蒸发室;
10—中央循环管;11,12—冷凝水出口

循环管下降,再由加热管上升,形成自然循环。溶液的循环速度取决于产生的密度差的大小以及管子的长度,密度差越大,管子越长,则循环速度越大。由于受蒸发器总高的限制,加热器长度较短,一般为1~2 m,其直径为5~7 mm,长径比为20~40。

蒸发器上部为分离室。加热室内沸腾溶液夹带着一些液滴进入蒸发室,在重力作用下液滴回落到加热室,蒸汽从顶部排出;经浓缩后的溶液则从下部排出。

中央循环管式蒸发器具有结构紧凑、制造方便、操作可靠等优点。但由于结构上的限

制,其循环速度较低(一般在0.5 m/s以下),故传热系数较小,其清洗和检修也不太方便。适用于器内结晶不严重、腐蚀性小的溶液。

(2)悬框式蒸发器

悬框式蒸发器的结构如图6.22所示。它是中央循环管式蒸发器的改进,其加热室像个篮筐悬挂在蒸发器壳体的下部。其作用原理与中央循环管式蒸发器相同,加热蒸汽从悬框上部中央加入加热管的管隙之间,溶液仍在管内流动,悬框与壳体壁面之间的环隙通道相当于中央循环管的作用。操作时,溶液从环隙下降,由加热管上升,形成自然循环。通常环隙截面积为加热管截面积的100%~150%。

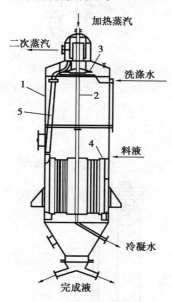

图6.22 悬框式蒸发器
1—外壳;2—加热蒸汽管;3—除沫室;
4—加热室;5—液沫回流管

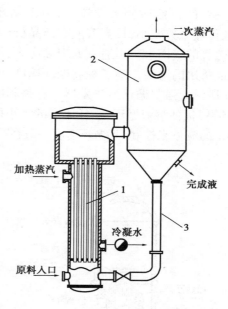

图6.23 外热式蒸发器
1—加热室;2—蒸发室;3—循环管

悬框式蒸发器的优点是:循环速度较高(1~1.5 m/s),传热系数较大;由于与壳体接触的是温度较低的溶液,其热损失较小;此外,由于悬挂的加热室可以由蒸发器上方取出,故其清洗和检修都比较方便。其缺点是:结构复杂,金属消耗量大。适用于易结晶、结垢的溶液。

(3)外热式蒸发器

外热式蒸发器结构如图6.23所示,其结构特点是:把管束较长的加热室和分离室分开。这样,一方面降低了整个设备的高度,另一方面由于循环管没有受到蒸汽加热,加大了溶液的密度差,且由于管子较长,从而加快了溶液循环的速度(可达1.5 m/s)。

(4)列文蒸发器

列文蒸发器的结构如图6.24所示,其结构特点是:在加热室的上部增设一个沸腾室。这样,加热室内的溶液由于受到上方沸腾室液柱产生的压力,在加热室内不能沸腾,只有上升到沸腾室时才能汽化。此外,由于循环管高度大,截面积大(为加热管总截面积的200%~350%),循环管又未被加热,故能产生很大的循环推动力。

列文蒸发器的优点是:循环速度大(可达 2 ~ 3 m/s),传热效果好,传热系数接近与强制循环型蒸发器的传热系数;由于溶液在加热管内部沸腾汽化,减小了溶液在加热管内析出结晶和结垢的机会。其缺点是:设备庞大,需要的厂房高;由于管子长,产生的静压大,要求加热蒸汽的压力较高。列文蒸发器适用于易结垢或结晶的溶液。

(5)强制循环型蒸发器

在一般的自然循环蒸发器中,由于循环速度较低,导致传热系数较小,且当溶液有结晶析出时,易黏附在加热管的壁面上。不适宜处理黏度大、易结垢及大量结晶析出的溶液。为了提高循环速度,可采用如图 6.25 所示的强制循环型蒸发器。它是利用外加动力(循环泵)促使溶液循环,循环速度的大小可通过调节循环泵的流量来控制,其循环速度一般在2.5 m/s以上。

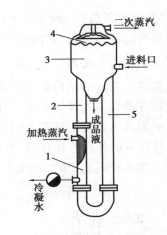

图 6.24　列文蒸发器
1—加热室;2—沸腾室;3—分离室;
4—除沫器;5—循环管

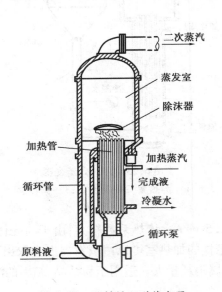

图 6.25　强制循环型蒸发器

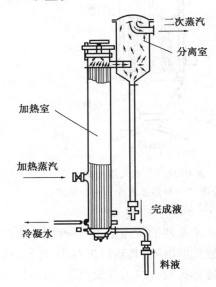

图 6.26　升膜式蒸发器

强制循环型蒸发器的优点是:传热系数大,对于黏度大、易结晶和结垢的溶液,适用性好。其缺点是:需要消耗动力和增加循环泵。

2)单程型蒸发器(膜式蒸发器)

在循环型蒸发器中,溶液在蒸发器内停留的时间较长,即受热时间较长,对热敏性物料,容易造成分解和变质。膜式蒸发器的特点是:溶液沿加热管呈膜状流动(上升或下降),一次通过加热室即可浓缩到要求的浓度,在加热管内的停留时间较短(几秒到十几秒)。

膜式蒸发器的优点是:传热速率高,蒸发速度快,溶液受热时间短。特别适用于热敏性物料的蒸发,对黏度大和容易起泡的溶液也较适用,是目前被广泛使用的高效蒸发设备。

按溶液在加热管内流动方向以及成膜原因的不同,膜式蒸发器可分为以下4种类型:

(1)升膜式蒸发器

升膜式蒸发器的结构如图6.26所示,它是一种将加热室和分离室分开的蒸发器。其加热室实际上就是一个加热管较长的立式列管换热器,预热后的料液由底部进入加热管,加热蒸汽在管外冷凝,料液受热沸腾后迅速汽化,产生的二次蒸汽在管内以很高的速度(常压操作时,加热管出口蒸汽速度可达20~50 m/s,减压操作时则更大,可达100~160 m/s或更高)上升,带动溶液沿管内壁呈膜状向上流动,上升的液膜因不断受热而不断汽化,溶液自底部上升至顶部就浓缩到要求的浓度。气、液一起进入分离室,分离后二次蒸汽从分离室上部排出,完成液则从分离室下部引走。加热管一般采用直径为25~50 mm的无缝钢管,管长与管径比在常压下为100~150,在减压下为130~180。

升膜式蒸发器适用于处理蒸发量大(即稀溶液)、热敏性和易生成气泡的溶液,也适用于黏度大、易结晶或结垢的物料。

(2)降膜式蒸发器

降膜式蒸发器与升膜式蒸发器的区别在于原料液由加热管的顶部进入。溶液在自身重力作用下沿管内壁呈膜状下降,并被蒸发浓缩,气-液混合物由加热管底部进入分离室,经气液分离后,完成液从加热管的底部排出。为使溶液能在管壁上均匀成膜,在每根加热管的底部都要设置液膜分布器,如图6.27所示。降膜式蒸发器结构如图6.28所示。

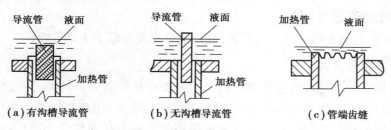

(a)有沟槽导流管　　　**(b)无沟槽导流管**　　　**(c)管端齿缝**

图6.27　降膜式蒸发器

(3)升-降膜式蒸发器

将升膜和降膜蒸发器装在一个壳体中,即构成升-降膜式蒸发器。原料预热后先经升膜加热管上升,然后由降膜加热管下降,再在分离室中和二次蒸汽分离后即得完成液。

这种蒸发器多用于蒸发过程中溶液黏度变化大,水分蒸发量不大和厂房高度受到限制的场合。

(4)刮板薄膜式蒸发器

刮板薄膜式蒸发器的结构如图6.29所示。它有一个带加热夹套的壳体,壳体内装有旋转刮板,旋转刮板有固定的和活动的两种。前者与壳体内壁的间隙为0.75~1.5 mm,后者与器壁的间隙随旋转速度而变化。溶液在蒸发器上部切向进入,利用旋转刮板的刮带和重力的作用,使液体在壳体内壁上形成旋转下降的液膜,并在下降过程中不断被蒸发浓缩,在底部得到完成液。

这种蒸发器的突出优点是:适应性非常强,对黏度高和容易结晶、结垢的物料均能适用。其缺点是:结构较为复杂,动力消耗大,传热面积小(一般为3~4 m²,最大不超过20 m²),故其处理量较小。

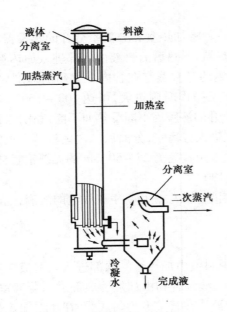

图 6.28　降膜式蒸发器

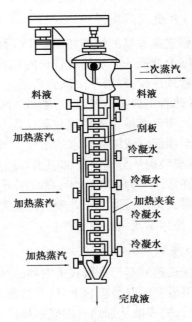

图 6.29　刮板薄膜式蒸发器

3)蒸发器的改进与研究

近年来,人们对蒸发器的开发与研究,归纳起来主要有以下 3 个方面:

(1)开发新型蒸发器

新型蒸发器主要是通过改进传热面的结构来提高传热效果。例如,新近出现的板式蒸发器,不但具有体积小、传热效率高、溶液停留时间短等优点,而且其加热面积可根据需要而增减,装卸和清洗方便。又如,在石油工业中采用的表面多孔加热管,可使溶液侧的传热系数提高 10 ~ 20 倍。海水淡化中使用的双面纵槽加热管,也可明显提高传热效果。

(2)改善溶液的流动状况

在蒸发器内装入各种形式的湍流构件,以提高溶液侧的对流传热系数。例如,在自然循环型蒸发器的加热管内装入铜质填料后,溶液侧的对流传热系数可提高 50% 左右。其原因是:一方面,由于填料的存在,加剧了液体的湍动;另一方面,填料本身导热性能很好,可将热量直接传到溶液内部。

(3)改进溶液的工艺特性

通过改进溶液的工艺特性,可提高传热效果。研究表明,加入适当的表面活性剂,可使总传热系数提高 1 倍以上,加入适当的阻垢剂,可减小污垢形成的速度,从而降低污垢热阻。

6.6.2　蒸发器的辅助设备

1)除沫器

蒸发操作中产生的二次蒸汽,在分离室与液体分离后,仍夹带一定的液沫或液滴。为了防止液体产品的损失或冷凝液被污染,在蒸发器顶部蒸汽出口附近需要设置除沫器。

2)冷凝器和真空装置

冷凝器的作用是将二次蒸汽冷凝成水后排出。冷凝器有间壁式和直接接触式两类。当二次蒸汽为有价值的产品需要回收,或会严重污染冷却水时,应采用间壁式冷凝器;否则会采用直接接触式冷凝器。

当蒸发器采用减压操作时,无论采用哪一种冷凝器,均需在冷凝器后安装真空装置,将冷凝液中的不凝性气体抽出,从而维持蒸发操作所需的真空度。常用的真空装置有喷射泵、往复泵和水环式真空泵等。

6.6.3 多效蒸发

单效蒸发时,单位加热蒸汽消耗量大于1,即蒸发1 kg 水需要消耗1 kg 以上的加热蒸汽。因此,对于蒸发量很大的蒸发过程,如果采用单效操作必然消耗大量的加热蒸汽,这在经济上是不合理的。鉴于此,工业上多采用多效蒸发。

在多效蒸发中,为了保证每一效都有一定的传热推动力,各效的操作压力必须依次降低,相应地,各效的沸点和二次蒸汽压力依次降低。因此,只有当提供的新鲜加热蒸汽的压力较高和末效采用真空时,才能使多效蒸发得以实现。以三效逆流加料流程为例,若第一效(多效蒸发中效数的排序是以新鲜加热蒸汽进入的那一效作为第一效,第一效出来的二次蒸汽作为加热蒸汽进入第二效……以此类推)的加热蒸汽为低压蒸汽(如常压),则末效蒸汽侧必须在真空下操作;反之,若末效蒸汽侧采用常压操作,则要求第一效采用较高压力的加热蒸汽。

1)多效蒸发流程

按物料与蒸汽相对流向的不同,多效蒸发有3种常见的加料流程。下面以三效蒸发为例进行说明。

(1)并流加料流程

并流加料又称顺流加料,是工业上最常见的加料模式。其流程如图6.30所示。其特点是:溶液与蒸汽的流向相同,均由第一效流至末效。

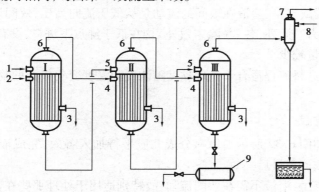

图6.30 并流三效蒸发流程图

1—料液;2—加热蒸汽;3—冷凝水;4—二次蒸汽入口;

5—浓缩液;6—二次蒸汽;7—抽真空;8—冷却水;9—完成液

并流加料流程的优点是:溶液从压力和沸点较高的蒸发器流向压力和沸点较低的蒸发器,因此,溶液在效间的输送可以利用效间压差,而不需要用泵;同时,当前一效的溶液流入后一效时,若忽略效间热损失,因效间存在的流体阻力,将使得进入后一效的溶液处于过热状态,在后一效中会自动降温至沸点,放出的热量将使部分水分蒸发,这种现象称为自蒸发(或闪蒸)。由于溶液产生自蒸发,因此,可多产生一部分二次蒸汽。另外,此法操作简便,易于控制。

并流加料流程的缺点是:随着效数的增加,其浓度增加,而温度反而降低,致使溶液的黏度增加,蒸发器的传热系数下降。因此,对于黏度随浓度增加而变化很大的物料,不宜采用并流加料流程。

(2)逆流加料流程

逆流加料流程如图 6.31 所示。溶液流向与蒸发流向相反,即蒸汽从第一效加入,而溶液则由末效加入,从第一效排出。

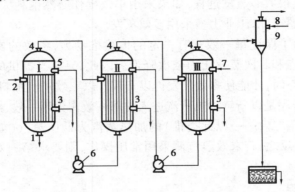

图 6.31 逆流加料蒸发器

1—完成液;2—加热蒸汽;3—冷凝水;4—二次蒸汽入口;
5—浓缩液;6—循环泵;7—原料液;8—抽真空;9—冷却水

逆流加料流程的优点是:随着溶液的浓度沿流动方向的增加,其温度也随之升高。因此,因浓度增加而引起黏度增大的影响可与温度升高而使黏度降低的影响大致相抵,因而各效的黏度较为接近,各效的传热系数也大致相同。

逆流加料流程的缺点是:溶液在效间的流动是从低压流向高压,效间溶液的输送必须用泵,需要额外消耗动力。此外,各效(除末效外)均在低于沸点下进料,没有自蒸发,与并流相比,产生的二次蒸发量较少。

一般来说,逆流进料流程适合于处理黏度随浓度和温度变化较大的物料,但不适合处理热敏性物料。

(3)平流加料流程

平流加料流程如图 6.32 所示。原料分成几股平行加入各效,完成液分别从各效排出;蒸汽则仍然从第一效流至最后一效。

此种流程的特点是:溶液不需在效间流动,故特别适用于处理那些在蒸发过程中容易析出结晶的物料,如某些无机盐溶液。

除了以上 3 种基本流程外,生产中还用到一些其他的流程。例如,在一个多效蒸发装置

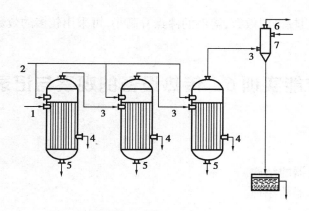

图6.32 平流加料蒸发流程

1—原料液;2—加热蒸汽;3—二次蒸汽;4—冷凝水;5—完成液;6—抽真空;7—冷却水

中,溶液与蒸汽的相对流向既有并流,又有逆流,成为错流。以三效蒸发为例,溶液的流向可以是3→1→2,也可以是2→3→1。当然,蒸汽的流向始终是1→2→3。采用错流法的目的是尽量利用并流和逆流的优点,而避免或减轻其缺点。但错流法操作较为复杂。

2)多效蒸发的经济性及效数限制

(1)加热蒸汽的经济性

蒸发操作中需要消耗大量的热量,主要操作费用花在所需热能上,而多效蒸发的目的就是通过利用二次蒸汽,提高蒸汽的经济性,降低能耗。

对于单效蒸发,理论上,单位蒸汽用量 $e=1$,即蒸发 1 kg 水要消耗 1 kg 加热蒸汽。如果采用多效蒸发,由于除了第一效需要消耗新鲜加热蒸汽外,其余各效都是利用前一效的二次蒸汽,提高了蒸汽的利用度,并且效数越多,蒸汽的利用程度越高。对于多效蒸发,理论上不难得出,其单位蒸汽消耗量 $e=1/n$(n 为效数),即蒸发 1 kg 水只需要 $1/n$ kg 的加热蒸汽。如果考虑热损失、不同压力下汽化潜热的差别因素,则单位蒸汽消耗量比 $1/n$ 稍大。

表6.6 不同效数蒸发的单位消耗量

效数	1	2	3	4	5
理论值	1	0.5	0.33	0.25	0.2
实际值	1.1	0.57	0.4	0.3	0.27

从表6.6可知,效数越多,单位蒸汽消耗量越小,则蒸发同样多的水分量,操作费用越低。

(2)多效蒸发效数的限制

对于多效蒸发装置,一方面随着效数的增加,单位蒸汽消耗量减少,操作费用降低;另一方面效数越多,设备投资费用越大,尽管 e 随效数的增加而降低,但降低的幅度越来越小。因此,蒸发装置的效数并不是越多越好,而是受到一定的限制。原则上,多效蒸发的效数应根据设备费用与操作费用之和最小来确定。

多效蒸发装置的效数取决于溶液的性质和温度差损失的大小等多方面因素,必须保证各效都有一定的传热温度差,通常要求每效的温度差不低于 5~7 ℃。一般来说,若溶液的沸点升高大,则宜采用较少的效数;溶液的沸点升高小,可采用较多的效数。

技能实训6 传热设备的观察与记录

【实训目的】
①熟悉各类换热器的结构。
②掌握常见换热器的原理。

【实训内容】
以实验室或制药设备生产线为例,找出利用传热或阻断传热为目的的主要设备与设施,并说明工作原理。

【结果记录】
记录观察结果,并画出传热流程示意图。

【思考题】
影响设备传热的主要因素有哪些? 如何提高传热效率?

项目小结

学生通过本项目的学习,能够掌握传热基本方式和制药工业换热方式的类型、基本原理及适用范围,能够进行简单的传热计算,了解间壁式换热器的种类、结构、性能、特点及适用范围,培养用理论知识解决实际问题的能力,为制药工程相关专业的专业技能及职业素养的培养奠定良好的基础。

复习思考题

一、名词解释
热传导;对流传热;热辐射;热负荷;传热平均温度差;传热系数。

二、问答题
1.传热的基本方式有哪几种? 各有何特点及区别?
2.对流传热系数的影响因素有哪些?
3.当间壁两侧流体的对流传热系数相差较大时,为提高传热系数 K,应设法提高哪一侧流体的对流传热系数? 为什么?

4. 简述换热器的分类方法及种类。应优先考虑哪种换热方法？

5. 多效蒸发流程有哪几种？其区别及联系是什么？

三、计算题

1. 有一稳定导热的平壁炉墙，墙厚 240 mm，导热系数 $\lambda = 0.2$ W/(m·K)，若炉墙外壁温度 $t_3 = 45$ ℃，为测得炉墙内壁温度 t_1，在墙深 100 mm 处插入温度计，测得该处温度 $t_2 = 100$ ℃，试求炉墙内壁温度 t_1。

2. 直径为 $\phi 60$ mm × 3 mm 的钢管用 30 mm 厚的软木包扎，其外又用 100 mm 厚的保温灰包扎，以作为绝热层。现测得钢管外壁面温度为 -110 ℃，绝热层外表面温度 10 ℃。已知软木和保温灰的导热系数分别为 0.043 W/(m·K) 和 0.07 W/(m·K)，求每米管长的冷量损失量。

3. 有一壁厚为 10 mm 的钢制平壁容器，内盛 80 ℃ 的恒温热水。水对内壁面的对流传热系数为 240 W/(m²·℃)。现在容器外表面覆盖一层导热系数为 0.16 W/(m·K)、厚度为 50 mm 的保温材料。保温层为 10 ℃ 的空气所包围，外壁对空气的联合传热系数为 10 W/(m·K)。试求：

（1）每小时从每平方米面积所损失的热量；

（2）容器内表面的温度 T_W。

4. 在内管为 $\phi 189$ mm × 10 mm 的套管换热器中，将流量为 3 500 kg/h 的某液态烃从 100 ℃ 冷却到 60 ℃，其平均比热 $c_{p烃} = 2.38$ kJ/(kg·K)，环隙走冷却水，其进出口温度分别为 40 ℃ 和 50 ℃，平均比热 $c_{p水} = 4.17$ kJ/(kg·K)，基于传热外面积的总传热系数 $K_0 = 2\,000$ W/(m·K)，设其值恒定，忽略热损失。试求：

（1）冷却水用量；

（2）分别计算两流体为逆流和并流情况下的平均温差及所需管长。

5. 在列管式换热器中用水冷却油，水在管内流动。已知管内水侧对流传热系数 h_i 为 349 W/(m²·K)，管外油侧对流传热系数 h_o 为 258 W/(m²·K)。换热器在使用一段时间后，管壁面两侧均有污垢形成，水侧的污垢热阻 R_{si} 为 0.26 m²·K·kw⁻¹，油侧的污垢热阻 R_{so} 为 0.176 m²·K·kw⁻¹。若此换热器可按薄壁管处理，管壁导热热阻忽略不计。求：

（1）产生污垢后热阻增加的百分数；

（2）总传热系数 K。

项目 7 蒸 馏

任务 7.1 传质过程基本原理

7.1.1 基本概念

1)相

一般情况下,物料体系是由多种形态的成分组成的。如一个悬浮液体系中既有溶剂又有悬浮在溶剂中的固体颗粒,其中,全部溶剂是一个物理和化学性质相同的部分,我们把全部溶剂看成一个整体,并且认为其组成是均匀的。在物理化学上常将混合物体系内均匀的部分,称为一个相。由于物质有固、液、气 3 种聚集状态,故相也可分为固相、液相和气相。对于气体来说,不论几种气体混合在一起,也只有一相。处于同一相的物质具有相同的物理和化学性质;反之,理化性质都不相同的物质具有不同的相。例如,两种液体混合并且能相溶则为一相,如乙醇和水混合后只有一相;不能相溶的则为两相。

· 116 ·

2）相界面

如果物料体系是由多种相态的组分组成,则称为多相体系。在多相体系中,相与相之间在指定条件下有明显的界面,称为相界面。相界面是由若干个相的边界组成的。例如,水与固体颗粒的相界面是由水相的边界和固体颗粒的边界构成。在相界面中,物质的运动情况与主流流体中的行为不一样。当把某一相从多相体系中分离出来时,该相就会从原来多相体系内部穿过多相体系界面和新相界面,进入新相体系内部。

7.1.2　单相传质过程

1）相转移过程

在传质过程中,物质通过相界面从一相转移至另一相的过程,称为相转移过程。例如,在中药提取车间进行蒸馏回收酒精的单元操作时,乙醇分子离开混合液界面后突破由乙醇蒸气组成的新界面,并进入纯酒精蒸汽中,这时乙醇发生了相转移。非均相物系的相转移是利用物系内部相界面两侧物质性质的不同,如密度差等,以物理方法进行分离的单元操作。均相物系的相转移是利用物系中不同组分的物理性质或化学性质的差异形成两相物系,使其中某一组分或某些组分从一相转移到另一相,并利用混合物中各组分在两相间平衡分配不同,达到相际传质而分离的目的。从宏观的角度来看,相改变后,物质的部分理化性质就会发生飞跃式的改变。例如,将青霉素从发酵液中分离纯化出来后,发生了结合态向游离态的转变,其药理性质就突显出来。

相转移过程主要是扩散过程。扩散过程有两种方式,即分子扩散和对流扩散。

2）分子扩散

分子扩散类似于传热中的热传导,是分子微观运动的宏观统计结果。混合物中存在温度梯度、压力梯度及浓度梯度都会产生分子扩散。物质以分子运动的方式通过静止流体或层流流体的转移,称为分子扩散。分子扩散速率主要决定于扩散物质和流体的某些物理性质。分子扩散速率与流体在什么介质中扩散有关,在不同介质中扩散系数不同;与扩散质的浓度梯度、扩散系数成正比。

3）对流扩散

物质通过湍流流体的转移,称为对流扩散。对流扩散时,扩散物质不仅靠分子本身的扩散作用,并且借助湍流流体的携带作用而转移,而且后一种作用是主要的。对流扩散速率比分子扩散速率大得多。对流扩散速率主要决定于流体的湍流速度。

7.1.3　相际间的传质机理

相转移广泛地存在于各种物料体系的相变化过程中。气体吸收过程就是比较典型的相转移过程,其过程机理具有一定的代表性。解释其过程机理的代表性学说主要有双膜理论。双膜理论是以吸收质在滞流层中的扩散论为基础建立起来的。其基本要点如下:

1）双膜界面

如图 7.1 所示,气液两相界面上存在气膜和液膜,气膜和液膜的厚度或状态会受流体主体滞流或湍流程度的影响,但膜层总是存在的。吸收质以分子扩散通过气膜和液膜。

2）传质力学因素

在膜层中，吸收质的温度梯度、压强梯度和浓度差是分子形成扩散的主要动力。气相主体和液相主体因系湍流，主体中各点的吸收质浓度基本上是均一的，无所谓传质的阻力。相界面上吸收质的溶解由于不需要活化能而能较快地进行，但吸收质必须扩散穿过气膜和液膜，因此，通过双膜层的扩散是传质的主要阻力。

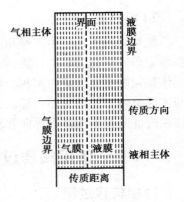

3）压力对气体吸收的影响

界面上吸收质的溶解能较快地进行，吸收质在两相界面间处于平衡状态，即液相界面的溶液是气相界面吸收质

图 7.1　双膜理论模型

分压下的饱和溶液，气相界面吸收质的分压等于液相界面溶液吸收质的平衡分压。但两相主体中的吸收质相互间不存在着特定的依赖关系。

若气相主体中吸收质的分压为 P，界面气膜的吸收质分压为 P_i，$(P-P_i)$ 即为吸收过程的推动力。同理，若液相主体中吸收质的浓度为 C，两相界面的液膜中的浓度为 C_i，(C_i-C) 也是吸收过程的推动力。当 $P>P_i$ 或 $C_i>C$ 时，吸收过程能持续进行。

关于气体吸收行为的双膜理论，对制药生产实践有指导意义，是分析解决蒸馏回收溶剂和发酵溶氧等过程操作的理论依据。

7.1.4　液体沸腾过程

物质从液相转变为气相（即汽化）有两种方式，即蒸发和沸腾。

发生在液体表面的汽化，称为蒸发。蒸发在任何温度下都能进行。蒸发的快慢与液体性质、液体温度、表面面积、表面污染物（如油斑等）及表面附近的气体流速有关。

液体的分子由于分子运动有从表面逸出的倾向，这种倾向随着温度的升高而增大，进而在液面上部形成蒸汽。当分子由液体逸出的速度与分子由蒸汽中回到液体中的速度相等，液面上的蒸汽达到饱和，称为饱和蒸汽。它对液面所施加的压力称为饱和蒸汽压。实验证明，纯组分的饱和蒸汽压是温度的函数。液体的蒸汽压决定于温度的高低。液体在不同温度下有不同的蒸汽压，温度越高，蒸汽压越大。例如，H_2O 在 293 K 时，蒸汽压为 17.54 mmHg；在 353 K 时，为 355.1 mmHg。

当液体的蒸汽压增大到与外界施于液面的总压力相等时，就有大量气泡从液体内部逸出，即液体沸腾，这时的温度称为液体的沸点。对于水，环境压强每增加 $3.612\ 1\times10^3$ Pa 时，沸点升高 1 K。一个大气压下的沸点是正常沸点。纯粹的液体有机化合物在一定的压力下具有一定的沸点。利用这一点，可测定纯液体有机物的沸点。但是，具有固定沸点的液体不一定都是纯粹的化合物，因为某些有机化合物常和其他组分形成二元或三元共沸混合物，它们也有固定的沸点。

蒸发和沸腾过程是液体变为同温度气体的过程，需要向环境吸收热量。单位质量液体变为同温度的气体所吸收的热量称为汽化热，常用 r 表示，单位是 J/kg。

蒸发和沸腾是液体汽化的两种方式，都属于汽化现象。但是，这两者既互相区别又互相联系，蒸发和沸腾发生的部位、时间和进行的程度是不相同的。蒸发是液体在任何温度下都能发生的汽化现象,而沸腾是液体在一定温度(沸点)下才能发生的汽化现象,且蒸发是只在液体表面发生的缓慢的汽化现象,而沸腾是在液体表面和内部同时发生的剧烈的汽化现象。

任务 7.2 蒸馏基本原理

7.2.1 蒸馏操作分类

蒸馏是分离液体均相混合物最早实现工业化的典型单元操作。它是通过加热造成气液两相体系,利用混合物中各组分挥发度的差异达到组分分离与提纯的目的。工业蒸馏过程有多种分类方法。

1)按蒸馏方式分类

可分为平衡蒸馏、简单蒸馏、精馏和特殊精馏等。平衡蒸馏和简单蒸馏常用于混合物中各组分的挥发度相差较大,对分离要求又不高的场合;精馏是借助回流技术来实现高纯度和高回收率的分离操作,它是应用广泛的蒸馏方式。如果混合物中各组分的挥发度相差很小(相对挥发度接近1)或形成恒沸液时,则应采用特殊精馏。若精馏时混合液组分间发生化学反应,称反应蒸馏,这是将化学反应与分离操作偶合的新型操作过程。对于含有高沸点杂质的混合液,若它与水互不相溶,可采用水蒸气蒸馏,从而降低操作温度。对于热敏性混合液,则可采用高真空下操作的分子蒸馏。

(1)简单蒸馏

如图7.2所示,将混合物加入蒸馏釜中,通过间接加热至沸腾,使混合物汽化,达到气液相平衡,产生的蒸汽通过冷凝器进入产品收集槽中。在蒸馏釜内,气相中易挥发组分含量较高,而液相中难挥发组分含量较高。随着蒸馏过程的进行,釜液中易挥发组分的含量随蒸馏时间的增加而不断降低,因而与其平衡的气相中易挥发组分的含量也随之下降,釜液的沸点则逐渐升高。当釜液的组成或冷凝液的组成达到某一定值后,即停止蒸馏操作,这样的操作过程称为简单蒸馏。

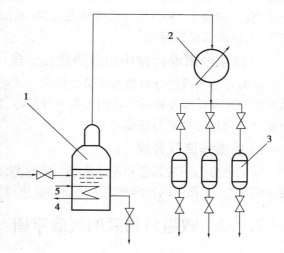

图7.2 简单蒸馏示意图
1—蒸馏釜;2—冷凝器;3—收集槽;
4—冷凝水;5—加热蒸汽

(2)平衡蒸馏

平衡蒸馏又称闪蒸,是一种连续稳定的单级蒸馏操作过程,如图7.3所示。首先用泵将一定组成的液体混合物加压而后经过加热器升温,使液体的温度高于分离器操作压力下的泡点温度,而后将这种过热液体通过减压阀进入分离器,由于减压,溶液的沸点下降,过热液体在分离器中产生自蒸发,变成气液两相并达到相平衡,易挥发组分在气相中浓集并由分离器顶部排出,而难挥发组分在液相中浓集并由分离器底部排出,这种过程就称为平衡蒸馏或称闪蒸。

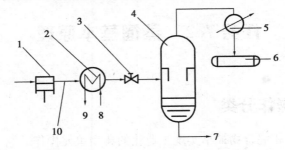

图 7.3　平衡蒸馏示意图

1—泵;2—加热器;3—减压阀;4—分离室;5—冷凝器;6—收集槽;
7—液相产品;8—加热蒸汽;9—冷凝水;10—原料液

(3)精馏

精馏就是利用混合物中各组分挥发度的差异,通过加热使其部分气化产生气液两相,借助"回流"技术,使气液两相在精馏塔内进行多次部分汽化和部分冷凝,以使混合物进行比较完全分离的操作过程。

2)按操作压力分类

蒸馏可分为加压、常压和真空蒸馏。常压下为气态或常压下泡点为室温的混合物,常采用加压蒸馏;常压下,泡点为室温至150 ℃左右的混合液,一般采用常压蒸馏;对于常压下泡点较高(一般高于150 ℃)或热敏性混合物(高温下易于分解,聚合等变质现象),宜采用真空蒸馏,以降低操作温度。

3)按被分离混合物中组分的数目分类

蒸馏可分为两组分精馏和多组分精馏。工业生产中,绝大多数为多组分蒸馏,但两组分精馏的原理及计算原则同样适用于多组分精馏,只是在处理多组分精馏过程时更为复杂些,因此常以两组分精馏为基础。

4)按操作流程分类

蒸馏可分为间歇蒸馏和连续蒸馏。间歇蒸馏主要应用于小规模,多品种或某些有特殊要求的场合,工业中以连续蒸馏为主。间歇蒸馏为非稳态操作,连续蒸馏一般为稳态操作。

7.2.2　双组分物系的气液平衡

1)拉乌尔定律

拉乌尔在1887年根据实验总结出一个经验定律,即当气液平衡时,溶液上方组分的蒸汽压与溶液中该组分的摩尔分数成正比。用公式表示为

$$p_A = p_A^0 \cdot x_A \tag{7.1}$$

对于由 A,B 两物质组成的双组分物系,有

$$x_A + x_B = 1$$

则

$$p_B = p_B^0 \cdot x_B = p_B^0 \cdot (1 - x_A) \tag{7.2}$$

式中 p_A, p_B——溶液上方组分的平衡分压；

x_A, x_B——组分在液相中的摩尔分数；

p_A^0, p_B^0——物质 A,B 在纯溶剂状态下的饱和蒸汽压。

(1)泡点方程

混合物在一定的压力下加热到某一温度时,液体中出现第一个很小的气泡,即刚开始沸腾,此时的温度称为该溶液在指定压力下的泡点温度,简称泡点。处于泡点温度时的液体称为饱和液体。精馏塔的釜液温度就是处于泡点温度。研究发现,第一个很小的气泡不是纯组分,它的组成是由相平衡关系确定的。在指定温度下,当混合体系的蒸汽压总合与外界压力相等时即发生沸腾,此时的温度称为沸点。由此可推导出泡点方程式,即

$$p = p_A + p_B$$

$$x_A = \frac{p - p_B^0}{p_A^0 - p_B^0} \tag{7.3}$$

式中 p——外界压力。

式(7.3)即为泡点方程。

(2)露点方程

把气体混合物在压力和湿度不变的条件下,降温冷却到某一温度时,产生第一个微小的液滴,此时的温度称为该混合物在指定压力和湿度下的露点温度,简称露点。从精馏塔顶出来的气体,其温度就是处于露点温度。处于露点温度的气体,为饱和气体。形成的第一个液滴不是纯组分,它是露点温度下与气相达成相平衡的液相,其组成可由相平衡关系确定。因此,气体混合物组成不同,它们的露点也不相同。

设气相中 A,B 两物质的摩尔分数分别为 y_A, y_B,当物系总压不太高的情况下,实际气相可视为理想气体。其组成可表示为

$$y_A = \frac{p_A}{p} \qquad y_B = \frac{p_B}{p}$$

由上式可得

$$y_A = \frac{p_A^0}{p} x_A = \frac{p_A^0}{p} \cdot \frac{p - p_B^0}{p_A^0 - p_B^0} \qquad y_B = \frac{p_B^0}{p} x_B \tag{7.4}$$

式(7.4)即为露点方程。

泡点、露点均为混合物气液两相平衡的温度。对于纯物质来说,在一定压力下,泡点、露点、沸点均为一个数值。

2)理想溶液气液平衡相图

(1)t-x-y 图

在恒定总压下,溶液的平衡温度随组成而变,温度与液(气)相的组成关系可用温度-组成图或 t-x-y 图表示。如图7.4所示为在总压为101.3 kPa下测得的苯-甲苯混合液的平衡温度-组成图。图7.4中的上曲线为 t-y 线,称为饱和蒸汽线(露点线)。下曲线为 t-x 线,称为饱和液体线(泡点线)。上述的两条曲线将 t-x-y 图分成3个区域。饱和液体线以下为液

相区;饱和蒸汽线以上为过热蒸汽区。两曲线包围的区域为气液共存区。

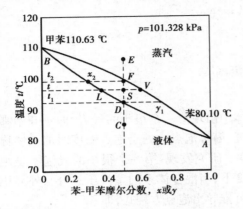

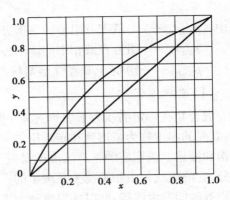

图 7.4 苯-甲苯混合液的 t-x-y 图　　　　图 7.5 苯-甲苯混合液的 x-y 图

（2）x-y 图

如图 7.5 所示为 101.3 kPa 总压下,苯-甲苯混合物系 x-y 图,它表示不同温度下互成平衡的气液两相组成 y 与 x 的关系。对于理想物系,汽相组成 y 恒大于液相组成 x,故平衡线位于对角线上方。平衡线偏离对角线越远,表示该溶液越易分离。x-y 图可通过 t-x-y 图作出。常见两组分物系常压下的平衡数据,可从物化或化工手册中查的。在双组分蒸馏的图解计算中,应用一定总压下的 x-y 图非常方便快捷。

7.2.3　挥发度和相对挥发度

1）挥发度 ν

挥发度是用来表示物质挥发能力大小的物理量,前面已提到纯组分液体的饱和蒸汽压能反映其挥发能力。理想溶液中各组分的挥发能力因不受其他组分存在的影响,仍可用各组分纯态时的饱和蒸汽压表示即挥发度 ν 等于饱和蒸汽压 p^0,对于组分 A 和 B 分别表示为

$$\nu_A = p_A^0 \qquad \nu_B = p_B^0$$

2）相对挥发度

溶液中两组分挥发度之比,称为相对挥发度 α。

对于理想溶液

$$\alpha = \frac{v_A}{v_B} = \frac{P_A^0}{P_B^0} \tag{7.5}$$

饱和蒸汽压 p^0 是温度的函数,故 α 也是温度的函数。在一定温度下,若 $p_A^0 > p_B^0$,则 $\alpha > 1$。

任务 7.3　精馏及基本计算

精馏是利用混合液中各组分间挥发度的差异以实现高纯度分离的一种操作。平衡蒸馏

仅通过一次部分汽化和冷凝,只能部分地分离混合液中的组分。若进行多次的部分汽化和部分冷凝,便可使混合液中各组分几乎完全分离。

7.3.1　精馏原理

把液体混合物进行多次部分汽化,同时又把产生的蒸气多次部分冷凝,使混合物分离为所要求组分的操作过程,称为精馏。

现在根据 T-x 图说明分馏或精馏的原理。有一混合物由组分 A 和 B 组成,T-x 其图如图7.6所示。体系状态点为 a 点,将此体系等压加热到 T_1,此时溶液开始沸腾,即图中 C 点,气相组成为 y_1,继续加热,使温度升高到 T_2。平衡时,液相组成为 D 点对应横坐标的气相组成为 y_2。若收集 T_1 和 T_2 区间的馏分,则馏出液在 y_1 和 y_2 之间,这种简单的分馏,只能将混合物粗略地分离。要想得到比较纯净的产品,需要精馏的方法。

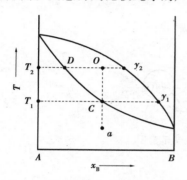

图 7.6　简单蒸馏 T-x 图

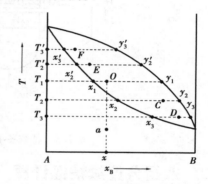

图 7.7　精馏过程 T-x 图

精馏是简单分馏的组合,其原理可通过图7.7加以说明。把含低沸点组分 B 为 x 的溶液从状态点 a 加热到 T_1,与物系点 O 相应的液相组成为 x_1,气相组成为 y_1,把气相 y_1 冷却到 T_2,与物系点 C 对应的液相和气相组成分别是 x_2,y_2,再把气相 y_2 冷却到 T_3,与物系点 D 相对应的液相和气相组成分别为 x_3,y_3。显然,随着温度的降低,气相中低沸点的成分逐渐增高为即 $y_3 > y_2 > y_1$,最后可得到纯 B。如果再把组分为 x_1 的液相加热到 T_2',即物系点为 E,与之对应的液相组成为 x_2',气相组成为 y_2',继续 x_2' 把加热到 T_3',其物系点对应为 F,对应的液相组成为 x_3',气相组成为 y_3'。很明显,随着温度的升高,液相中高沸点的组分 A 越来越多,即 $x_3' < x_2' < x_1$ 最后加热釜中只有纯 A。

在工业上,这种反复的部分汽化与部分冷凝是在精馏塔内进行的,如图7.8所示。精馏塔由加热釜(再沸器)供热,使釜中残液部分汽化后蒸汽逐板上升,塔中各板上液体处于沸腾状态。顶部冷凝得到的馏出液部分作回流入塔,从塔顶引入后逐板下流,使各板上保持一定液层。上升蒸气和下降液体呈逆流流动,在每块板上相互接触进行传热和传质。原料液于中部适宜位置处加入精馏塔,其液相部分也逐板向下流入加热釜,气相部分则上升经各板至塔顶。由于塔底部几乎是纯净的难挥发组分,故塔底部温度最高,而顶部回流液几乎是纯净的易挥发组分,因此塔顶部温度最低,整个塔内的温度由下向上逐渐降低。

由塔内精馏操作分析可知,为实现精馏分离操作,除了具有足够层数塔板的精馏塔以外,还必须从塔顶引入下降液流(即回流液)和从塔底产生上升蒸气流,以建立气液两相体系。因此,塔底上升蒸气流和塔顶液体回流是精馏过程连续进行的必要条件。回流是精馏与普通蒸馏的本质区别。

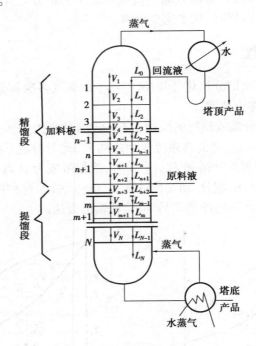

图 7.8　精馏塔中物料流动示意图

7.3.2　双组分连续精馏计算

1)理论塔板的概念

理论塔板是指在塔板上气液两相都充分混合,且传热及传质阻力均为零的理想化塔板。因此,不论进入理论板气液两相组成如何,离开该板时气液两相组成达到平衡状态,即两相温度相等,组成互成平衡。

理论塔板又称平衡级,是一个理想化的进行两相间接触传质的场所,它符合以下 3 条假定:

①进入该板的不平衡的物流,在其间发生了充分的接触传质,使离开该板的气液两相物流间达到了相平衡。

②在该板上发生接触传质的气液两相各自完全混合,板上各点的气相浓度和液相浓度各自一样。

③该板上充分接触后的气液两相实现了机械上的完全分离,离开该板的气流中不挟带雾滴,液流中不挟带气泡,也不存在漏液。

2)恒摩尔流假设

为简化双组分连续精馏计算,通常引入塔内恒摩尔流动的假定。

（1）恒摩尔气流

在塔内没有中间加料(或出料)的条件下,各层板的上升蒸气摩尔流量相等。但两端的上升蒸气摩尔流量不一定相等。

精馏段

$$V_1 = V_2 = \cdots = V = \text{常数} \qquad (7.6)$$

提馏段

$$V_1' = V_2' = \cdots = V' = \text{常数} \qquad (7.7)$$

式中　V——精馏段上升蒸气的摩尔流量，kmol/h；

　　　V'——提馏段上升蒸气的摩尔流量，kmol/h。

（2）恒摩尔液流

在塔内没有中间加料（或出料）的条件下，各层板的下降液体摩尔流量相等。但两端的下降液体摩尔流量不一定相等。

精馏段

$$L_1 = L_2 = \cdots = L = \text{常数} \qquad (7.8)$$

提馏段

$$L_1' = L_2' = \cdots = L' = \text{常数} \qquad (7.9)$$

式中　L——精馏段上升蒸气的摩尔流量，kmol/h；

　　　L'——提馏段上升蒸气的摩尔流量，kmol/h。

在精馏塔的塔板上气、液两相接触时，若有 n kmol/h 的蒸气冷凝，相应有 n kmol/h 的液体汽化，这样恒摩尔流动的假设才能成立。为此必须符合以下条件：

①混合物中各组分的摩尔汽化潜热相等。

②各板上液体显热的差异可忽略（即两组分的沸点差较小）。

③塔设备保温良好，热损失可忽略。

3）物料衡算

（1）全塔物料衡算

连续精馏过程的馏出液和釜残液的流量、组成与进料的流量和组成有关。通过全塔的物料衡算，可求得它们之间的定量关系。

现对如图 7.9 所示的连续精馏塔（塔顶全凝器，塔釜间接蒸汽加热）作全塔物料衡算，并以单位时间为基础，即

总物料衡算

$$F = D + W \qquad (7.10)$$

易挥发组分衡算

$$Fx_F = Dx_D + Wx_W \qquad (7.11)$$

式中　F——原料液流量，kmol/h；

　　　D——塔顶馏出液流量，kmol/h；

　　　W——塔底釜残液流量，kmol/h；

　　　Q_C, Q_D——热负荷，kJ/h；

　　　L, L'——下降液体的摩尔流量，kmol/h；

　　　V, V'——上升蒸气的摩尔流量，kmol/h；

　　　x_F——原料液中易挥发组分的摩尔分数；

　　　x_D——馏出液中易挥发组分的摩尔分数；

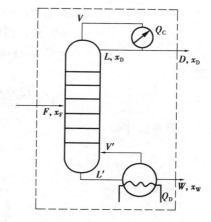

图 7.9　全塔物料衡算

x_W——釜残液中易挥发组分的摩尔分数。

从而可解的馏出液的采出率

$$\frac{D}{F} = \frac{x_F - x_W}{x_D - x_W} \tag{7.12}$$

塔顶易挥发组分的回收率

$$\eta_D = \frac{Dx_D}{Fx_F} \times 100\% \tag{7.13}$$

塔底难挥发组分的回收率

$$\eta_W = \frac{W(1 - x_D)}{F(1 - x_F)} \times 100\% \tag{7.14}$$

也可求出馏出液的采出率 D/F 和釜液采出率 W/F，即

$$\frac{D}{F} = \frac{x_F - x_W}{x_D - x_W} \tag{7.15}$$

$$\frac{W}{F} = \frac{x_D - x_F}{x_D - x_W} \tag{7.16}$$

应予指出，通常原料液的流量与组成是给定的，在规定分离要求时，应满足全塔总物料衡算的约束条件，即

$$D \cdot x_D \leqslant F \cdot x_F \text{ 或 } D/F \leqslant x_F/x_D$$

【例题 7.1】 在连续精馏塔中分离苯-甲苯混合液。原料液的流量为 12 000 kg/h，其中苯质量分数为 0.46，要求馏出液中苯的回收率为 97.0%，釜残液中甲苯的回收率不低于 98%。试求馏出液和釜残液的流量与组成，以摩尔流量和摩尔分数表示。

解 苯和甲苯的摩尔质量分别为 78 kg/kmol 和 92 kg/kmol。

进料组成

$$x_F = \frac{\dfrac{0.46}{78}}{\dfrac{0.46}{78} + \dfrac{0.54}{92}} = 0.501$$

进料平均摩尔质量

$$M_m = x_F M_A + (1 - x_F) M_B$$
$$= 0.501 \times 78 \text{ kg/kmol} + (1 - 0.501) \times 92 \text{ kg/kmol}$$
$$= 85 \text{ kg/kmol}$$

则

$$F = \frac{12\ 000}{85} \text{ kmol/h} = 141.2 \text{ kmol/h}$$

由题意可知

$$\frac{Dx_D}{Fx_F} = 0.97 \tag{a}$$

同理

$$\frac{W(1 - x_W)}{F(1 - x_F)} = 0.98 \tag{b}$$

全塔物料衡算,得

$$D + W = F = 141.2 \tag{c}$$

$$Dx_D + Wx_W = Fx_F = 141.2 \times 0.501 = 70.74 \tag{d}$$

由式(a)、式(b)、式(c)、式(d)得

$$D = 70.01 \text{ kmol/h} \qquad W = 71.19 \text{ kmol/h}$$

$$x_D = 0.98 \qquad x_W = 0.03$$

【例题7.2】 在一连续精馏塔中分离乙醇水溶液。已知料液含30%乙醇,加料量为4 000 kg/h。要求塔顶产品含乙醇91%以上,塔底残液中含乙醇不得超过0.5%(以上均为质量分率)。试求塔顶产量、塔底残液量及乙醇的回收率。

解 根据题意,由公式

$$\frac{D}{F} = \frac{x_F - x_W}{x_D - x_W}$$

得

$$D = \frac{F(x_F - x_W)}{x_D - x_W} = \frac{4\,000 \times (0.3 - 0.005)}{0.91 - 0.005} \text{ kg/h} = 1\,303.87 \text{ kg/h}$$

$$W = F - D = 2\,696.13 \text{ kg/h}$$

乙醇的回收率为

$$\frac{D \cdot x_D}{F \cdot x_F} = \frac{1\,303.87 \times 0.91}{4\,000 \times 0.30} = 98.88\%$$

(2)精馏段物料衡算

对图7.10中虚线范围(包括精馏段的第 $n+1$ 层板以上塔段及冷凝器)作物料衡算,以单位时间为基准,即

总物料衡算

$$V = L + D \tag{7.17}$$

易挥发组分衡算

$$Vy_{n+1} = Lx_n + Dx_D \tag{7.18}$$

式中 x_n——精馏段中第 n 层板下降液相中易挥发组分的摩尔分数;

y_{n+1}——精馏段第 $n+1$ 层板上升蒸汽中易挥发组分的摩尔分数。

将式(7.17)代入式(7.18),得

$$y_{n+1} = \frac{L}{V}x_n + \frac{D}{V}x_D \tag{7.19}$$

令 $R = \dfrac{L}{D}$ 代入式(7.19),得

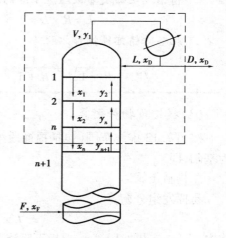

图7.10 精馏段物料衡算

$$y_{n+1} = \frac{R}{R+1}x_n + \frac{1}{R+1}x_D \tag{7.20}$$

式中　R——回流比。

式(7.19)与式(7.20)均称为精馏段操作线方程式。其表示在一定操作条件下,精馏段内自任意第 n 层板下降的液相组成 x_n 与其相邻的下一层板(第 $n+1$ 层板)上升气相组成 y_{n+1} 之间的关系。

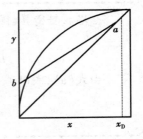

图 7.11　精馏操作线

该式在 x-y 直角坐标图上为直线,其斜率为 $\dfrac{R}{R+1}$,截距为

$\dfrac{x_D}{R+1}$。由式(7.20)可知,当 $x_n = x_D$ 时,$y_{n+1} = x_D$,即该点位于 x-y 图的对角线上,如图 7.11 所示的点 a;又当 $x_n = 0$ 时,$y_{n+1} = \dfrac{x_D}{R+1}$,即该点位于 y 轴上,如图 7.11 所示的点 b,则直线 ab 即为精馏段操作线。

【例题 7.3】　在例 7.2 的精馏操作中,若已知回流比 $R = 2.5$,求精馏段内从每块塔板溢流下降的液相流率,并写出其精馏段操作线方程。

解　由例 7.2 的给定条件,将质量分率、质量流率换算成摩尔分率、摩尔流率,即

$$x_D = \frac{\dfrac{91}{46}}{\dfrac{91}{46} + \dfrac{9}{18}} = 0.798$$

塔顶产品的千摩尔质量为

$$M_m = 46 \times 0.798 \ \text{kg/kmol} + 18 \times 0.202 \ \text{kg/kmol} = 40.34 \ \text{kg/kmol}$$

精馏段由每块塔板溢流下降的液相流率为

$$L = R \times D = 2.5 \times 32.32 \ \text{kmol/h} = 80.8 \ \text{kmol/h}$$

此塔的精馏段操作方程为

$$y_{n+1} = \frac{R}{R+1} x_n + \frac{1}{R+1} x_D = \frac{2.5}{3.5} x_n + \frac{1}{3.5} \times 0.798 = 0.714 x_n + 0.228$$

---

(3)提馏段物料衡算

按图 7.12 虚线范围(包括提馏段第 m 层板一下塔板及再沸器)作物料衡算以单位时间为基础,即

总物料衡算　　　　　　　　　　　$$L' = V' + W \tag{7.21}$$
易挥发组分衡算

$$L'x'_m = V'y'_{m+1} + Wx_W \tag{7.22}$$

式中　x'_m——提馏段第 m 层板下降液相中易挥发组分的摩尔分数;

　　　y'_{m+1}——提馏段第 $m+1$ 层板上升蒸汽中易挥发组分的摩尔分数。

将式(7.21)代入式(7.22)中,得

$$y'_{m+1} = \frac{L'}{V'} x'_m - \frac{W}{V'} x_W \tag{7.23}$$

或

$$y'_{m+1} = \frac{L'}{L' - W} x'_m - \frac{W}{L' - W} x_W \tag{7.24}$$

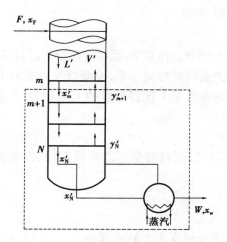
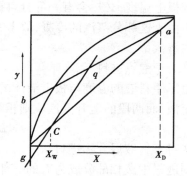

图 7.12 提馏段物料衡算 　　　　　图 7.13 提馏操作线

式(7.24)称为提馏段操作线方程式。其表示在一定操作条件下,提馏段内自第 m 层板下降液相组成 x'_m 与其相邻的下层板(第 $m+1$ 层)上升蒸汽组成 y'_{m+1} 之间的关系。

如图 7.13 所示,此式在 x-y 相图上为直线,该线的斜率为 $\dfrac{L'}{L'-W}$,截距为 $-\dfrac{W}{L'-W}x_W$。由式(7.24)可知,当 $x'_m=x_m$ 时,$y'_{m+1}=x_W$,即该点位于 x-y 图的对角线上,中 c 点;当 $x'_m=0$ 时,$y'_{m+1}=\dfrac{W}{L'-W}x_W$,该点位于 y 轴上,如图中的点 g,则直线 cg 即为提馏段操作线。由图 7.13可见,精馏段操作线和提馏段操作线相较于点 q。

4)进料状况

(1)进料液情况

在实际生产中,加入精馏塔中的原料液可能有以下 5 种热状况:

①温度低于泡点的冷液体。
②泡点下的饱和液体(达到沸点)。
③温度介于泡点和露点之间的气液混合物。
④露点下的饱和蒸汽(饱和蒸汽)。
⑤温度高于露点的过热蒸汽(过热蒸汽)。

由于不同进料热状况的影响,使从进料板上升蒸汽量及下降液体量发生变化,也即上升到精馏段的蒸汽量及下降到提馏段的液体量发生了变化。图 7.14 定性地表示在不同的进料热状况下,由进料板上升的蒸汽及由该板下降的液体的摩尔流量变化情况。

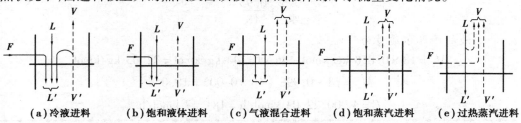

(a)冷液进料　　**(b)饱和液体进料**　　**(c)气液混合进料**　　**(d)饱和蒸汽进料**　　**(e)过热蒸汽进料**

图 7.14 提馏段物料衡算

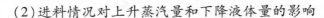
（2）进料情况对上升蒸汽量和下降液体量的影响

①对于冷液进料

提馏段内回流液流量 L' 包括 3 部分：精馏段的回流液流量 L；原料液流量 F；为将原料液加热到板上温度，必然会有一部分自提馏段上升的蒸汽被冷凝下来，冷凝液量也成为 L' 的一部分。由于这部分蒸汽的冷凝，故上升到精馏段的蒸汽量 V 比提馏段的 V' 要少，其差额即为冷凝的蒸汽量。

②对于泡点进料

由于原料液的温度与板上液体的温度相近，因此，原料液全部进入提馏段，作为提馏段的回流液，而两段的上升蒸汽流则相等，即

$$L' = L + F, V' = V$$

③对于气液混合物进料

则进料中液相部分成为 L 的一部分，而蒸汽部分则成为 V 的一部分。

④对于饱和蒸汽进料

整个进料变为 V 的一部分，而两段的液体流量则相等，即

$$L = L', V = V' + F$$

⑤对于过热蒸汽进料

此种情况与冷液进料恰好相反，精馏段上升蒸汽流包括以下 3 个部分：提馏段上升蒸汽流量原料液流量为将进料温度降至板上温度，必然会有一部分来自精馏段的回流液体被气化，气化的蒸汽量也成为 V 中的一部分。由于这部分液体的气化，故下降到提馏段中的液体量 L' 将比精馏段的 L 少，其差额即为气化的那部分液体量。

【例题 7.4】 在例 7.2 的操作中，若进料为饱和液体，操作回流比 $R = 2.5$，求此塔的提馏段操作方程。

解 提馏段每块塔板下降的液流一部分来自精馏段，另一部分来自加料。由题设知此塔加料为饱和液体，则

$$L' = L + F$$

则

$$x_F = \frac{\dfrac{30}{46}}{\dfrac{30}{46} + \dfrac{70}{18}} = 0.144$$

$$x_W = \frac{\dfrac{0.5}{46}}{\dfrac{0.5}{46} + \dfrac{0.95}{18}} = 0.002$$

料液的千摩尔质量为

$$M_F = 18 \times 0.856 \ \text{kg/kmol} + 46 \times 0.144 \ \text{kg/kmol} = 22.03 \ \text{kg/kmol}$$

$$M_m = 18 \times 0.998 + 46 \times 0.002 = 18.056$$

$$F = 4\ 000/22.03 \ \text{kmol/h} = 181.57 \ \text{kmol/h}$$

$$W = \frac{2\,696.13}{18.056} \text{ kmol/h} = 149.32 \text{ kmol/h}$$

$$D = F - W = 181.57 \text{ kmol/h} - 149.32 \text{ kmol/h} = 32.25 \text{ kmol/h}$$

$$L = R \times D = 2.5 \times 32.25 \text{ kmol/h} = 80.8 \text{ kmol/h}$$

由提馏段每块塔板溢流下降的液相流率为

$$L' = L + F = 80.8 \text{ kmol/h} + 181.57 \text{ kmol/h} = 262.37 \text{ kmol/h}$$

则

$$
\begin{aligned}
y_{m+1} &= \frac{L'}{L' - W}x_m - \frac{W}{L' - W}x_W \\
&= \frac{262.37}{262.37 - 149.32}x_m - \frac{149.32}{262.37 - 149.32} \times 0.002 \\
&= 2.32x_m - 0.002\,6
\end{aligned}
$$

任务 7.4　塔设备

7.4.1　板式塔

1) 板式塔结构

在圆柱形壳体内安装有上下封头和若干个水平塔板的装备,称为板式塔。板式塔的主要部件是圆柱形筒体和塔板,如图 7.15 所示。板式塔的塔板主要有泡罩式(图 7.16)、筛孔式(图 7.17)和浮阀式(图 7.18)等塔板结构形式。

在气液传质板式塔中,气体从下往上流动,液体从上往下流动。不同形式的塔板,气、液两相的流动形态不同,塔内流体的流动形态有错流和逆流两种。如果气、液两流体是按如图7.19(a)所示的方向流动,则称为错流,相应的塔板称为错流塔板;如果是按如图7.19(b)所示的方向流动则称为逆流,对应的塔板称为逆流塔板。

板式塔主要用于各种相态的物质进行传质操作,如气液传质、液液传质、气固传质、液固传质等。在制药生产中,鼓泡式发酵罐、塔式液液萃取装置都是典型的板式塔结构。

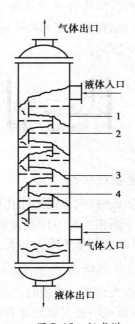

图 7.15　板式塔

1—壳体;2—塔板;3—降液管;4—溢流堰

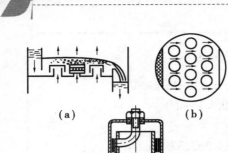
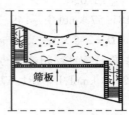
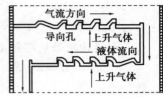

图 7.16 泡罩式筛板

图 7.17 筛孔式筛板

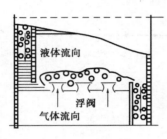

图 7.18 浮阀式筛板

图 7.19 塔板上流体的流动

2)塔板上气液两相的非理想流动

（1）塔板上气液的接触状态

气体通过筛孔的速度称为孔速,不同的孔速可使气液两相在塔板上呈现不同的接触状态,如图 7.20 所示。

图 7.20 气液的接触状态

（2）鼓泡接触状态

当孔速很低时,气体通过筛孔后,将以鼓泡的形式通过板上的液层,使气液两相呈现鼓泡状态。由于两相接触的传质面积仅为气泡表面,且气泡的数量较少,液层的湍动程度不高,故该接触状态的传质阻力较大。

（3）泡沫接触状态

当孔速增大到某一数值时,气泡表面因气泡数量大增而变成一片,并不断发生合并与破裂。此时,仅靠近塔板表面处才有小量清液,而板上大部分液体均以高度湍动的泡沫形式存在于气泡之中,这种高度湍动的泡沫层为气液两相的传质创造了良好的流体力学条件。

(4)喷射接触状态

当流速增大时,气体将从孔口高速喷出,而将板上液体破碎等成大小不等的液滴而抛至塔板的上部空间。当液滴落至板上并汇成很薄的液层时,将再次被破成液滴而喷出。喷射接触状态也为气液两相的传质创造了良好的液体力学条件。

3)塔板上气液两相的非理想流动

(1)空间上的反向流动

塔板上理想流动状态是:气体由下而上;液体由上而下。非理想的流动状态为大部分气体由下而上,部分气体由上而下;大部分液体由上而下,部分液体由下而上。这样就会形成返混,对传质不利。返混分为液相返混和气相返混。

液相返混又称液沫夹带。产生液相返混的原因是:小液滴的沉降速度小于气速,被上升气流带至上层塔板,造成液沫夹带;有些较大液滴因弹溅也会到达上层塔板,由此而造成液沫夹带的返混现象。通过增大板间距、降低气速可减轻或消除。

气相返混也称气泡夹带。当液体在降液管内的停留时间太短,所含气泡来不及解脱,将被卷入下层塔板中,从而产生了气泡夹带的返混现象。可在靠近溢流堰一狭长区域上不开孔或增加降液管体积,延长停留时间,以消除气相返混现象。

(2)空间上的不均匀流动

气相在塔板上的分布情况如图 7.21 所示。在图中,板上气液两相为错流流动,液体横向流过板,气体由下而上穿过板。由于塔板进出口侧的清液高度差即液面落差 Δ 的存在,液层阻力大小随之有所差异,从而导致气流的不均匀分布。液体入口部位,气量小,气体的增浓度增大;液体出口部位,气量大,其增浓度降低。所增的不足以补偿所降的,故不均匀的气流分布对传质不利。

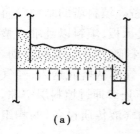 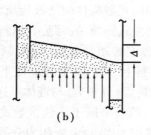 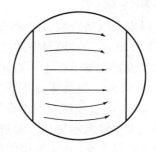

图 7.21 气体沿塔分布状况

图 7.22 液体沿塔板的分布

如图 7.22 所示为液体沿塔板的分布示意图。液体沿塔板的速度分布是相当不均匀的,这种不均匀性会在塔板上造成一些液体流动不畅的滞留区;气体的搅动,会使液体在塔板上存在各种小尺度的反向流动。这些都对传质不利。当液体量很低时,在塔板上造成很大的死区。

4)板式塔的不正常操作

(1)液泛

在操作过程中,塔顶上液体下降受阻,并逐渐在塔板上积累,直到充满整个板间,从而破

坏了塔的正常操作,这种现象称为液泛(俗称淹塔)。根据引起液泛的原因不同,可分为以下两类:

①降液管液泛

液体流量和气体流量过大,均会引起降液管液泛。当液体流量过大时,降液管截面不足,以使液体通过,管内液面升高;当气体流量过大时,相邻两块塔板的压降增大,使降液管内液体不能顺利下流,管内液体积累使液位不断升高,直至管内液体升高到越过溢流堰顶部,于是两板间液体相连,最终导致液泛。

②夹带液泛

对一定的液体流量,气速过大,气体穿过板上液层时,造成液沫夹带量增加,每层塔板在单位时间内被气体夹带的液体越多,液层就越厚,而液层越厚,液沫夹带量也就越大,这样必将出现恶性循环,最终导致液体充满全塔,造成液泛。

(2)严重漏液

当气体通过筛孔的速度较小时,一部分液体从筛孔直接流下,这种现象称为漏液。漏液的发生影响了气液两相在塔板上的充分接触,造成板效率下降。当从孔道流下的液体量占液体流量的10%以上时,称为严重漏液。严重漏液可使塔板不能积液而无法操作。因此,为保证塔的正常操作,漏液量应不大于塔内液体流量的10%。

造成漏液的主要原因是气速太小和由于板面上液面落差所引起的气流分布不均匀,液体在塔板入口侧的液层较厚,往往出现漏液,因此常在塔板入口处留出一条不开孔的安定区,以避免塔内严重漏液。

7.4.2 填料塔

1)塔体结构

填料塔是以塔内装有大量的填料为相间接触构件的气液传质设备。填料塔的结构较简单,如图7.23所示。填料塔的塔身是一直立式圆筒,底部装有填料支承板,填料以乱堆或整砌的方式放置在支承板上。在填料的上方安装填料压板,以限制填料随上升气流的运动。液体从塔顶加入,经液体分布器喷淋到填料上,并沿填料表面流下。气体从塔底送入,经气体分布装置(小直径塔一般不设气体分布装置)分布后,与液体呈逆流连续通过填料层空隙。在填料表面气液两相密切接触进行传质。填料塔属于连续接触式的气液传质设备,两相组成沿塔高连续变化,在正常操作状态下,气相为连续相,液相为分散相。

2)塔内件

填料塔的内件有填料、填料支承装置、填料压紧装置、液体分布装置及液体收集再分布装置等。合理地选择和设计塔内件,对保证填料塔的正常操作及优良的传质性能非常重要。

(1)填料

填料种类很多,填料的作用是提供气液传质界面,因此,总希望填料的比表面积大,质量轻,并有一定的强度,多年来人们对填料的设计、制造、技术改进做了大量的研究工作,开发出各种各样的填料供选用(图7.24)。填料分为两大类:一类是散装填料,另一类是整砌填料。

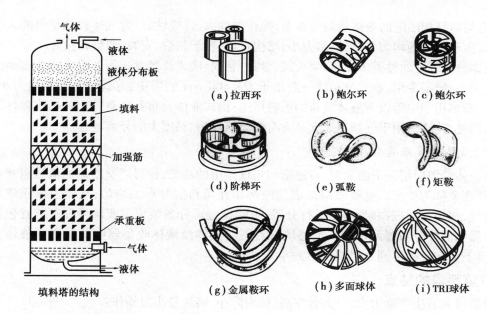

图 7.23 填料塔的结构　　　　图 7.24 填料外形

气体
液体
液体分布板
填料
加强筋
承重板
气体
液体
填料塔的结构

(a)拉西环　　(b)鲍尔环　　(c)鲍尔环
(d)阶梯环　　(e)弧鞍　　(f)矩鞍
(g)金属鞍环　　(h)多面球体　　(i)TRI球体

（2）填料支承装置

填料支承装置的作用是支承塔内填料层。对其要求如下：

①应具有足够的强度和刚度，能支承填料的质量、填料层的持液量及操作中的附加压力等。

②应具有大于填料层空隙率的开孔率，以防止在此处首先发生液泛。

③结构合理，有利于气液两相的均匀分布，阻力小，便于拆装。

常用的填料支承装置有栅板形、孔管形和驼峰形等，选择哪种支承装置，主要根据塔径、使用的填料种类及型号、塔体及填料的性质等而定。

（3）填料压紧装置

为保持操作中填料床层为一高度恒定的固定床，从而保持均匀一致的空隙结构，使操作正常、稳定，在填料装填后于其上方要安装填料压紧装置。这样，可防止在高压降、瞬时负荷波动等情况下填料床层发生松动和跳动。

填料压紧装置分为填料压板和床层限制板两大类。每类又有不同的形式。填料压板自由放置于填料层上端，靠自身质量将填料压紧，它适用于陶瓷、石墨制的散装填料。因其易碎，当填料层发生破碎时，填料层空隙率下降，此时填料压板可随填料层一起下落，紧紧压住填料而不会形成填料的松动。床层限制板用于金属散装填料、塑料散装填料及所有规整填料。因金属及塑料填料不易破碎，且有弹性，在装填正确时不会使填料下沉。床层限制板要固定在塔壁上，为不影响液体分布器的安装和使用，不能采用连续的塔圈固定，对于小塔可用螺钉固定于塔壁，对于大塔则用支耳固定。

（4）液体分布装置

为了实现填料内气液两相密切接触、高效传质，填料塔的传质过程要求塔内任一截面上气液两相流体能均匀分布，特别是液体的初始分布至关重要。理想的液体分布器应具备以下条件:与填料相匹配的液体均匀分布点;操作弹性大,适应性好;为气体提供尽可能大的自由截面,实现气体的均匀分布,且阻力小;结构合理,便于制造、安装、调整和检修。

液体分布装置的种类多样,有喷头式、盘式、管式、槽式及槽盘式等。喷头式分布器因孔小易堵塞,一般很少用;盘式分布器一般用于 $D < 800$ mm 的塔中;管式分布器因阻力小,弹性小,一般多用于中等以下液体负荷的填料塔中;槽式液体分布器具有较大的操作弹性及很好的抗污性,特别适用于气液负荷大及含有固体悬浮物、黏度大的分离场合。

(5)液体收集及再分布装置

当液体沿填料层向下流动时,有逐渐向塔壁集中的趋势,使得塔壁附近的液流量逐渐增大,这种现象称为壁流。壁流效应造成气液两相在填料层分布不均匀,从而使传质效率下降。为此,当填料层较高时,需要进行分段,中间设置再分布装置。液体再分布装置包括液体收集器和液体分布器两部分。上层填料流下的液体经液体收集器收集后送到液体分布器,经重新分布后喷淋到下层填料的上方。

3)填料塔的特点

填料塔具有生产能力大、分离效率高、压力降小、持液量小及操作弹性大等特点。

技能实训7　观察填料塔的结构

【实训目的】

熟悉填料塔吸收装置的基本结构。

【实训内容】

①观察填料塔的主要部件的结构及各部件的连接顺序。

②画出填料塔的外观示意图,并标注主要部件名称。

【结果记录】

记录上述观察结果。

【思考题】

简述填料塔的工作原理及流程。

项目小结

学生通过本项目的学习,能够掌握精馏的基本概念及基本内容,能够进行双组分精馏的计算,理论联系实际,灵活运用于精馏操作中,解决生产实际问题。

复习思考题

一、名词解释

相;相界面;挥发度;相对挥发度;液泛。

二、问答题

1. 精馏的原理是什么? 为什么精馏塔必须有回流?

2. 操作线方程中的流量和组成是否可用质量流量和质量分数? 为什么? 精馏段和提馏段上升蒸汽量和下降液体量之间有何关系?

三、计算题

1. 设在 101.3 kPa 压力下,苯-甲苯混合液在 96 ℃下沸腾,试求该温度下的气液平衡组成。已知:96 ℃时,$p_苯 = 160.52$ kPa;$p_{甲苯} = 65.66$ kPa。

2. 连续精馏塔的操作线方程如下:

精馏段

$$y = 0.75x + 0.205$$

提馏段

$$y = 1.25x - 0.020$$

试求泡点进料时,原料液、馏出液及回流比。

3. 某连续精馏塔处理苯-氯仿混合液,要求馏出液中含有 96% 的苯。进料量为 75 kmol/h进料液中含苯 45%,残液中苯含量为 10%,回流比为 3,泡点进料,求精馏段及提馏段操作线方程。

项目 8　干　燥

　　干燥是利用热能除去固体物料或膏状物料中的水分或其他溶剂,获得干燥产品的操作。干燥的目的在于提高药物的稳定性,便于制剂进一步加工、运输和存贮。

　　干燥过程的实质是物料中被除去的湿分从固相转移到气相中。在对流干燥过程中,干燥介质热气体将热能传至物料表面,再由物料表面传至物料内部,这是一个传热过程；湿分从物料内部以液态或气态扩散,透过物料表面,然后通过物料表面的气膜而扩散到热气流的主体,这是一个传质过程。因此,固体物料对流干燥是一种热、质同时传递的过程。

任务 8.1　湿空气的性质和湿度图

8.1.1　湿空气的性质

　　在干燥操作中,不饱和湿空气既是载热体又是载湿体,因而可通过空气的状态变化来了解干燥过程的传热、传质特性。为此,应首先了解湿空气的性质。

在干燥过程中,湿空气中水气量不断变化,而其中绝干空气的质量不变。因此,为计算方便,下列湿空气的有关性质是以 1 kg 干空气为基准的。

1)空气中水蒸气含量的表示方法

(1)水蒸气分压 p

空气中水蒸气(水分)分压越大,水气就越高。若 P 为湿空气的总压,根据分压定律,湿空气中水气分压与干空气分压之比为

$$\frac{p}{P-p} \tag{8.1}$$

(2)湿度 H

湿度又称湿含量,湿空气中所含水蒸气的质量与绝干空气质量之比为

$$H = 0.622 \frac{p}{P-p} \tag{8.2}$$

当空气达到饱和时,相应的湿度称为饱和湿度,即

$$H_s = 0.622 \frac{p_s}{P-p_s} \tag{8.3}$$

式中 H_s——湿空气的饱和湿度,kg 水/kg 绝干空气;

p_s——空气温度下纯水的饱和蒸汽压,Pa。

(3)相对湿度 φ

为了表示湿空气距饱和状况的程度,采用了相对湿度 φ 的概念。相对湿度定义为在一定温度下及总压力下,湿空气中水气分压 p 与同温度下饱和水气分压 p_s 之比,即

$$\varphi = \frac{p}{p_s} \tag{8.4}$$

由式(8.4)可知,当空气绝对干燥时,$p=0$,$\varphi=0$;当空气被水蒸气所饱和时,$p=p_s$,$\varphi=1$;未达到饱和的湿空气,$0<\varphi<1$。

φ 越低,对干燥越有利。对于湿度 H 一定的湿空气,在许可的条件下,提高其温度,则相应的 p_s 也提高,而水蒸气分压 p 不变,使 φ 降低。这也就是工业上常采用高温干燥介质之故。

将式(8.4)代入式(8.2)得 φ 与 H 的关系为

$$H = 0.622 \frac{\varphi p_s}{P-\varphi p_s} \tag{8.5}$$

2)湿空气的比热容和湿空气的焓

(1)湿空气的比热容 c_H

在常压下,将湿空气中 1 kg 绝干空气和其所带有的 H kg 水气的温度升高(或降低)1 ℃ 时所需要(放出)的热量,称为湿空气的比容或称湿比热容,即

$$c_H = c_g + H c_v \tag{8.6}$$

式中 c_H——湿空气的比热容,kJ/(kg·℃);

c_g, c_v——绝干空气和水蒸气的比热容,kJ/(kg·℃),在 0 ~ 200 ℃温度范围内,常取 $c_g \approx 1.01$ kJ/(kg·℃),$c_v \approx 1.88$ kJ/(kg·℃)。

(2)湿空气的焓 I

湿空气中 1 kg 绝干空气的焓与其所带有的 H kg 水蒸气焓之和,称为湿空气的焓,即

$$I = I_g + HI_v \qquad (8.7)$$

由于焓值的绝对值是无法知道的,为了便于计算,工程上设定 0 ℃的绝干空气和液态水的焓值都为零。

$$I = C_H \cdot t + r_0 H = (1.01 + 1.88H)t + 2\,490H \qquad (8.8)$$

式中 I——湿空气的焓,kJ/kg 绝干空气;

   I_g, I_v——绝干空气和水蒸气的焓,kJ/kg 绝干空气;

   t——湿空气的温度,℃;

   r_0——0 ℃水的汽化潜热,$r_0 \approx 2\,490$ kJ/kg。

3)湿空气的比容 v_H

湿空气中 1 kg 绝干空气体积与其所带有的 H kg 水蒸气的体积之和,称为空气的比容,又称湿比容。其计算式为

$$v_H = (0.772 + 1.244H)\frac{273+t}{273} \times \frac{1.013 \times 10^5}{P} \qquad (8.9)$$

4)湿空气的温度

(1)干球温度 t 和湿球温度 t_w

湿度计的感温部分包以湿纱布,当空气传给湿纱布的显热等于湿纱布水分汽化所需之潜热时,所呈现的稳定和温度称为湿空气的湿球温度,如图 8.1 所示。其表达式为

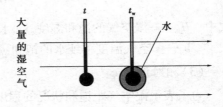

图 8.1 湿球温度示意图

$$t_w = t - \frac{k_H r_{tw}}{\alpha}(H_{s,tw} - H) \qquad (8.10)$$

式中 k_H——以湿度差为推动力的传质系数,kg/(m²·s·ΔH);

   r_{tw}——湿球温度下水蒸气的汽化潜热,kJ/kg;

   α——空气向湿纱布的对流传热系数,W/(m²·℃);

   $H_{s,tw}$——湿球温度下空气饱和湿度,kg 水/kg 绝干空气。

实验表明,一般情况下上式中的 k_H 和 α 都与空气速度的 0.8 次方成正比,故可认为其比值与气流速度无关,对于空气-水蒸气系统,$\frac{\alpha}{k_H} \approx 1.09$ kJ/(kg·℃)。湿球温度 t_w 不是湿空气的真实温度,它是湿空气温度 t 和湿度 H 的函数。当湿空气的温度一定时,不饱和湿空气的湿球温度总低于干球温度,空气的湿度越高,湿球温度越接近干球温度,当空气为水汽所饱和时,湿球温度就等于干球温度。在一定总压下,只要测出湿空气的干、湿球温度,就可用式(8.10)算出空气的湿度。

应指出,在测湿球温度时,空气的流速应大于 5 m/s,以减少辐射与导热的影响。

（2）绝热饱和温度 t_{as}

湿空气经过绝热饱和冷却（或绝热增湿）过程后所达到的温度，称为湿空气的绝热饱和冷却温度，简称绝热饱和温度，以 t_{as} 表示。绝热增湿过程中，空气降低其本身温度把显热传给水使水汽化，水蒸气又基本上将等量的潜热带回空气中，成为等焓过程。空气的温度 t_{as} 的表达式为

$$t_{as} = t - \frac{r_0}{c_H}(H_{as} - H) \tag{8.11}$$

式中 r_0——0 ℃下水气的气化潜热，kJ/kg, $r_0 \approx 2\ 490$ kJ/kg；

H_{as}——绝热饱和温度下空气的饱和湿度，kg 水/kg 绝干空气。

（3）露点 t_d

将不饱和空气在总压 P 及湿度 H 不变的情况下进行冷却达到饱和状态时的温度称为露点，以 t_d 表示。显然，露点下的湿度就是露点下的饱和湿度，以 $H_{s,td}$ 表示，单位为 kg 水/kg 绝干空气。

湿空气在露点温度下，则式（8.3）变为

$$H_{s,td} = 0.622 \frac{p_{s,td}}{P - p_{s,td}} \tag{8.12}$$

式中 $H_{s,td}$——湿空气在露点下的饱和温度，kg 水/kg 绝干空气；

$p_{s,td}$——露点下水饱和蒸汽压，Pa。

（4）t, t_w, t_{as} 及 t_d 之间的关系

对于空气-水蒸气系统

$$t_w \approx t_{as}$$

不饱和空气

$$t > t_{as}（或 t_w） > t_d$$

饱和空气

$$t = t_{as}（或 t_w） = t_d$$

8.1.2 湿空气的湿度图

在总压 P 一定时，上述湿空气的各个参数中，只有两个参数是独立的，只要规定两个互相独立的参数，湿空气的状态即被唯一地确定。如将空气各参数间的函数关系绘成图来查取各项参数数据，对于湿空气的性质和干燥器空气状态的计算方法甚为简便，如绘制湿空气的 H-I 图，如图 8.2 所示。

根据湿空气的两个独立参数，在 H-I 图上确定该空气的状态点，然后即可查出空气的其他性质。有些空气的状态点好确定，如已知空气的一对参数为 $t, H; t, I; \varphi, I$ 等。但涉及 t_w 及 t_d 时要注意，湿球温度为等 I 过程，所以给出 t_w 就相当给出一条 t_w 与 $\varphi = 100\%$ 线交点的等 I 线。而露点温度 t_d 是湿含量不变情况下冷却达到饱和的温度，所以给出 t_d 就意味着给出一条 t_d 与 $\varphi = 100\%$ 线交点的等 H 线。

不是独立的两个参数在 H-I 图上无交点，即不能确定湿空气的状态点，如 $t_d, p; H, p, H$，以及 t_w, I 等。

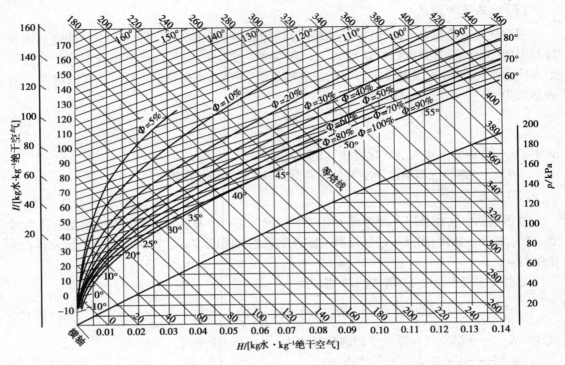

图 8.2　湿空气的 H-I 图

任务 8.2　固体物料的干燥过程

8.2.1　湿物料中的水分

在含水的物料中,水分与固体物料的性质及其相互作用的关系,对脱水过程有着重大的影响。关于水分与物料的结合状态,有着不同的分类方法。根据其能否干燥除去,可分为平衡水分与自由水分;根据水分除去的难易程度,可分为结合水与非结合水。

1)平衡水分与自由水分

物料与一定状态的空气接触后,物料将释出或吸入水分,最终达到恒定的含水量。若空气状态恒定,则物料永远维持这么多的含水量,不会因接触时间延长而改变。这种恒定的含水量称为该物料在固定空气状态下的平衡水分,又称平衡湿含量或平衡含水量。物料中的水分超过平衡含水量的那部分水分,在干燥过程中可以去除的水分称为自由水分。自由水分包括全部的非结合水和部分结合水。

2)结合水和非结合水

结合水存在于细小毛细管中或渗透到物料细胞内的水分,主要以物理化学方式结合,很难从物料中去除。当物料中含水较多时,除一部分水与固体结合外,其余的水只是机械地附着于固体表面或颗粒堆积层中的大空隙中(不存在毛细管里),这些水称为非结合水。

8.2.2 干燥过程衡算

干燥过程中通过物料衡算与热量衡算可找出被干燥物料与干燥介质的最初状态与最终状态之间的关系,并用来确定干燥过程的水分蒸发量、空气消耗量及热消耗量。

注意分清湿物料中含水量的两种表示方法,以湿物料为计算基准的湿含水量 w 的单位为 kg 水/kg 湿物料,以绝干物料为计算基准的湿基含水量 X 的单位为 kg 水/kg 绝干物料,两者之间的关系为

$$w = \frac{X}{1-X} \tag{8.13}$$

1)物料衡算

(1)水分蒸发量 W

$$W = L(H_2 - H_1) = G(X_1 - X_2) \tag{8.14}$$

式中 W——水分蒸发量,kg/s;

      L——绝干空气的消耗量,kg/s;

      G——湿物料中绝干物料的流量,kg/s;

      H_1, H_2——湿空气进、出干燥器时的湿度,kg 水/kg 绝干空气;

      X_1, X_2——湿物料进、出干燥器时的干基含水量,kg 水/kg 绝干物料。

(2)空气消耗量 L

$$L = \frac{W}{H_2 - H_1} \tag{8.15}$$

或

$$l = \frac{L}{W} = \frac{1}{H_2 - H_1} \tag{8.16}$$

式中 l——单位空气消耗量,即每蒸发 1 kg 水时,消耗的绝干空气量,kg 绝干空气/kg 水分。

分析式(8.15)可知,当 W 及 H_1 一定时,空气出口湿度 H_2 越大,L 越小,即空气耗量越小,但传质推动力($H_1 - H_2$)也减小,使干燥设备尺寸增大。

通过预热器前后空气的湿度不变,若以 H_0 表示进入预热器时的空气湿度,则 $H_0 = H_1$,式(8.15)又可写为

$$L = \frac{W}{H_2 - H_1} = \frac{W}{H_2 - H_0} \tag{8.17}$$

则实际空气消耗量 L_0 为

$$L_0 = L(1 + H_0) \tag{8.18}$$

(3)干燥产品流量 G_2

$$G_2 = \frac{G_1(1 - w_1)}{1 - w_2} \tag{8.19}$$

式中 G_1, G_2——湿物料进、出干燥器时流量,G_2 也称干燥产品流量,kg/s;

w_1，w_2——湿物料进、出干燥器时的湿基含水量。

2)热量衡算

热量衡算可确定各项热量的分配和消耗量，可作为计算空气预热器的传热面积、加热剂量、干燥器热效率和干燥效率的依据。

(1)预热器换热量 Q_p

忽略预热器的热损失，则单位时间内预热器消耗的热量为

$$Q_p = L(I_1 - I_0) \tag{8.20}$$

(2)干燥器补充热量 Q_D

单位时间内向干燥系统消耗的总热量为

$$Q_D = L(I_2 - I_1) + G(I_2' - I_1') + Q_L \tag{8.21}$$

(3)整个干燥系统的热量衡算

单位时间内向干燥系统消耗的总热量 Q 为

$$Q = Q_p + Q_D = L(I_2 - I_0) + G(I_2' - I_1') + Q_L \tag{8.22}$$

式中　Q_L——干燥器中的热损失，kW；

I_0，I_1，I_2——新鲜湿空气进入预热器、离开预热器(即进入干燥器)及离开干燥器时的焓，kg 水/kg 绝干空气；

I_1'，I_2'——湿物料进入和离开干燥器时的焓，kg 水/kg 绝干物料；

为了便于分析和应用，式(8.22)可变换为

$$Q = Q_p + Q_D = 1.01L(t_2 - t_0) + W(2\ 490 + 1.88t_2) + GC_m(\theta_2 - \theta_1) + Q_L \tag{8.23}$$

式中　t_2——空气离开干燥器时的温度，℃；

θ_1，θ_2——湿物料进入和离开干燥器时的温度，℃；

C_m——湿物料的平均比热容，kJ/(kg 绝干物料·℃)；

t_0，t_1——湿空气进、出预热器的温度，℃。

(4)干燥系统的热效率

干燥系统的热效率 η 定义为蒸发水分所需的热量 Q_v 与向干燥系统输入的总热量的比，若忽略湿物料中水分带入系统中的焓，则

$$Q_v = W(2\ 490 + 1.88t_2) \tag{8.24}$$

$$\eta = \frac{蒸发水分所需的热量}{干燥系统输入的总热量} \times 100\% = \frac{W(2\ 490 + 1.88t_2)}{Q} \times 100\% \tag{8.25}$$

干燥过程的经济主要取决于热量的有效利用率，干燥系统的热效率越高，表示热利用率越好。为减小能耗，提高利用率，可采取以下节能措施：降低空气离开干燥器的温度或提高其湿度；提高空气的预热温度；采用废气中热量的回收利用，如利用废气预热冷空气或冷物料及设备和管路的保温隔热，以减少干燥系统的热损失等。

8.2.3　干燥速率和干燥时间

1)恒定干燥条件下的干燥速率

所谓恒定干燥条件，是指在整个干燥过程中，干燥介质的温度、湿度及流速保持不变。

大量空气通过少量湿物料时,因物料中汽化出的水分很少,接近于恒定干燥。

在连续干燥操作的干燥设备内很难维持恒定干燥,即空气的温度与湿度在改变,称为变速干燥。

干燥速率 U 是指单位时间内、单位面积上汽化的水分质量。通过实验测定的恒定干燥条件下干燥速率曲线表明,干燥过程明显地被划分为两个阶段,即恒速干燥阶段与降速干燥阶段。恒速干燥阶段与降速干燥阶段的干燥机理及影响因素不同,分别讨论如下:

(1)恒速干燥阶段

①特点

水分汽化速率恒定。这是因为物料中水分向表面的传递率等于物料表面水分的汽化速率。除去物料中的非结合水分。物料表面温度等于空气的湿球温度,即因物料表面始终维持润湿状态。

②影响干燥速率的因素

在恒定干燥阶段,由于湿物料中水分向其表面传递的速率总是能够适应物料表面水分的汽化速率,则其干燥速率的大小取决于物料表面水分的汽化速率,称为表面汽化控制阶段。影响干燥速率的因素是干燥介质的状况,提高空气的温度和流速,降低其湿度可使 U_c 提高。

(2)降速干燥阶段

①特点

水分汽化速率随物料湿含量的减小而降低。因在降速干燥阶段,物料中水分向表面传递速率小于物料表面汽化速率。除去物料中水分与非结合水分。当颗粒尺寸大或堆积层厚或物料不能经常翻动,使物料中非结合水分扩散至物料表面的阻力大,致使这部分水分在降速阶段汽化出来。物料表面温度大于空气的湿球温度,即 $\theta > t_w$。由于干燥速率随含水量减少而降低,空气传给物料的热量大于物料表面水分汽化所需的热量,则有一部分热量使物料升温。

②影响干燥速率的因素

降速干燥阶段,由于湿物料为水分向其表面传递的速率总是低于物料表面水分汽化的速率,则其干燥速率的大小取决于物料内部向表面迁移的速率,称为物料内部迁移控制阶段。影响干燥速率的因素是物料本身的结构、形状和尺寸大小,而与干燥介质的状态参数关系不大。因此,可用减小物料尺寸、使物料分散等方法,提高降速阶段的干燥速率。

(3)临界含水量

临界含水量 X_c 是划分物料恒速干燥与降速干燥阶段的分界点。X_c 值与物料性质及干燥介质的条件有关。X_c 值越小,在相同的干燥任务下所需的干燥时间越短。减小物料层厚度及加

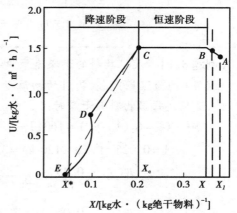

图 8.3 干燥速率示意图

强对物料的搅拌均使 X_c 值减小;控制空气温度不太低、流速也不太高时,使等速干燥段长,X_c 值也减小。

如图 8.3 所示,ABC 段为恒速干燥阶段。其中,AB 段为预热段,BC 段为恒速段,CDE 段为降速干燥阶段,C 点为临界点,X_c 为临界含水量,E 点为平衡点,X^* 为平衡水分。

2)恒定干燥条件下干燥时间的计算

(1)恒速阶段干燥时间的计算

$$\tau_1 = \frac{G'}{U_c S}(X_1 - X_c) \tag{8.26}$$

式中　τ_1——恒速阶段的干燥时间,s;

U_c——恒速阶段的干燥速率,即临界干燥速率,kg/(m^2 · s);

X_1——物料的初始含水量,kg 水/kg 绝干物料;

X_c——物料的临界含水量,kg 水/kg 绝干物料;

G'/S——单位干燥面积上的绝干物料质量,kg 绝干物料/m^2。

(2)降速阶段干燥时间的计算

这里仅介绍降速干燥时间的近似计算法,即以直线来代替降速阶段的干燥速率曲线,推出的干燥时间计算式为

$$\tau_2 = \frac{G'(X_c - X^*)}{S U_c} \ln \frac{X_c - X^*}{X_2 - X^*} \tag{8.27}$$

式中　τ_2——降速阶段的干燥时间,s;

X_2——降速阶段终了的含水量,kg 水/kg 绝干物料;

X^*——物料的平衡含水量,kg 水/kg 绝干物料。

当缺乏平衡含水量 X^* 的数据时,可假设干燥速率曲线为通过原点的直线,于是式(8.27)简化为

$$\tau_2 = \frac{G' X_c}{S U_c} \ln \frac{X_c}{X_2} \tag{8.28}$$

物料从 X 干燥至所需要的总干燥时间为

$$\tau = \tau_1 + \tau_2 = \frac{G' X_c}{S U_c} \left(\frac{X_1}{X_c} - 1 + \ln \frac{X_c}{X_2} \right) \tag{8.29}$$

【例题 8.1】　某批物料的干燥速率曲线如图 8.3 所示。将该物料由含水量 25% 干燥至 6%(均为湿基)。湿物料的初质量为 160 kg,干燥表面积为 0.025 m^2/kg 绝干物料,试确定每批物料的干燥时间。

解　$G_c = G_1(1 - w_1) = 160(1 - 0.25)\,\text{kg} = 120\,\text{kg}$

$A = 0.025\ \text{m}^2/\text{kg} \times 120\ \text{kg} = 3\ \text{m}^2$

$X_1 = \dfrac{w_1}{1 - w_1} = \dfrac{0.25}{1 - 0.25} = 0.333$

$X_2 = \dfrac{w_2}{1 - w_2} = \dfrac{0.06}{1 - 0.06} = 0.064$

$$X_0 = 0.20, X^* = 0.05, u_0 = \frac{1.5}{3\ 600}$$

$$\tau_1 + \tau_2 = \frac{G_c}{u_0 A}\left[(X_1 - X_0) + (X_0 - X^*)\ln\left(\frac{X_0 - X^*}{X_2 - X^*}\right)\right]$$

$$= \frac{120 \times 3\ 600}{1.5 \times 3}\left[(0.333 - 0.20) + (0.20 - 0.05)\ln\left(\frac{0.20 - 0.05}{0.064 - 0.05}\right)\right]\text{s}$$

$$= 96\ 000 \times (0.133 + 0.15 \times 2.37)\,\text{s}$$

$$= 46\ 918\ \text{s} = 13.03\ \text{h}$$

任务 8.3　常用干燥器

干燥器可按操作过程、操作压力、加热方式、湿物料运动方式或结构等不同特征分类。按操作过程,干燥器可分为间歇式(分批操作)和连续式两类。

按操作压力,干燥器分为常压干燥器和真空干燥器两类。在真空下操作可降低空间的湿分蒸气分压而加速干燥过程,且可降低湿分沸点和物料干燥温度,蒸汽不易外泄,因此,真空干燥器适用于干燥热敏性、易氧化、易爆和有毒物料以及湿分蒸气需要回收的场合。

按加热方式,干燥器可分为对流式、传导式、辐射式、介电式等类型。对流式干燥器又称直接干燥器,是利用热的干燥介质与湿物料直接接触,以对流方式传递热量,并将生成的蒸汽带走;传导式干燥器又称间接式干燥器,它利用传导方式由热源通过金属间壁向湿物料传递热量,生成的湿分蒸气可用减压抽吸、通入少量吹扫气或在单独设置的低温冷凝器表面冷凝等方法移去。这类干燥器不使用干燥介质,热效率较高,产品不受污染,但干燥能力受金属壁传热面积的限制,结构也较复杂,常在真空下操作;辐射式干燥器是利用各种辐射器发射出一定波长范围的电磁波,被湿物料表面有选择地吸收后转变为热量进行干燥;介电式干燥器是利用高频电场作用,使湿物料内部发生热效应进行干燥。

按湿物料的运动方式,干燥器可分为固定床式、搅动式、喷雾式及组合式;按结构,干燥器可分为厢式干燥器、输送机式干燥器、滚筒式干燥器、立式干燥器、机械搅拌式干燥器、回转式干燥器、流化床式干燥器、气流式干燥器、振动式干燥器、喷雾式干燥器及组合式干燥器等多种。

8.3.1　厢式干燥器

厢式干燥器是常压间歇干燥操作经常使用的典型设备,如图 8.4 所示。通常,小型的称为烘厢,大型的称为烘房。在外壁绝热的干燥室内有一个带多层支架的小车,每层架上放料盘。空气从室的右上角引入,空气预热器的作用是在干燥过程中继续加热空气,使空气保持一定温度。为控制空气温度,可将一部分吸湿的空气循环使用。

厢式干燥器的优点是结构简单,制造容易,操作方便,适应性强,适用范围广,每批物料可以单独处理,并能适当改变温度,适合制药工业生产批量少品种多的特点。由于物料在干燥过程中处于静止状态,特别适用于不允许破碎的脆性物料。

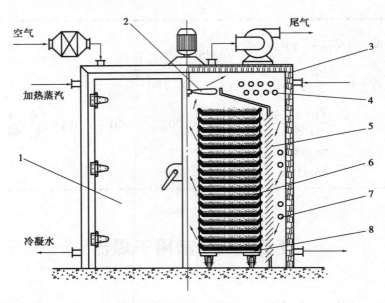

图 8.4　厢式干燥器示意图

1—厢门;2—循环风扇;3—隔热层;4—上部加热管;
5—气流导向板;6—干燥物料;7—下部加热管;8—载料推车

厢式干燥器的缺点是间歇操作,干燥时间长,干燥不均匀,完成一定干燥任务所需设备容积大,人工装卸料,劳动强度大。尽管如此,它仍是中小型企业普遍使用的一种干燥器。

8.3.2　带式干燥器

带式干燥器是最常用的连续式干燥装置,如图 8.5 所示。按带的层数,可分为单层带型、复合层带型。其层数一般 3~7 层;按热空气流动方式,可分为垂直向下、垂直向上或复合式流动;按排气方式,可分为逆流、并流或单独排气。

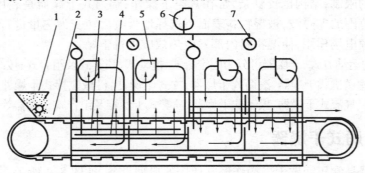

图 8.5　带式干燥器示意图

1—加料器;2—网带;3—分风器;4—热换器;5—循环风机;6—排湿风机;7—调节阀

带式干燥器的优点:由于物料以静止状态堆放在丝网或多孔板制成的水平输送带上进行干燥的,因此物料不受振动或冲击,无破碎等损伤,能保持物的形状;采用复合通气,有利于保持均匀度和增加干燥速率,干燥产品可以冷却状态出料;采用复合式或多层带式可使物料倒载或翻转,使物料表面不断暴露于干燥介质中,可增加处于减速干燥阶段的物料层厚度,提高干燥速率,或可改变层带来调节物料的停留时间,可同时连续干燥多种固体物料;根据被干燥物料的不同性质,传送带的材料可用帆布、橡胶、涂胶布、不锈钢网或金属多孔板等,操作稳定可靠,清理方便;在回转的传送带上设有连续清扫装置,防止了干燥物的污染,密闭,操作环境较好。

其缺点是:生产能力、热效率均较低;对处理泥浆滤饼等非通气性物料须先在供料部位中制成 3 ~ 8 mm 的粒状或棒状才能干燥。

8.3.3 喷雾干燥器

喷雾干燥是系统化技术应用于物料干燥的一种方法,如图 8.6 所示。通过机械作用,将需干燥的物料,分散成很细的像雾一样的微粒(增大水分蒸发面积,加速干燥过程),与热空气接触,在瞬间将大部分水分除去,使物料中的固体物质干燥成粉末。该法能直接使溶液、乳浊液干燥成粉状或颗粒状制品,可省去蒸发、粉碎等工序。

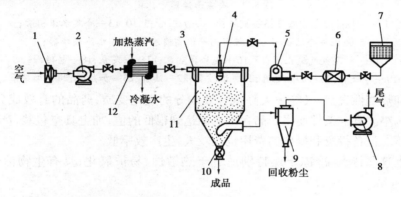

图 8.6 喷雾干燥模式图

1—空气过滤器;2—鼓风机;3—热空气分布器;4—喷嘴;5—高压液泵;6—无菌过滤器;
7—贮液罐;8—抽风机;9—旋风分离器;10—星型卸料器;11—喷雾室;12—加热器

喷雾干燥的主要优点有:干燥速度快;在恒速阶段液滴的温度接近于使用的高温空气的湿球温度物料,不会因高温空气影响其产品质量;产品具有良好的分散性、流动性和溶解性;生产过程简单,操作控制方便,容易实现自动化;适于连续大规模生产。

其缺点是:设备较复杂,占地面积大,一次投资大;雾化器、粉末回收装置价格较高;需要空气量多,增加鼓风机的电能消耗与回收装置的容量;热效率不高,热消耗大。

喷雾干燥器应用范围主要有热敏性物料、生物制品和药物制品,基本上接近真空下干燥的标准。

8.3.4 冷冻干燥器

冷冻干燥器又称冷冻干燥机,是将含水物质先冻结成固态,而后使其中的水分从固态升华成气态,以除去水分而保存物质的冷干设备。冷冻干燥器系由制冷系统、真空系统、加热系统、电器仪表控制系统所组成,如图 8.7 所示。主要部件为干燥箱、凝结器、冷冻机组、真空泵及加热/冷却装置等。

冷冻干燥的特点是:由于药物处于低温、真空环境中,干燥过程既能避免药品中有效成

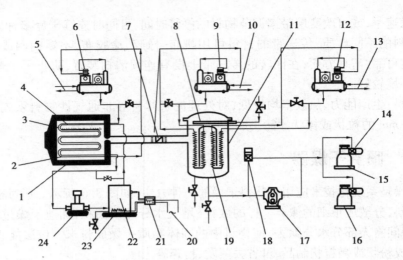

图 8.7　冷冻干燥器示意图

1—冻干箱;2—冷冻管;3—搁板;4—油加温管;5、10、13—冷凝水进出管;
6、9、12—冷冻机;7—大蝶阀;8—化霜喷水管;11—水汽凝华器;
14—电磁放气截止阀;15、16—旋片真空泵;17—罗茨泵;18—电磁阀;
19—冷凝管;20—加热电源;21—温控器;22—油室;23—加热管;24—循环泵

分的热分解和热变性失活,又能大大降低有效成分的氧化变质,药品的有效成分损失少,生物活性受影响小。真空条件使得产品含水量能达到很低的值,加上真空包装,产品可保存较长时间不变质。设备投资和操作的费用也比较大,生产效率低。

鉴于以上这些特点,冷冻干燥特别适合于热敏性、易被氧化、具有生物活性类制品的干燥。

8.3.5　其他干燥器

1)气流式干燥器

采用气体在管内流动来输送粉粒状固体的方法,称为气力输送。在气力输送状态下进行干燥的方法,称为气流干燥。气流干燥方法是将湿的泥状、粉粒状或块状的物料,用热空气分散悬浮于气流中,一边随气流并流输送、一边进行干燥,因此,对于能在气体中自由流动的颗粒物料,均可采用气流干燥方法除去其水分。

气流干燥器的优点是:干燥表面积大,瞬间干燥,物料升温不高等。但存在以下缺点:气速高,系统阻力大,一般在3 000 Pa 以上;细粉物料吸尘较困难;物料磨损大;不适于处理含水量很高、黏结性高的物料;干燥管磨蚀大。

2)流化床干燥器

散粒状固体物料由加料器加入流化床干燥器中,过滤后的洁净空气加热后由鼓风机送入流化床底部经分布板与固体物料接触,形成流化态达到气固的热质交换。物料干燥后由排料口排出,废气由沸腾床顶部排出经旋风除尘器组和布袋除尘器回收固体粉料后排空。

该设备可实行自动化生产,是连续式干燥设备。干燥速度快,温度低,能保证生产质量。它适用于散粒状物料的干燥,物料的粒径最大可达 6 mm,最佳为 0.5 ~ 3 mm。

3)转筒式干燥器

湿物料从转筒一端上部加入,经过圆筒内部时,与通过筒内的热风或加热壁面进行有效的接触而被干燥,干燥后的产品从另一端下部收集。在干燥过程中,物料借助于圆筒的缓慢转动,在重力的作用下从较高一端向较低一端移动。筒体内壁上装有顺向抄板(或类似装置),它不断地把物料抄起又洒下,使物料的热接触表面增大,以提高干燥速率,并促使物料向前移动。干燥过程中所用的热载体一般为热空气、烟道气或水蒸气等。转筒干燥器是最古老的干燥设备之一,目前仍被广泛使用于冶金、建材、化工等领域。

4)红外线干燥器

利用红外线供给物料热量进行干燥操作的干燥器,称为红外线干燥器。远红外干燥器适用于热敏性大的物料的干燥,尤其适用于多孔性薄层物料。在制药生产中应用于颗粒剂的湿颗粒干燥,具有色、香、味好及颗粒干燥均匀的效果,也可用于中药水丸的干燥。

5)微波干燥器

微波干燥是将湿物料置于高频电场内,湿物料中的水分子在微波电场作用下,被极化并沿着微波电场的方向整齐排列,由于微波电场是一种高频交变电场,当电场不断交变时,水分子会迅速随着电场方向的交互变化而转动,并产生剧烈的碰撞和摩擦,结果使一部分的微波能量转化为分子运动的能量,以热能的形式表现出来,使水的温度升高,从而达到干燥的目的。微波干燥器的应用广泛,主要用于自动化、机械化和新产品试制方面。

6)真空干燥器

真空干燥是将被干燥物料置于真空条件下进行加热干燥。真空干燥设备分为静态干燥器和动态干燥机。可广泛用于医药、食品、轻工、化工等行业的粉状、颗粒状、丸片状、膏糊状等物料的干燥。

技能实训8 常见干燥器的拆卸安装与使用维护

【实训目的】
①熟悉各类干燥器的结构。
②掌握常见干燥器的原理。
【实训内容】
使用维修工具对常见的干燥设备进行拆卸和安装,观察结构,并画出示意图。
【结果记录】
画出常见干燥器的原理图和示意图。
【思考题】
实训涉及的干燥器按照加热方式分别属于什么类型?

项目小结

学生通过本项目的学习,能够掌握干燥的基本概念及基本内容,能够识别常见的干燥设备,为今后的生产实践奠定基础。

复习思考题

一、名词解释

湿度;露点;结合水;喷雾干燥。

二、计算题

1. 在 *H-I* 图上确定本题表 8.1 中空格内的数值。

表 8.1　数据填写

	$t/℃$	$t_w/℃$	$t_d/℃$	$H/(\text{kg 水}\cdot\text{kg}^{-1}\text{绝干空气})$	$\Phi/\%$	$I/(\text{kJ}\cdot\text{kg}^{-1}\text{绝干空气})$	p/kPa
1	(30)	(20)					
2	(50)				(50)		
3	(60)			(0.03)			

2. 湿空气($t_0 = 20$ ℃, $H_0 = 0.02$ kg/kg)经预热后送入常压干燥器。试求:

(1)将空气预热到 100 ℃所需热量;

(2)将该空气预热到 120 ℃时相应的相对湿度值。

3. 采用常压干燥器干燥湿物料,处理量为 2 000 kg/h,干燥操作使物料的湿基含量由40%减至5%,干燥介质是湿空气,初温为 20 ℃,湿度 $H_0 = 0.009$ kg 水/kg 绝干空气,经预热器加热至 120 ℃后进入干燥器中,离开干燥器时废气温度为 40 ℃,若在干燥器中空气状态为等焓线变化。试求:

(1)水分蒸发量 W;

(2)绝干空气消耗量 L。

4. 有一常压绝热干燥器,可认为是等焓干燥。已知空气进入加热器前的状态为 $t_0 = 20$ ℃, $\varphi_0 = 30\%$。出干燥器的状态为:$t_0 = 80$ ℃, $H_2 = 0.02$ kg 水/kg 绝干空气,湿物料处理量为 5 000 kg/h,含水 $w_1 = 0.2$,要求干燥产品含水 $w_2 = 0.02$(均为湿基含水量)。试求:

(1)离开预热器时空气的温度和湿度;

(2)预热器所需提供的热量。

5. 某湿物料 10 kg,均匀地平摊在长 0.8 m、宽 0.6 m 的平底浅盘内,并在恒定的空气条件下进行干燥,物料的初始含水量为15%,干燥 4 h 后含水量降至8%。已知在此条件下物料的平衡含水量为1%,临界含水量为6%(皆为湿基),并假定降速阶段的干燥速率与物料的自由含水量(干基)呈线性关系,试求:将物料继续干燥至含水量为2%,所需要总干燥时间为多少?

项目 9　制水与灭菌

任务 9.1　去离子水生产工艺及设备

9.1.1　原水预处理

进入制药厂的自来水称为原水。原水中一般含有悬浮物、微生物、胶体、溶解气体、多种有机化合物、无机化合物及其他杂质。进行预处理的方法通常有两种，即凝聚沉降法和机械过滤法。

1)凝聚沉降法

原水中的悬浮物和胶体物质表面常带有负电荷，经中和后可凝聚。通常加入高电荷的阳离子或高分子聚合物中和负电荷达到凝聚沉降的目的。在工业上被广泛应用的凝聚剂有聚合氯化铝(商品名 PAC)和 ST 高效絮凝剂。

2) 机械过滤法

机械过滤器主要是利用填料来降低水中浊度,截留除去水中悬浮物、有机物、胶质颗粒、微生物、氯嗅味及部分重金属离子,使给水得到净化的水处理传统方法之一。

根据过滤介质的不同,可分为天然石英砂过滤器、多介质过滤器、活性炭过滤器及锰砂过滤器等,根据进水方式,可分为单流式过滤器、双流式过滤器。根据实际情况,可联合使用,也可单独使用。

9.1.2 去离子水的制备

去离子水是指除去了呈离子形式杂质后的纯水。国际标准化组织 ISO/TC 147 规定的"去离子"定义为:"去离子水完全或不完全地去除离子物质。"

1) 电渗析法

电渗析法是根据带电荷的阴、阳离子在直流电场中作定向运动的原理而进行的。在电渗析器中的离子交换膜具有选择性透过的功能。阳离子交换膜只能透过阳离子,阴离子交换膜只能透过阴离子。其工作过程是:如图 9.1 所示,在直流电场的作用下,原水中的阴、阳离子分别穿过阴阳离子交换膜向阳极、阴极运动,从而降低了中间仓室的盐浓度成为淡水,两侧仓室的盐浓度增加而成浓盐水。在正、负两个电极端的仓室里阴离子和阳离子的浓度增加且不为电中性,故称为极水。

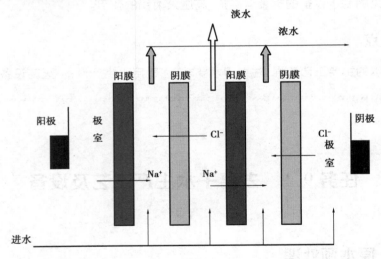

图 9.1 电渗析示意图

2) 离子交换法

离子交换法是以圆球形树脂(离子交换树脂)过滤原水,水中的离子会与固定在树脂上的离子交换。利用氢离子交换阳离子,而以氢氧根离子交换阴离子;以包含磺酸根的苯乙烯和二乙烯苯制成的阳离子交换树脂会以氢离子交换碰到的各种阳离子(如 Na^+,Ca^{2+},Al^{3+})。同样,以包含季铵盐的苯乙烯制成的阴离子交换树脂会以氢氧根离子交换碰到的各种阴离子(如 Cl^-)。

阴阳离子交换树脂可被分别包装在不同的离子交换床中,分成所谓的阴离子交换床和阳离子交换床。也可将阳离子交换树脂与阴离子交换树脂混在一起,置于同一个离子交换床中。不论是哪一种形式,当树脂与水中带电荷的杂质交换完树脂上的氢离子及(或)氢氧根离子,就必须进行"再生"。再生的程序恰与纯化的程序相反,利用氢离子及氢氧根离子进行再生,交换附着在离子交换树脂上的杂质。

3)反渗透法

反渗透法(reverse osmosis,RO)指的是在半透膜的原水一侧施加比溶液渗透压高的外界压力,原水透过半透膜时,只允许水透过,其他物质不能透过而被截留在膜表面的过程。

它与其他水处理方法相比具有无相态变化、常温操作、设备简单、效益高、占地少、操作方便、能量消耗少、适应范围广、自动化程度高及出水质量好等优点。

任务9.2 注射用水生产工艺及设备

注射用水是指符合中国药典注射用水项下规定的水。注射用水为蒸馏水或去离子经蒸馏所得的水,故又称重蒸馏水。注射用水是生产水针、大输液等剂型的主要原料,注射用水是否合格直接影响产品的质量,是塑瓶输液生产中极其重要的环节。因此,对于注射用水生产的各个环节行业内有严格的规定。

9.2.1 单效蒸馏水器

单蒸馏水器结构组成简单,主要由蒸发锅、除沫装置、废气排出器及冷凝器构成。单效蒸馏水器可除去不挥发性有机、无机杂质,如悬浮体、胶体、细菌、病毒及热源等。特点是:一次蒸馏,出水只能作为纯化水使用,产量小,电加热,适用于无气源的场合。

9.2.2 多效蒸馏水器

多效蒸馏水器是由多个单效蒸馏水器组合而成。根据组装方式,可分为垂直串接式和水平串接式多效蒸馏水器。

1)垂直串接式多效蒸馏水器

在制药工业中,常见的垂直串接式多效蒸馏水器是三效蒸馏水器。它是由3个单效蒸馏水器组合而成,如图9.2所示。其加料方式为三效并流加料,每一效中都设置有除沫器以除去二次蒸汽中夹带的液沫。

在三效蒸馏流程中,充分地利用了热源,将水蒸气的冷凝和去离子水的预热有机结合起来达到了热量的综合利用目的,节约了能源消耗成本,经济指标较好。

2)水平串接式多效蒸馏水器

水平串接式多效蒸馏水器是由若干个单效膜式蒸馏水器串接而成。单效膜式蒸馏水器的内部由列管式蒸发器、发夹形管式热器和螺旋形气液分离器等部件构成。制药工业中常用的是水平串接式四效蒸馏水器。它由4个膜式蒸馏水器水平串接而成。在该蒸馏水器

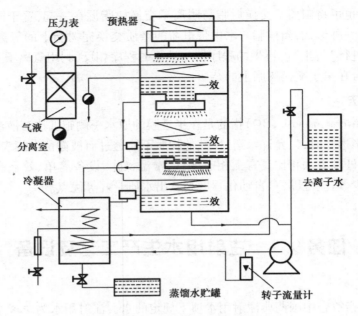

图 9.2　三效蒸馏水器示意图

中,二次蒸汽被引入下一效做加热蒸汽使用,在加热室列管之间的发夹式换热器用于加热进料水。

9.2.3　气压式蒸馏水器

气压式蒸馏水器又称热压式蒸馏水器,主要由蒸发冷凝器及压气机所构成,另外还有换热器、泵等附属设备。其工作原理是将原水加热,使其沸腾汽化,产生二次蒸汽,把二次蒸汽压缩,其压力、温度同时升高;再使压缩的蒸汽冷凝,其冷凝液就是所制备的蒸馏水,蒸汽冷凝所放出的潜热作为加热原水的热源使用。

9.2.4　注射用水生产流程

1)离子交换树脂法

离子交换树脂法的生产流程为:自来水→多介质过滤器→阳离子交换柱→阴离子交换柱→混合树脂柱→膜过滤→多效蒸馏水器或气压蒸馏水器→热贮水器→注射用水。

2)电渗析-离子交换树脂法

它的生产流程为:自来水→砂过滤器→活性炭过滤器→膜过滤→电渗析→阳离子交换柱→脱气塔→阴离子交换柱→混合树脂柱→膜过滤→多效蒸馏水器或气压蒸馏水器→热贮水器→注射用水。

3)反渗透-离子交换树脂法

它的生产流程为:自来水→多介质过滤器→膜过滤→反渗透→阳离子交换柱→阴离子交换柱→混合树脂柱→膜过滤→UV杀菌→贮水器→多效蒸馏水器或气压蒸馏水器→热贮水器→注射用水。

任务9.3 灭菌

药物生产中,为了提高药物制剂的安全性,保护制剂的稳定性,保证制剂的安全有效,需要严格控制其微生物的限量。因此,必须对制剂生产的全过程进行严密控制,除工艺上的改进和新型包装材料的改进外,主要是采取了灭菌、防腐和无菌操作3大技术措施。其中,关键是灭菌。

9.3.1 灭菌基本原理

1)基本概念

灭菌(Sterilization)是指用物理或化学的方法杀灭全部微生物,包括致病和非致病微生物以及芽孢,使之达到无菌保障水平。经过灭菌处理后,未被污染的物品,称无菌物品。经过灭菌处理后,未被污染的区域,称为无菌区域。灭菌常用的方法有化学试剂灭菌、射线灭菌、干热灭菌、湿热灭菌及过滤除菌等。可根据不同的需求,采用不同的方法。

消毒是指以物理或化学方法杀灭物体上或介质中的病源微生物。

防腐是指用物理或化学方法防止和抑制微生物生长繁殖的操作。

2)灭菌时间与灭菌温度

在用热法灭菌过程中,活的微生物被杀死,活的微生物浓度 N 由大变小直至为零,死微生物浓度 N' 由小增大。假设对一培养基进行灭菌操作,刚开始灭菌时培养基中活微生物浓度为 N_0,经过时间 τ 后还残存活的微生物浓度为 N_s。研究发现,培养基中活微生物浓度的变化符合化学动力学中一级化学反应的规律,活微生物浓度降低速率与时间和某一时刻微生物浓度有关,即

$$\tau = \frac{1}{k}\ln\frac{N_0}{N_s} \tag{9.1}$$

式中　k——反应速度常数,即微生物死亡速率常数,s^{-1} 或 min^{-1};

　　　N——任意时刻活的微生物浓度,个/L;

　　　τ——灭菌时间,s 或 min。

式(9.1)为理论灭菌时间的对数残留公式。用瓦伦尼乌斯方程式表示为

$$\tau = \frac{1}{A}e^{\frac{E}{RT}}\ln\frac{N_0}{N_s} \tag{9.2}$$

式中　R——气体常数,其值为 8.320 J/(K·mol);

　　　T——绝对温度,K;

　　　E——微生物孢子活化能,其值为 4.187 J/mol;

　　　A——瓦伦尼乌斯常数,s^{-1}。

式(9.2)表明了微生物死亡速率与温度的关系。实际生产过程中,如果采用湿热灭菌,则其时间和温度都要受培养基的质量、活微生物浓度、活微生物种类、培养基的酸碱度等因

素的影响,因而在实际操作中要用经验数值进行校正。

3)湿热灭菌及参数

湿热灭菌法是指用饱和水蒸气、沸水或流通蒸汽进行灭菌的方法。它以高温高压水蒸气为介质,由于蒸汽潜热大,穿透力强,容易使蛋白质变性或凝固,最终导致微生物的死亡,故该法的灭菌效率比干热灭菌法高,是药物制剂生产过程中最常用的灭菌方法。湿热灭菌法可分为煮沸灭菌法、巴氏消毒法、高压蒸汽灭菌法、流通蒸汽灭菌法和间歇蒸汽灭菌法。

流通蒸汽灭菌法是指在常压条件下,采用100 ℃流通蒸汽加热杀灭微生物的方法,灭菌时间通常为30~60 min。该法适用于消毒以及不耐高热制剂的灭菌,但不能保证杀灭所有芽孢,是非可靠的灭菌方法。

间歇蒸汽灭菌法是利用反复多次的流通蒸汽加热,杀灭所有微生物,包括芽孢。方法同流通蒸汽灭菌法,但要重复3次以上,每次间歇是将要灭菌的物体放到37 ℃孵箱过夜,目的是使芽孢发育成繁殖体。若被灭菌物不耐100 ℃高温,可将温度降至75~80 ℃,加热延长为30~60 min,并增加次数。

高压蒸汽灭菌法是103.4 kPa蒸汽压温度达121.3 ℃,维持15~20 min。如果是产孢子的微生物则应采用灭菌后适宜温度下培养几小时,再灭菌一次,以用于杀死刚刚萌发的孢子。

（1）D 值与 Z 值

D 值是指在一定温度下,杀灭90%微生物(或残存率为10%)所需的灭菌时间。在一定灭菌条件下,不同微生物具有不同的 D 值;同一微生物在不同灭菌条件下,D 值也不相同。因此,D 值随微生物的种类、环境和灭菌温度变化而异。

Z 值是指灭菌时间减少到原来的1/10所需升高的温度或在相同灭菌时间内,杀灭99%的微生物所需提高的温度。

（2）F 值与 F_0 值

F 值为在一定温度（T）下,给定 Z 值所产生的灭菌效果与在参比温度（T_0）下给定 Z 值所产生的灭菌效果相同时,所相当的灭菌时间,以 min 为单位。F 值常用于干热灭菌。

F_0 值在一定灭菌温度（T）、Z 值为10 ℃所产生的灭菌效果与121 ℃、Z 值为10 ℃所产生的灭菌效果相同时所相当的时间。

在湿热灭菌时,参比温度定为121 ℃。把各温度下灭菌效果都转化成121 ℃下灭菌的等效值,故称 F_0 为标准灭菌时间（min）。F_0 目前仅应用于热压灭菌。

9.3.2　灭菌设备

1)干热灭菌设备

干热灭菌设备分为间歇式干热灭菌设备,即烘箱。连续式干热灭菌设备,其中包括热空气平行流,即电热层流式干热灭菌机和远红外加热灭菌,即辐射式干热灭菌机。

2)热压灭菌设备

热压灭菌设备是在高压灭菌器内,利用高压水蒸气杀灭微生物的方法。热压灭菌用的灭菌器种类很多,大都是利用电热丝加热水产生蒸汽,并能维持一定压力的装置。它主要由一个可密封的桶体,以及压力表、排气阀、安全阀、电热丝等组成。

按照样式大小,可分为手提式高压灭菌器、立式压力蒸汽灭菌器和卧式高压蒸汽灭菌器等。手提式高压灭菌器为 18,24,30 L。立式高压蒸汽灭菌器从 30～200 L 都有,每个同样容积的还分为手轮型、翻盖型和智能型,智能型又分为标准配置、蒸汽内排和真空干燥型。还可根据客户的要求加配打印机。还有大型卧式的高压灭菌锅。

9.3.3 其他灭菌方法

1)微波灭菌法

微波灭菌法是采用微波(频率为 300～300 000 MHz)照射产生的热能杀灭微生物和芽孢的方法。该法适合液体和固体物料的灭菌,且对固体物料具有干燥作用。其特点是:微波能穿透到介质和物料的深部,可是介质和物料表里一致地加热;且具有低温、常压、高效、快速(一般为 2～3 min),低耗能、易操作、易维护,产品保质期长(可延长 1/3 以上)等优点。

2)环氧乙烷灭菌法

环氧乙烷灭菌装置是一次性使用无菌医疗器械生产企业的关键设备,安装操作、使用管理有其特殊要求。环氧乙烷是一种广谱灭菌剂,可在常温下杀灭各种微生物,包括芽孢、结核杆菌、细菌、病毒、真菌等。

环氧乙烷灭菌法的主要特点:能杀灭所有微生物,包括细菌芽孢;灭菌物品可被包裹、整体封装,可保持使用前呈无菌状态;相对而言,环氧乙烷不腐蚀塑料、金属和橡胶,不会使物品发生变黄变脆;能穿透形态不规则物品并灭菌;可用于那些不能用消毒剂浸泡,干热、压力、蒸汽及其他化学气体灭菌之物品的灭菌。

3)辐射灭菌法

目前,其他用于辐射灭菌的射线有穿透力较强的 γ 射线和穿透力较弱的 β 射线。其特点是灭菌过程不升高产品的温度,特别适用于某些不耐热药物的灭菌。γ 射线是由放射性同位素发出,可使细菌的 DNA 和 RNA 受损、降解,细菌不能增殖而死亡。射线穿透力很强,可用于固体、液体药物的灭菌。特别适用于较厚物品,包括已包装好药品的灭菌,因而大大扩展了应用范围。其优点是:价格便宜,节约能源;适用于不耐热药物;穿透力强,灭菌均匀;灭菌速度快,操作简单,便于连续化操作。

β 射线是由电子加速器产生的高速电子流,带负电荷,穿透力较弱。通常只用于非常薄和密度小的物质灭菌,它比 γ 射线的灭菌效果差。

技能实训9 制水与灭菌设备的拆卸安装

【实训目的】

熟悉常见制水及灭菌设备的原理,能够进行制水及灭菌设备的简单拆卸安装。

【实训内容】

对常见制水与灭菌设备进行拆卸安装,并画出设备示意图。

【结果记录】

记录实验结果。

【思考题】

实验涉及的设备分别属于哪一类？其原理是什么？

项目小结

学生通过本项目的学习,能够掌握常见的制水与灭菌设备的结构与原理,能够进行基本的安装维护,为今后到制药工厂实践及就业奠定基础。

复习思考题

一、名词解释

原水预处理;去离子水;注射用水;灭菌。

二、问答题

1.原水预处理的目的有哪些?

2.去离子水的主要工艺流程是什么?

3.注射用水与纯水的主要区别是什么?

4.简述干热灭菌与湿热灭菌的主要原理和应用范围。

项目 10　破碎、筛分与混合

固体制剂生产前,通常需要对原、辅料进行预处理。生产中,破碎是获得药物粉体的常用方法,破碎后的粉体经过筛分,得到粒度较为均匀的药粉。然后按照一定的配比将原、辅料混合均匀,即可获得加工各种剂型(如片剂、胶囊剂等)所需的原料。因此,破碎和混合操作,均是制剂生产的基本单元操作。其生产操作的规范性、设备选型的正确性、设备日常维护的及时性等将直接影响药品的生产质量。

任务 10.1　破碎

破碎是借助于机械力将大块固体物料粉碎成适宜程度的碎块或细粉的单元操作。

破碎在药品生产中具有重要的意义,物料达到一定的细度,方可供制备药剂或临床使用。破碎的目的主要是:提高复方药物或药物与辅料的混合均匀性,利于混合;减小粒径、增加药物的比表面积,促进药物的溶解与吸收,从而可提高生物利用度;有利于制备各种剂型;

将中药材破碎至适宜程度,有利于药材中有效成分的浸出或溶出。

但是固体药物破碎成多大的粒径,还与药物性质、剂型及使用要求等具体情况有关,药物的破碎并非越细越好。例如,有刺激性、不良味道、易分解、易氧化的药物不易粉碎的过细,否则会增加苦味或加速分解。

依据破碎所得颗粒粒度的大小,破碎可分为粗碎、中碎、细碎和超细碎。粗碎后颗粒粒径为数十毫米至数毫米,中碎后粒径为数毫米至数百微米,细碎后粒径为数百微米至数十微米,而超细碎后粒径在数十微米以下。

10.1.1　破碎作用力

破碎过程主要依靠外加机械力的作用破坏物质分子间的内聚力而实现。常用的外加机械力有撞击力、挤压力、研磨力、劈裂力、截切力等,如图 10.1 所示。

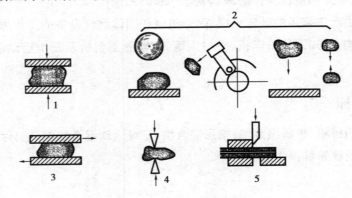

图 10.1　粉碎作用力
1—挤压;2—撞击;3—研磨;4—劈裂;5—截切

药物的品种很多,所用外力的大小、类型应随药物的硬度、性能及破碎程度而定,如对于坚硬的药物以挤压、撞击有效,对韧性药物以研磨较好,而对于脆性药物以劈裂为宜。粗碎以撞击力为主,细碎以剪切、研磨为主等,大多数情况下,又常是上述几种力的联合作用。

10.1.2　破碎方法

制剂生产中,应根据被破碎药物的性质、产品粒度的要求及破碎设备性能的不同等条件来选择合适的破碎方法。常见的破碎方法有以下 4 种:

1) 干法破碎和湿法破碎

干法破碎是将药物经过适当干燥,降低药物中的含水量至一定限度后再进行破碎的方法。干燥温度一般不宜超过 80 ℃。药物的含水量与所选用破碎设备的性能有关。例如,采用万能粉碎机药物的含水量应降至 10% 左右,采用球磨机药物的含水量应降至 5% 以下。

湿法破碎是指在药物中加入适量液体进行研磨破碎的方法,选用的液体以不影响药效、不引起变化、药物遇湿不膨胀为原则。本法的优点是不产生粉尘,可用于刺激性药物、有毒药物以及对产品细度要求较高的药物。

2）开路破碎和闭路破碎

药物只通过破碎设备一次即得到破碎产品,称为开路破碎。此法适用于粗碎或细碎的预破碎。

破碎的产品中若含有尚未达到规定粒度的粗颗粒,通过筛分设备将粗颗粒分离出来,将其重新送回破碎设备,称为闭路破碎或循环破碎。此法适用于细碎或对粒度范围要求较严格的破碎。

3）单独破碎与混合破碎

将处方中的一味药材单独进行粉碎的方法,称为单独破碎。它适用于贵重药物、刺激性药物的粉碎,以减少损耗和便于劳动保护;易于引起甚至爆炸的氧化性、还原性较强的药物粉碎;剧毒药物及需进行特殊处理的药物也应采用单独破碎。

将两种或两种以上的药物同时进行粉碎的方法,称为混合破碎。混合破碎可减少粉末的重新聚结趋向,并可使破碎与混合过程同时进行,因而生产效率较高。目前,复方制剂中的多数药材均可采用混合破碎。此外,对于黏性或油性药物,采用混合破碎可适当降低这些药物单独破碎时的难度。

4）低温破碎

将药物或粉碎机进行低温冷却的破碎方法,称为低温破碎。利用药物在低温时脆性增加、韧性与延展率降低的性质,以提高破碎效果其产品粒度较细,并能较好地保持药物的有效成分。对于常温下破碎有困难的药物,如热敏性药物、软化点以及熔点较低的药物等,均可采用低温破碎。

10.1.3 粉碎的主要参数

1）粉碎比

粉碎比又称粉碎度,用以度量粉碎操作的效果。粉碎比 i 的定义为

$$i = \frac{D}{d} \tag{10.1}$$

式中 D,d——物料在粉碎前后的粒径。

粉碎比可反映单机操作的结果,也可反映物料经过整个粉碎系统后的粒径变化。

2）能量消耗

粉碎所需的能量与粒径的平方根成反比。其表达式为

$$A = C\left(\frac{1}{\sqrt{d}} - \frac{1}{\sqrt{D}}\right) \tag{10.2}$$

式中 A——粉碎单位质量物料所需的能量;

C——物料性质系数。

在粉碎过程中产生小于规定粒度下限的产品,称为过粉碎。药材过粉碎并不一定能提高浸出速率,相反会使药材所含淀粉糊化,渣液分离困难,同时粉碎时能量损耗也大,因此应尽可能避免。各种破碎或磨碎设备的粉碎比互不相同,对于坚硬药材,破碎机的粉碎比为 3~10,磨碎机的粉碎比可达 40~400。

10.1.4　粉碎的影响因素

1) 粉碎方法

研究表明,在相同条件下,采用湿法粉碎获得的产品较干法粉碎的产品粒度更细。显然,若最终产品以湿态使用时,则用湿法粉碎较好。但若最终产品以干态使用时,湿法粉碎后须经干燥处理,但这一过程中,细粒往往易再聚结,导致产品粒度增大。

2) 粉碎时间

粉碎时间增长,产品更细,但研磨到一定时间后,产品细度几乎不再改变,故对于特定的产品及特定条件,有一最佳的粉碎时间。

3) 物料性质、进料速度及进料粒度

物料性质以及进料速度、粒度对粉碎效果有明显影响。脆性物料较韧性物料易被粉碎。进料粒度太大,不易饲料,导致生产能力下降;粒度太小,粉碎比减小,生产效率降低。进料速度过快,粉碎室内颗粒间的碰撞机会增多,使得颗粒与冲击元件之间的有效撞击作用减弱,同时物料在粉碎室内的滞留时间缩短,导致产品粒径增大。

10.1.5　常见破碎机械

破碎机械种类很多,可按不同方法进行分类。依据破碎颗粒的大小,破碎机械可分为粗碎设备、中碎设备、细碎设备及超细碎设备;按照所用主要机械力的不同,可分为撞击式、挤压式、研磨式及截切式等。生产上使用的破碎机,其破碎作用力都不是单一的,常常是几种力的联合。在选用破碎机械时,应根据各设备的破碎作用力、被破碎物料的性质及产品的粒度要求等,选择合适的破碎机。

1) 乳钵

乳钵也称研钵,粉碎少量药物时常用乳钵进行,常见的有瓷制、玻璃制及玛瑙制等,以瓷制、玻璃制为常用。瓷制乳钵内壁有一定的粗糙面,以加强研磨的效能,但易镶入药物而不易清洗。对于毒药或贵重药物的研磨与混合采用玻璃制乳钵较为适宜。用乳钵进行粉碎时,每次所加药料的量一般不超过乳钵容量的1/4为宜,研磨时杵棒以乳钵的中心为起点,按螺旋方式逐渐向外围旋转移动扩至四壁,然后再逐渐返回中心,如此往复能提高研磨效率。

2) 冲钵

冲钵为最简单的撞击粉碎工具。小型者常用金属制成,大型者则以石料制成,为机动冲钵,供捣碎大量药物之用。在适当高度位置装一凸轮接触板,用不停转动的板凸轮拨动,利用杵落下的冲击力进行捣碎。冲钵为一间歇性操作的粉碎工具。由于这种工具撞击频率低而不易生热,故可用于粉碎含挥发油或芳香性药物。

3) 球磨机

（1）结构

球磨机具有一个圆筒形的罐体,罐体内装有一定数量和大小的研磨体,研磨体有钢球或

瓷球之分。罐体的转轴固定在两侧的轴承上,电机带动旋转。

(2)球磨机种类

①按操作状态

干法球磨机、湿法球磨机、间隙球磨机、连续球磨机。

②按筒体长径比

短球磨机($L/D < 2$)、中长球磨机($L/D = 3$)和长球磨机(又称管磨机,$L/D > 4$)。

③按研磨介质种类

球磨机(研磨介质为钢球)、棒磨机(具有 2~4 个仓,第 1 仓研磨介质为圆柱形钢棒,其余各仓填装钢球或钢段)、石磨(研磨介质为砾石、卵石、磁球等)。

④按卸料方式

尾端卸料式球磨机、中央式球磨机。

⑤按转动方式

中央转动式球磨机、筒体大齿转动球磨机等。

(3)工作原理

球磨机在电机的带动下旋转时,圆筒内的钢球和物料受离心力的作用与筒体一起旋转,上升到一定高度,因重力的作用落下,物料在钢球的研磨和撞击作用下得以粉碎。

球磨机筒体的转速对粉碎效果有重要的影响。如图 10.2 所示,球磨机在不同的转速下,内部钢球的运动状态也不同,主要有以下 3 种:

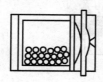

(1)　　　　　(2)　　　　　(3)

图 10.2 球磨机不同转速转动示意图
(1)滑落状态;(2)抛落状态;(3)离心状态

①滑落状态

由筒体转速太慢造成,因产生的离心力太小,球与物料因摩擦力被筒体带到一定高度后,在重力作用下滑落,对物料的粉碎主要靠研磨作用,冲击作用小,粉碎效果不佳。

②抛落状态

转速适宜时,球和物料被提升到一定高度后抛落,球和物料之间不仅研磨作用大,还有很强的冲击力,粉碎效果最好。

③离心状态

由筒体转速太快造成,在离心力作用下,球与物料附着在筒体上一起旋转,物料和球体间没有相对运动,研磨体对物料起不到冲击和研磨作用,从而失去粉碎和混合作用。

由此可见,球磨机的转速不能过慢或过快,能够维持钢球的运动为抛落状态时,粉碎效果最好。

(4)球磨机的特点

球磨机结构简单,适应性强,生产能力大,既可干法粉碎也可湿法粉碎,对混合物的磨粉还有均化作用。系统封闭,可达到无菌要求。但工作效率较低,单位产量能耗大。工作时噪声大,转速不可过大或过小,一般为 15 ~ 30 r/min。球体大小、质量和多少与球磨机的粉碎效果有关。球体应有足够的质量,球体应占筒内体积的 30% ~ 35%,物料占筒内体积应小于 50%。

4) 振动磨

(1)结构和工作原理

振动磨是一种利用振动原理来进行固体物料粉碎的设备,能有效地进行细磨和超细磨,如图 10.3 所示。振动磨是由槽形或圆筒形磨体及装在磨体上的激振器(或偏心重体)、支承弹簧和驱动电机等部件组成。驱动电机通过绕性联轴器带动激振器中的偏心重块旋转,从而产生周期性的激振力,使磨机筒体在支承弹簧上产生高频振动,机体获得了近似于圆的椭圆形运动轨迹。

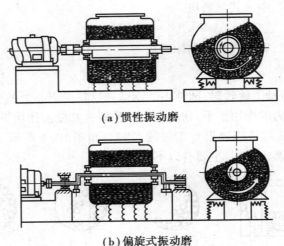

(a)惯性振动磨

(b)偏旋式振动磨

图 10.3　振动磨示意图

随着磨机筒体的振动,筒体内的振动,筒体内的研磨介质可获得 3 种运动:强烈的抛射运动,可将大块物料迅速破碎;高速自传运动(同向),对物料起研磨作用;慢速的公转运动,起物料均匀作用。磨机筒体振动时,研磨介质强烈地冲击和旋转,进入筒体的物料在研磨介质的冲击和研磨作用下被磨细,并随着料面的平衡逐渐向出料口运动,最后排出磨机筒体成为粉末产品。

研磨介质的材料有钢球、氧化铝球、不锈钢球及钢棒等,根据原料性质及产品粒径选择其材料和形状。为提高研磨效率,尽量选用大直径的研磨介质。对于粗磨采用球形,直径越小,研磨成品越细。

(2)振动磨的特点

振动磨具有振动频率高且采用直径小的研磨介质,研磨介质装填较多,研磨效率高;研磨成品粒径细,平均粒径可达 2 ~ 3 μm,以得到较窄的粒度分布;可实现研磨工序连续化,并且可采用完全封闭式操作,改善操作环境,或充以惰性气体,可用于易燃、易爆、易氧化的固体物料的粉碎;磨筒外壁的夹套通入冷却水,通过调节冷却水的温度和流量控制粉碎温度,如需低温粉碎可通入冷却液;操作方便,易于管理维修;外形尺寸比球磨机小,占地面积小。

但振动磨运转时产生的噪声大(90~120 dB),需要采取隔音和消音等措施使之降低到90 dB以下。

5)流能磨

流能磨又称气流粉碎机、气流磨,它与其他粉碎设备不同,其粉碎的基本原理是利用高速气流喷出时形成的强烈多相紊流场,使其中的固体颗粒在自撞中或与冲击板、器壁撞击中发生变形、破碎,而最终获得粉碎。由于粉碎由气体完成,整个机器无活动部件,粉碎效率高,可以完成粒径在5 μm以下的粉碎,并具有粒度分布窄、颗粒表面光滑、颗粒形状规整、纯度高、活性大、分散性好等特点。目前,应用的气流磨主要有扁平式气流磨、循环管式气流磨、对喷式气流磨及流化床对射磨等。

(1)扁平式气流磨

高压气体经入口进入高压气体分配室中。高压气体分配室与粉碎分级室之间,由若干个气流喷嘴相连通。气体在自身高压作用下,强行通过喷嘴时产生高达每秒几百米甚至上千米的气流速度。这种通过喷嘴产生的高速强劲气流成为喷气流。待粉碎物料经过文丘里喷射式加料器,进入粉碎分级室的粉碎区时,在高速喷气流作用下发生粉碎。

(2)循环管式气流磨

循环管式气流磨也称跑道式气流粉碎机。该机由进料管、加料喷射器、混合室、文丘里管、粉碎喷嘴、粉碎腔、一次及二次分级腔、上升管、回料通道及出料口组成。物料由进料口被吸入混合室,并经文丘里管射入O形环道下端的粉碎腔,在粉碎腔的外围有一系列喷嘴,喷嘴射流的流速很高,但各层断面射流的流速不相等,颗粒随各层射流运动,因而颗粒之间的流速也不相等,从而互相产生研磨和碰撞作用而粉碎。

(3)对喷式气流磨

两束载粒气流(或蒸汽流)在粉碎室中心附近正面相撞,相撞角为180°,物料随气流在相撞中实现自磨而粉碎,随后在气流带动下向下运动,并进入上部设置的旋流分级区中。细料通过分级器中心排出,进入旋风分离器中进行捕集;粗料仍受较强离心力制约,沿分级器边缘向下运动,并进入垂直管路,与喷入的气流汇合,再次在磨腔中心与给料射流相撞,从而再次得到粉碎。如此周而复始,直至达到产品要求的粒度为止。

(4)流化床对射磨

料仓内的物料经由加料器进入磨腔,物料床入流态化,形成三股高速的两相流体由喷嘴进磨腔,在磨腔中心点附近交汇,产生激烈的冲击碰撞、摩擦而粉碎,然后在对接中心上方形成一种向上运动的多相流体柱,把粉碎后的颗粒送入位于上部的分级转子,细粒从出口进入旋风分离器和过滤器捕集;粗粒在重力作用下又返回料床中再进行粉碎。

流能磨的特点是:粉碎强度大,产品粒度细微,可达数微米甚至亚微米,颗粒规整、表面光滑;颗粒在高速旋转中分级,产品粒度分布窄,单一颗粒成分多;还可进行无菌作业。其缺点是:辅助设备多、一次性投资大;影响运行的因素多,操作不稳定;粉碎成本较高;噪声较大;易发生堵塞。

6)胶体磨

胶体磨的主要构造为带斜槽的锥形转子和定子组成的磨碎面,转子和定子表面加工成沟槽型,转子与定子间的间隙在液体进口处较大,而在出口处较小,如图 10.4 所示。转子和定子的狭小缝隙可根据标尺调节,当液体在狭缝通过时,受到沟槽及狭缝间隙改变的作用,流动方向发生急剧变化,物料受到很大的剪切力、摩擦力、离心力和高频振动等,如果狭缝调节越小,通过磨面后的粒子就越细微。

胶体磨具有操作方便、外形新颖、造型美观、密封良好、性能稳定、装修简单、环保节能、整洁卫生、体积小、效率高等优点。在制剂生产中,常用于制备混悬液、乳浊液、胶体溶液、糖浆剂、软膏剂及注射剂等。

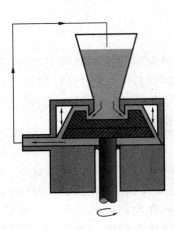
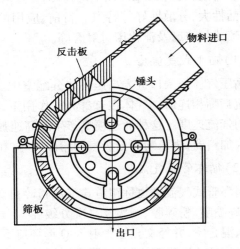

图 10.4　胶体磨示意图　　　　　　　图 10.5　破碎机示意图

7)锤击式破碎机

锤击式破碎机的主要工作部件为带有锤子(又称锤头)的转子。转子由主轴、圆盘、销轴和锤子组成,如图 10.5 所示。电动机带动转子在破碎腔内高速旋转。物料自上部给料口进入,受高速运动的锤子的打击、冲击、剪切、研磨作用而粉碎。在转子下部,设有筛板,粉碎物料中小于筛孔尺寸的粒级通过筛板排出,大于筛板尺寸的粗粒阻留在筛板上继续受到锤子的打击和研磨,最后通过筛板排出机外。

锤击式破碎机类型很多,按结构特征可分为以下种类:按转子数目,可分为单转子锤式破碎机和双转子锤式破碎机;按转子回转方向,可分为可逆式(转子可朝两个方向旋转)和不可逆式;按锤子排数,可分为单排式(锤子安装在同一回转平面上)和多排式(锤子分布在几个回转平面上);按锤子在转子上的连接方式,可分为固定锤子和活动锤子。固定锤子主要用于软质物料的细碎和粉碎。锤击式破碎机的特点是单位产品的能量消耗低、体积紧凑、构造简单并有很高的生产能力等。

由于锤子在工作中遭到磨损,使间隙增大,必须经常对筛条或研磨板进行调节,使破碎比控制在 10~50,以保证破碎产品粒度符合要求。锤式破碎机广泛用于破碎各种中硬度以下且磨蚀性弱的物料。锤击式破碎机由于具有一定的混匀和自行清理作用,能够破坏含有水分及油质的有机物。这种破碎机适用于药剂、染料、化妆品、糖、炭块等多种物料的粉碎。

8)柴田式粉碎机

柴田式粉碎机由机壳、加料斗、甩盘、打板、挡板、风扇、电动机等组成,如图 10.6 所示。

甩盘装在动力轴上,甩盘上有6块打板,主要起粉碎作用。挡板在甩盘和风扇之间,呈轮状附于主轴上,可左右移动挡板盘调节挡板与甩盘、风扇之间距离,控制药粉的粗细(如向风扇方向移动药粉就细,向打板方向移动药粉就粗)和粉碎速度,但也有部分粉碎作用。风扇安装在出粉口一端,由3~6块风扇板制成,附于主轴上,借转动产生风力,使细粉自出料口经输粉管吹入药粉沉降器内,由下口放出药粉。

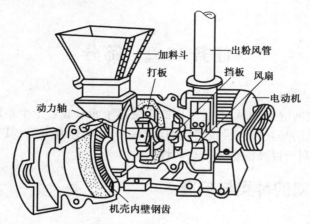

图 10.6　柴田式粉碎机示意图

　　柴田式粉碎机是以冲击力为主的粉碎设备,适用于粉碎含黏软、油润、纤维及坚硬的物料。

9)万能粉碎机

　　万能粉碎机的结构如图 10.7 所示。其主要结构由加料斗、挡板、带有钢齿的转子、环状筛网和轴等组成。粉碎机盖板上的钢齿固定不动,与转子上的钢齿以不同的半径呈同心圆交错排列。开机后,连轴的转子带动钢齿作高速旋转,物料由加料斗经入料口均匀地进入机内粉碎室,由于离心力的作用,物料被甩向钢齿间,并通过钢齿的冲击、剪切和研磨作用而粉碎。细料通过底部的环形筛网,经出粉口落入粉末收集袋中,粗料则留下来继续粉碎,粉碎成品细度的大小可通过更换不同孔径的筛网获得。

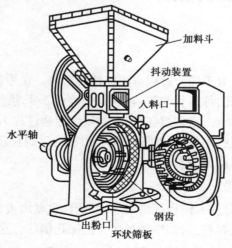

图 10.7　万能粉碎机示意图

万能粉碎机结构简单,坚固耐用,运转平稳,粉碎效果好,拆卸、维修方便,是制药工业应用较广的撞击式粉碎机,广泛适用于医药、化工、食品等行业。适宜于粉碎多种干燥物料,如结晶性药物,非组织性块状脆性药物,干浸膏颗粒,以及中药的根、茎、叶等。对腐蚀性大、剧毒药、贵重药不宜使用。由于粉碎过程中会发热,也不宜用于含大量挥发性成分、软化点低、具有黏性的药物的粉碎。

任务 10.2　筛分

将颗粒大小不同的混合物料,通过单层或多层筛子而分成若干个不同粒度级别的过程,称为筛分。筛分的目的是获得粒径较均匀的药物。药物经过筛分后,其粒径分加范围变小,粒径较均匀一致,有利于提高混合物的均匀性。

10.2.1　筛网的种类与标准

1)筛网的种类

根据制筛的方法,可分为编织筛和冲制筛。编织筛是用铜丝、铁丝、不锈钢丝、尼龙丝、绢丝等材料编织而成。冲制筛系在合金属板上冲压出圆形或其他形状的筛孔而制成,冲制筛多用于高速粉碎筛选联动机械。

2)筛网的标准

工业用筛(制药工业)是以每英寸长度上有多少孔来表示的。例如,每英寸有 100 个孔的筛称为 100 目筛,筛号数越大粉末越细。中国药典筛规定了 9 种,一号筛孔内径最大,九号筛孔内径最小,分别相当于工业筛 10 目、24 目、50 目、65 目、80 目、100 目、120 目、150 目、200 目。

10.2.2　影响筛分的因素

1)物料的性质

(1)物料的粒径组成

被筛物料的粒度组成,对于筛分过程有决定性的影响。在筛分实践中可以看到,比筛孔越小的颗粒越容易透过筛孔,称为易筛粒;颗粒大到筛孔 3/4,虽然比筛孔尺寸小,但却难于透筛。直径比筛孔略大的颗粒,常常遮住筛孔,妨碍细粒透过称为难筛粒;直径在 1～1.5 倍筛孔尺寸的颗粒形成的料层,不易让"难筛粒"透过,称为阻碍粒。但直径在 1.5 倍筛孔尺寸以上的颗粒形成的料层,对筛分的影响并不大。

(2)物料表面的含水量

物料中所含的表面水分在一定程度内增加,黏滞性也就增大,物料的表面水分能使细粒互相黏结成团,并附着在大颗粒上,黏性物料也会把筛孔堵住。这些原因使筛分过程进行较难,筛分效率将大大降低。

2）筛面种类及工作参数

（1）筛面种类

编织筛和冲制筛的筛孔所占总面积比例,前者远大于后者。有效面积越大的筛面,筛孔占的面积越多,颗粒较易透过筛孔,筛分效率就较高,但寿命较短。选用什么样的筛面,应结合实际情况考虑。当磨损严重成为主要矛盾时,就应用耐磨的棒条筛或钢板冲孔筛;当需要精细筛分的场合下,就要用编织筛。

（2）筛孔形状

筛孔形状的选择取决于对筛分产物粒度和对筛子生产能力的要求。圆形筛孔与其他形状的筛孔比较,在名义尺寸相同的情况下,透过这种筛孔的筛下产物的粒度较小。长方形筛孔的筛面,其有效面积较大,生产能力较高,处理含水较多的物料时,能减少筛面堵塞现象。它的缺点是容易使条状及片状粒通过筛孔,使得筛下产物不均匀。

（3）筛孔尺寸

筛孔越大,单位筛网面积的生产率越高,筛分效率也较好,但筛孔的大小取决于采用筛分的目的和要求。倘若希望筛上产物中含小于筛孔的细粒尽量少,就应该用较大的筛孔;反之,若要求筛下产物中尽可能不含大于规定粒度的粒子,筛孔不宜过大,以规定粒度作为筛孔宽的限度。

（4）筛子的运动状况

虽然筛分质量首先决定于被筛物料的性质,但同一种物料用不同类型的筛子筛分,可得到不同的效果。实际经验指出,固定不动的筛子,筛分效率很低,可动的筛子,筛分效率又与筛体的运动方式有关。筛体如果是振动的,颗粒在筛面上以接近于垂直筛孔的方向被抖动,而且振动频率较高,所以筛分效率最好。在摇动着的筛面上,颗粒主要是沿筛面滑动,而且摇动的频率比振动的频率小,所以效果较振动筛的差,转动的圆筒形筛,筛孔容易堵塞,筛分效率也不高。

（5）筛子的长宽比

对一定的物料,生产率主要取决于筛面宽度,筛分效率主要取决于筛面长度。筛面的宽度也必须适当,而且必须与筛面长度保持一定比例关系。在筛子负荷相等时,筛子宽度小而长度很大,筛面上物料层厚,细粒难于接近筛面和透过筛孔;相反,当筛面宽度很大而长度小时,物料层厚度固然减小,细粒易于接近筛面,但由于颗粒在筛面上停留时间短,物料通过筛孔的机会就少了,筛分效率必然会降低。一般认为筛子的宽度与长度之比为 $1:2.5\sim1:3$。

（6）筛子的倾斜度

在一般情况下,筛子都是倾斜安装的,便于排出筛上物料,但倾角要合适。角度太小,达不到这个目的;角度太大,物料排出太快,物料被筛分的时间缩短,筛分效率就低。当筛面倾斜放着时,可让颗粒顺利通过的筛孔的面积只相当于筛孔的水平投影。

3）操作条件

（1）给料要均匀和连续

均匀、连续地将物料给入筛子上,让物料沿整个筛子的宽度布满成一薄层,既充分利用了筛面,又便于细粒透过筛孔,因此,可保证获得较高的生产率和筛分效率。

（2）给料量

给料量增加,生产能力增大,但筛分效率就会逐渐降低,原因是筛子产生过负荷。筛子产生过负荷时,就成为一个溜槽,实际上只起到运输物料的作用。因此,对于筛分作业,既要求筛分效率高,又要求处理量大,不能片面追求一方面,而使另一方面大大降低。

10.2.3 筛分设备

1)手摇筛

手摇筛也称套筛,按照筛号大小依次重叠成套,最底层为接收体,最上层为筛盖。手摇筛多用于小量生产或粒度检验,也适于筛剧毒性、刺激性或质轻的药粉。

2)摇动筛

摇动筛由筛网、摇杆、连杆、偏心轮等组成,如图10.8 所示。边框呈簸箕状的长方形,筛网水平或出口稍低放置,筛框支承于摇杆上或用绳索悬吊于框架上,操作时利用偏心轮和连杆使其往复运动,加入物料后细料通过筛网落下,粗料由出口排出。摇动筛所需功率较小,但维护费用较高,生产能力低,适宜小规模生产。

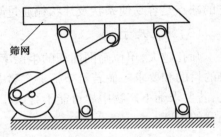

筛网

图 10.8　摇动筛示意图

3)滚筒筛

滚筒筛的筛网覆在圆筒形、圆锥形或六角形的滚筒筛框上,滚筒与水平面一般有 2°~9°的倾斜角,由电机经减速器等带动其转动。物料由高端加入筒内,筛过的细料在筛下收集,粗料自低端排出。滚筒筛只用于粗粒物料的筛选,也不适于黏性物料,其缺点为有效筛网面积小。

4)圆形旋转式振动筛

如图 10.9 所示,筛网与电机的上轴相联,筛框以弹簧支承于底座上,电机的上轴及下轴各装有不平衡重锤,上部重锤使筛网产生水平圆周运动,下部重锤使筛网产生垂直方向运动。药物加到筛网中心部位后,以一定曲线水平方式向器壁运动,细颗粒通过筛网落到斜板上,从下部排出口排出,粗颗粒则从上部排出口排出。

圆形旋转式振动筛具有分离效率高,单位筛面面积处理物料能力大,维修费用低,占地小,以及质量轻等优点,广泛应用于制药生产过程中。

5)电磁振动筛粉机

电磁振动筛粉机是由电磁铁、筛网架、弹簧接触器等组成,如图 10.10 所示。它利用较高的频率(200 次/s 以上)与较小的振幅(小 3 mm),造成簸动。由于振幅小、频率高,药粉在筛网上跳动,故能使粉粒散离,易于通过筛网,增加了其筛分效率。

6)旋转筛

旋转筛是常用的中药材筛分设备,如图 10.11 所示。圆形筛筒固定于筛箱内,筛筒表面绕有筛网,主轴上固定有刷板和打板,打板起分散和推进物料的作用,刷板起清理筛网和促

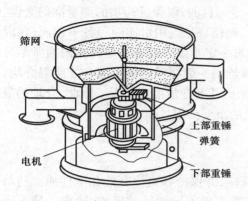

图 10.9 圆形旋转式振动筛示意图

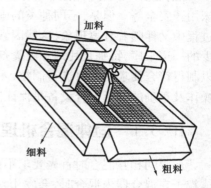

图 10.10 电磁振动筛粉机

进筛分作用。物料从筛筒一端进入,粗粉和细粉分别收集。旋转筛的特点是:操作方便,适应性广,筛网更换容易,对中药细粉筛分效果较好。

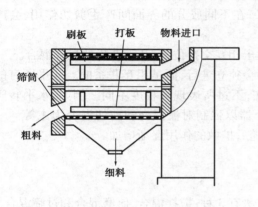

图 10.11 旋转筛

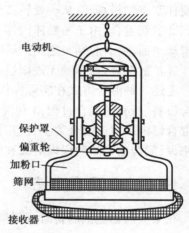

图 10.12 悬挂式偏重筛粉机

7)悬挂式偏重筛粉机

悬挂式偏重筛粉机是将药筛悬挂在弓形铁架上,铁架上又装有偏重轮,当偏重轮转动时的不平衡惯性而使药筛产生簸动,促使药筛上的药粉很快通过筛网孔落入接收器中,如图10.12所示。为防止筛孔堵塞,筛内装的毛刷,随时刷过筛网。偏重轮外有防护罩保护。为防止粉末飞扬,除加粉口外可将机器全部用布罩盖。该设备的特点是:构造简单,效率较高,适用于矿物药、化学药品或无显著黏性的药粉过筛,中药生产企业应用较广泛。

任务 10.3 混合

混合是指把两种或两种以上的不均匀组分组成的物料,在外力的作用下使之均质化的操作。它包括固-固混合、固-液混合和液-液混合等。本文主要讨论内容为固-固混合。

混合操作是以药物各个组分在制剂中均匀一致为目的,以保证药物的剂量准确无误、临床用药安全等。但是,不同种类的固体粒子形状、粒径、密度、用量比例等各不相同,在混合过程中又伴随着分离现象,这些因素都给混合带来一定难度。混合又是固体制剂所不可缺少的一道工序,特别是片剂和胶囊剂生产,主药和辅料一般要经过多次混合才能混合均匀,以制得符合要求的软材进行制粒,才能使压制出来的片剂含量准确无误。因此,合理的混合操作及正确的选择混合设备是保证制剂产品质量的重要措施之一。

10.3.1 固体混合机理

药料间相互混合时首先要求不能发生化学反应,并保持各自原有的化学性质。药料固体粒子在混合器内混合时,会发生对流、剪切、扩散3种不同的运动形式,形成3种不同的混合。

①对流混合:粉体在外力作用下,在设备内相互交换位置而达到均质化的过程。如螺旋形搅拌桨将物料翻转,从一处转移到另一处,就是一种对流混合。

②剪切混合:由于粉粒体内部力的作用结果,在不同成分的界面间产生剪切作用,会产生滑动平面,而引起颗粒之间的局部混合。

③扩散混合:粉体的无规则运动会使相邻粒子相互交换位置,从而产生的局部混合。

上述3种混合方式在实际操作过程中,都不会独立进行,而是相互联系的。几乎所有的混合设备、所有的混合过程,3种混合方式都存在,不过所表现的程度不同。例如,水平转筒式混合器内以对流混合为主,使用搅拌器的混合器以强制对流混合和剪切混合为主等。一般来说,混合的开始阶段以对流和剪切为主导,随后扩散的作用逐渐增加。

10.3.2 混合方法

在某些药物制剂制备时,药料常用的混合方法有3种:搅拌混合、研磨混合和过筛混合。

①搅拌混合:少量药物配制时,可反复搅拌使之混合。生产中常用搅拌混合机,经过一定时间混合,即可达到混匀的效果。

②研磨混合:将药物粉末在容器中研磨混合,适用于一些结晶体药物,而具吸湿性和爆炸性成分的药物不宜采用本法。

③过筛混合:多种组分的药物混合,也可通过过筛的方法混匀。但密度相差悬殊的药物组分过筛后,还需加以搅拌才能混合均匀。

10.3.3 固体混合设备

1)容器固定型混合机

(1)槽型混合机

槽型混合机属于固定型混合设备,主要结构由混合槽、螺旋形搅拌桨、固定轴等组成,如图10.13所示。槽型混合机工作时,混合槽不动,采用机械传动使搅拌桨旋转,物料在搅拌桨的带动下不停地上下、左右、内外各个

图10.13 槽型混合机

方向运动,从而达到均匀混合。槽型混合机广泛应用于固体制剂的生产,可用于粉料的混合、制备软材、丸块及软膏剂等。

(2)锥型混合机

锥型混合机有单螺旋锥型混合机和双螺旋锥型混合机,如图 10.14 所示。双螺旋锥型混合机由以下 4 部分组成:锥体、螺旋杆、转臂及传动部分。两个螺旋杆快速自转将物料自下而上提升,形成两股对称的沿壁上升的螺旋状物料流。转臂带动螺旋杆公转,使螺柱体外的物料相应地混入螺旋状物料内。中心锥体内外的物料不断地混掺错位,由锥体中心汇合,向下流动,又被螺旋杆向上提升。如此循环,使物料能在较短时间内混合均匀。锥型混合机的特点是:可密闭操作,混合效率高,清理方便,无粉尘,适用性广,包括湿润、黏性物料。

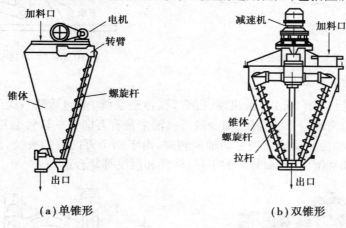

(a)单锥形　　　　　　(b)双锥形

图 10.14　锥型混合机

2)容器旋转型混合机

(1)V 形混合机

V 形混合机(图 10.15)主要由机座、电机、减速器及 V 形混合筒组成。其工作原理是电机通过三角皮带带动减速器转动,继而带动 V 形混合筒旋转。装在筒内的干物料随着混合筒转动,V 形结构使物料反复分离、合一,用较短时间即可混合均匀。该设备的特点:由两个不对称筒体组成,物料可作纵横方向流动,混合均匀度较高;可利用真空吸料,密封状态下作业,内部无传动机构,洁净、卫生、无死角。适用于流动性较好的干性粉状、颗粒状物料的混合。

(2)二维运动混合机

二维运动混合机(图 10.16)的机架分为上下两部分,其混合容器是两端为锥形的圆桶,桶身横躺在上机架上。固定在上机架上的转动电机及其传动机构驱动料桶绕其中心线自转。下机架上的摆动电机通过曲柄摇杆机构可以使上机架上下摆动。两个电机同时运转就可使料桶内的物料实现二维混合。料桶内装有出料导向板,它不能随意正反旋转,从出料口方向看,逆时针转动时为混料,顺时针转动时为出料。与 V 形混合机相比,它具有混合均匀度高、物料装载系数大、占地面积和空间高度小、上料和出料方便等优点。

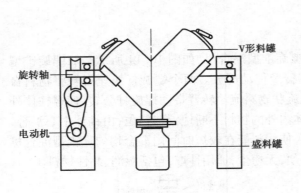

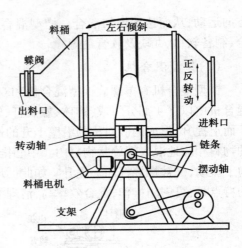

图 10.15　V 形混合机

图 10.16　二维运动混合机

（3）三维运动混合机

三维运动混合机（图 10.17）由机座、混合筒、传动系统、多向运动系统及电器控制系统等组成。混合筒为两端锥形的圆筒，筒身两端被两个带有万向节的转轴联接。其中，一个轴为主动轴，另一个轴为从动轴。当主动轴旋转时，由于两个万向节的夹持，混合筒在空间既有自转又有公转和翻滚，作周而复始的平移、转动和翻滚等复合运动。

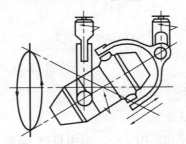

图 10.17　三维运动混合机

由于混合筒复杂的空间运动，使物料在筒内不断地被抛落、平移，并来回翻倒，加速了对流和扩散作用。更为重要的是，混合在没有离心力的作用下进行，避免了物料的比重偏析和积聚现象，故混合均匀度高。

三维运动混合机是一种新型的旋转式混合设备，广泛应用于制药、食品、化工等工业的物料混合。

技能实训 10　万能粉碎机的拆卸安装与使用维护

【实训目的】

①掌握万能粉碎机部分部件拆卸安装的顺序和方法，特别注意环状筛网安装时接头位

置无误。

②掌握万能粉碎机的规范操作,能正确按规程清洁设备。

③熟悉万能粉碎机的维护保养方式。

④熟悉万能粉碎机安全操作注意事项。

【实训内容】

①辨认万能粉碎机各部分结构,按照粉碎任务的要求选择合适的环状筛。

②学习环状筛的安装和拆卸,并多次练习。

安装环状筛时,应注意:

a. 将筛网接头部分放置于上部,以免接头位于下部时造成物料的堵塞。

b. 筛网接头的方向应与粉碎室内物料的旋转方向一致,以免物料对接头反向冲击。

c. 对机械部件的安装和拆卸均应轻拿轻放,并摆放整齐。

③万能粉碎机的操作:

A. 操作前的检查和准备工作:

a. 检查零件的完好和紧固情况。

b. 检查粉碎机在机座上是否牢靠,检查轴承的润滑状况。

c. 安装环状筛网,按照旋转方向安装牢固,并注意筛网接头处在上部。

d. 安装绑扎好粉末收集袋,关闭集料室门。

e. 安装好集尘室袋滤器,关闭集尘室门。

f. 关闭粉碎室门并旋紧紧固手轮。

B. 设备的运行:

a. 按下风机开启按钮,空载运行,倾听有无异常声音。

b. 按下主机开启按钮,空载运行,倾听有无异常声音。

c. 待机器高速转动正常后,再加料,加料不易过快过多。

d. 筛网筛出的粉末由粉末收集袋收集。

C. 停机:

a. 粉碎完毕,停止加料,待机器空转1~2 min后,按顺序关闭主机,关闭风机,切断电源。

b. 待粉碎机完全停止转动后清理粉末收集袋,清理袋滤器。

c. 按规程清洁机器。

④万能粉碎机的安全操作注意事项:

a. 物料的含水量不得高于5%,物料中严禁混入金属物(如铁钉等)。

b. 应注意先开机运行,再加料。

c. 工作过程中严禁打开密封盖和手伸入粉碎室内。

d. 工作过程中如发现异常响声、出料堵塞、轴承或电机过热,应停止加料,停车检查,排除故障。

⑤万能粉碎机的维护保养:

a. 定期为机器加润滑油,对于连续工作应增加加油次数。实际工时满300 h,必须保养主轴轴承腔,清洗后更换新润滑油。

b. 定期检查活动齿盘的固定螺母及固定齿盘内螺钉是否松动。

c. 操作时,严防金属物及其他杂物混入物料,如发现异常及时停车排除。

d. 检查钢齿是否磨损严重,如严重可调整安装另一侧,如两侧磨损严重需更换钢齿。

【思考题】

①为什么万能粉碎机必须先开机空转一段时间再加料进行粉碎?

②说一说安装环状筛网时,筛网接头的位置如何确定。

③万能粉碎机运行时出现漏粉的原因可能是什么?应如何解决?

④操作万能粉碎机有哪些安全问题?

项目小结

破碎、筛分和混合是固体制剂生产中的基本单元操作。本项目从内容上既有基本概念、基础知识,又有技能操作,特别突出了破碎机械、筛分机械和混合设备的实用性、实践性,增强了对设备多方面的认知和生产中对设备使用技能的培养。

复习思考题

一、名词解释

破碎;自由粉碎;粉碎比;筛分;混合。

二、填空题

1. 粉碎根据粒度可分为_____、_____、_____、_____ 4 种。

2. 球磨机的转速不能过快或过慢,维持钢球的运动为_____状态时,粉碎效果最好;粉碎时,物料在钢球的_____和_____作用下得以粉碎,粉碎细度高。

3. 药典筛与工业筛对应:一号筛对应_____目,二号筛对应_____目,三号筛对应_____目,四号筛对应_____目,五号筛对应_____目,六号筛对应_____目,七号筛对应_____目,八号筛对应_____目,九号筛对应_____目。

4. 固体混合中存在_____、_____和_____运动形式。

5. 容量旋转型混合机目前有_____、_____和_____ 3 种。

三、问答题

1. 破碎机械中,常用的破碎作用力是哪几种?

2. 影响筛分的因素有哪些?

3. 固体混合的机理有哪些?

项目 11　固液浸取

📖 **知识目标**

- 掌握固液浸取的原理及常用的设备；
- 熟悉中药提取浓缩生产流程；
- 熟悉多功能提取罐结构。

📖 **技能目标**

- 能够掌握固体浸取和纯化浓缩工艺，以及多功能提取罐的操作规程。

📖 **知识点**

- 固液浸提；提取浓缩；多功能提取罐；纯化工艺。

在任何一种溶剂中，不同的物质具有不同的溶解度。浸取是利用各种物质在选定溶剂中溶解度的不同，以分离混合物中组分的一种方法。其中选定的溶剂称为萃取剂。萃取过程是溶质从提取物中传递到萃取剂中的传质过程。用萃取剂分离固体混合物中组分的方法，称为固液浸取或提取，也称固-液萃取。生产中，固液浸取是一种应用溶剂将固体原料中的可溶性组分提取出来的操作。

任务 11.1　固液浸取概述

11.1.1　固液浸取原理

制药生产中，通过提取操作可获取含有有效成分的溶液。矿物药和树脂类药材无细胞机构，其成分可直接溶解或分散悬浮于溶剂中；药材经粉碎后，对破碎的细胞来说，其所含成分可被溶出、胶溶或洗脱下来。对具完好细胞结构的动植物药材来说，细胞内的成分浸出，需要经一个浸提过程。中药材的提取过程一般可分为浸润、渗透、解吸、溶解、扩散等几个相互联系的阶段。

1)浸润与渗透阶段

浸取的目的是利用适当的溶剂和方法将药材中的有效成分提取出来。因此,溶剂需要在加入药材后能够润湿药材的表面,并能进一步渗透到药材的内部,即必须经过一个浸润、渗透阶段。

溶剂能否使药材表面润湿,与溶剂和药材的性质有关,取决于溶剂与药材表面物质之间的亲和性。如果药材与溶剂之间的亲和力大于溶剂分子之间的内聚力,则药材易被润湿;反之,药材不易被润湿。大多数中药材由于含有较多带极性基团的物质(如蛋白质、果胶、糖类、纤维等),与常用的浸提溶剂(如水、醇等极性溶剂)之间有较好的亲和性,因而能较快地完成浸润过程。但是,如果溶剂选择不当,或药材中含有难浸提的成分,则润湿会遇到困难,溶剂很难向细胞内渗透。如欲从含脂肪油较多的中药材中浸提水溶性成分,应先进行脱脂处理;用乙醚、石油醚、氯仿等非极性溶剂浸提脂溶性成分时,药材须先进行干燥。

溶剂渗入药材内部的速度,除与药材所含各种成分的性质有关外,还受药材的质地、粒度及浸提压力等因素的影响。药材质地疏松、粒度小或加压提取时,溶剂可较快地渗入药材内部。为了帮助溶剂润湿药材,有时在溶剂中加入适量表面活性剂。由于其具有降低界面张力的作用,故能加速溶剂对某些药材的浸润和渗透。

2)解吸与溶解阶段

溶剂进入细胞后,可溶性成分逐渐溶解,胶性物质由于溶胶作用,转入溶液中膨胀生成凝胶。随着成分的溶解和胶溶,浸出液的浓度逐渐增大,渗透压升高,溶剂继续向细胞内透入,部分细胞壁膨胀破裂,为已溶解的成分向外扩散创造了有利条件。

由于药材中有些成分相互之间或细胞壁之间,存在一定的亲和力而有相互吸附的作用。当溶剂渗入药材时,溶剂必须首先解除这种吸附作用(即解吸阶段),才可使一些有效成分以分子、离子或胶体粒子等形式或状态分散于溶剂中(即溶解阶段)。例如,叶绿素本身可溶于苯或石油醚中,但单纯用苯或石油醚并不能很好地从药材组织中提取出叶绿素,这是由于叶绿素周围被蛋白质等亲水性物质所包围。若于苯或石油醚中加入少量乙醇或甲醇,可促使苯或石油醚渗过组织的亲水层,将叶绿素溶解浸出。成分能否溶解,取决于成分的结构和溶剂的性质是否遵循"相似相溶"原理。

解吸与溶解是两个紧密相连的阶段,其快慢主要取决于溶剂对有效成分的亲和力大小。因此,选择适当的溶剂对于加快这一过程十分重要。此外,加热提取或利用溶剂中酸、碱、甘油及表面活性剂,由于可加速分子的运动,或者可增加某些有效成分的溶解性,有助于有效成分的解吸和溶解。

3)浸出成分扩散阶段

当浸出溶剂溶解大量药物成分后,细胞内液体浓度显著提高,使细胞内外出现浓度差和渗透压差。因此,细胞外侧纯溶剂或稀溶液向细胞内渗透,细胞内高浓度的液体可不断地向周围低浓度方向扩散,至内外浓度相等,渗透压平衡时,扩散终止。因此,浓度差是渗透或扩散的推动力。

提取时的传质过程以扩散原理为基础。1855年德国人菲克首先从实验中发现,双组分混合物系的组分 A 在组分 B 中扩散时,组分 A 的扩散速率,即单位时间内组分 A 通过垂直于浓度梯度方向的单位截面扩散的摩尔量为

$$J_A = -D \cdot \frac{dC_A}{dx} \qquad\qquad (11.1)$$

式中　　J_A——组分 A 的扩散速率，$kmol/(m^2 \cdot s)$；

C_A——组分 A 的摩尔浓度，$kmol/m^3$；

dC_A/dx——沿 x 方向上的浓度梯度，$kmol/m^4$；

D——质量扩散系数，m^2/s。

式(11.1)中负号表示扩散沿着浓度下降的方向进行。式(11.1)称为菲克第一定律。

质量扩散系数 D 是物质特性常数之一。对于液体，由于缺乏完善的结构和输送特性理论，难于严格地处理液体的质量扩散系数问题，而固体的质量扩散系数更难从理论上导出。在中药提取中，溶质在液相中的扩散系数通常在 $10^{-10} \sim 10^{-8}$。有些药材的质量扩散系数可从有关资料中查得，大多数药材的质量扩散系数应由实验确定。

式(11.1)用于药材在灌内浸泡，液体处于静止状态下的提取，属于分子扩散过程。若液体运动为湍流状态，由湍动和旋涡引起物质的扩散称为涡流扩散。在湍流状态提取时，质点为大量分子的集群，湍流主体中质点传递的规模和速度远大于单个分子，湍流中的旋涡引起速度与浓度的随机脉动会急剧增强扩散能力，涡流扩散占主要地位。分子扩散和涡流扩散同时进行，扩散速率表达式为

$$J_A = -(D + D_e) \cdot \frac{dC_A}{dx} \qquad\qquad (11.2)$$

式中　　D_e——涡流质量扩散系数，m^2/s。

D_e 不是物质特性常数，它与流动特性有关，从理论或实验上确定 D_e 与时均流动量之间的普遍关系是很困难的，常将分子扩散与涡流扩散的作用合并一起作具体分析。

当某种流体流经一可溶(或含有可溶物质)的固体表面时，在它们的相界面附近往往会出现传质过程或扩散现象。出现的传质过程称为对流传质。相界面处存在一很薄和浓度梯度很大的边界层，称为浓度边界层。设 $C_{A\infty}$ 为组分 A 在无穷远处的摩尔浓度，则与速度边界层相似，浓度边界层 δ_c 定义为 $C_A = 0.99C_{A\infty}$ 处的边界层厚度。在提取中，传质操作发生在流体湍流状态时，对流传质就是湍流主体与相界面之间的涡流扩散与分子扩散传质作用的总和。

11.1.2　提取工艺参数

1)药材粉碎的程度

被提取药材，粉碎程度越高，接触面积就越大。其溶质从药材内部扩散到表面所通过距离越短。两者均使提取速率提高，但实际生产中药材不宜过细，因为过细反而会使得提取液和药渣分离困难。对于植物药的提取，若磨得过细，使大量细胞破裂，一些黏稠和高分子物质进入溶液，使提取液变得浑浊，无效成分增加，影响产品质量。一般要求粒度适宜且均匀。如用水为溶剂时，以选用粗粉有利。叶、花、草类甚至不必粉碎；果实、种子类可按实际情况选用；根、茎、皮类选用薄碎的饮片，若以乙醇为溶剂，可相应地选用较粗的粗粉。

2)温度

由于溶质在溶剂中的溶解度一般随温度提高而增加，同时扩散系数也随温度升高而增大，故使提取速率和提取收率均有提高。但温度升高，杂质混入较多，使热敏性组分分解破

坏,使易挥发性组分损失加大。因此,利用升温方式来提高提取速度有一定的局限性。在提取操作时,应控制温度在沸点以下为宜。

3）溶剂用量及提取次数

在定量溶剂的情况下,多次提取可提高提取收率。第一次提取溶剂用量要超过药材溶解度所需要的量,不同药材的溶剂用量和提取次数都需要通过实验来确定的。溶剂用量将直接影响提取效果,若其他操作条件不变,溶剂量越大,提取次数减少,提取速率快。但加大溶剂用量使提取液变稀,这将给提取液中溶质的回收带来困难。因此,溶剂用量要适宜。

4）时间

在一定条件下,时间越长越有利于提取过程。当扩散达到平衡时,时间就不起作用了,相反还会使杂质量增加,影响产品纯度。

5）压力

药材组织坚实,溶剂较难浸润,提高提取压力有利于加速浸润速度,使药材组织内更快地充满溶剂和形成浓溶液,从而使开始发生溶质扩散过程所得时间缩短。当药材组织内充满溶剂之后,加大压力对扩散速率则没有什么影响,对组织松软、容易湿润的药材的提取影响则不很显著。

6）浓度差

浓度差是指药材内部溶解的浓溶液与其外面周围溶液的浓度差值。浓度差值越大,提取速率越快。在选择提取工艺和设备时,以其最大浓度差作为基础。一般连续逆流提取,能保持浓度差,有利于提取。应用浸渍法时,搅拌或强制循环,均利于提取。

11.1.3 固液提取方法

中药提取是根据所用溶剂性质、药材的药用部位、剂型、工艺条件和生产规模的不同,而采用不同的提取方法。常用的方法有煎煮法、浸渍法、渗漉法及回流法等。

1）煎煮法

煎煮法是用水作溶剂,将药材饮片或粗粉加热煮沸一定时间,以浸出药材成分的方法。适用于有效成分能溶于水,且对湿、热较稳定的药材。

2）浸渍法

浸渍法是用定量的溶剂,在选定的温度下,将药材饮片或颗粒浸泡一定的时间,以浸出药材成分的方法。按浸渍温度的不同,可大致分为室温下进行操作的冷浸渍法、加热在 40 ~ 60 ℃进行操作的温浸渍法和加热在沸点以下进行操作的热浸渍法。按每批药材被浸渍的次数,可分为单次浸渍和重浸渍。浸渍法适用于黏性药物、无组织结构的药材、价格低廉的芳香性药材等的成分提取。

3）渗漉法

渗漉法是指将润湿的药材粗粉置于渗漉器内,从渗漉器上部连续地加入溶剂,渗漉液不断地从渗漉器底部流出,从而浸出药材成分的一种方法。渗漉分渗漉液不用作渗漉溶剂的单渗漉和渗漉液用作渗漉溶剂的重渗漉两种。渗漉法适用于贵重药材、毒性药材和有效成分含量较低的药材。

4)回流法

回流法是将药材饮片或粗粉用易挥发的有机溶剂提取药材成分,在提取过程中,蒸发出的挥发性溶剂蒸汽被冷凝后,再回流到提取器中重复使用至有效成分被充分浸出的一种方法。按提取过程温度的不同,可大致分为室温下进行操作的回流冷提法,加热在 40 ~ 60 ℃进行操作的回流温提法和加热在沸点以下进行操作的回流热提法。

任务 11.2   固液提取设备与流程

中药材中绝大部分为固体物质,要从其中萃取出其有效成分,需用提取设备。提取设备可分为间歇式提取设备和连续式提取设备。根据固体物料在提取器中的运动状态,还可分为静态提取设备和动态提取设备。静态提取通常是在提取罐内,固体药物基本处于静态的提取。常用的方法为单级提取、索氏提取和罐组式提取等;动态提取通常采用机械搅拌、螺旋输送等形式,使固体药物处于运动状态的提取。动态提取有动态间歇式提取和动态连续式提取两种。动态间歇提取包括强制外循环式提取、搅拌提取等;动态连续式提取包括螺旋推进式连续提取、履带式连续提取等。根据提取溶媒相对于药物溶质浓度梯度的运动方向,又可分为溶媒沿药料溶质浓度下降方向运动的顺流提取、溶媒沿药料溶质浓度上升方向运动的逆流提取和在整个提取过程中既有顺流提取又有逆流提取的混流提取。

11.2.1   间歇式提取设备与流程

1)间歇式提取设备

(1)浸渍设备

浸渍设备主要用于浸渍法提取,如图 11.1 所示。将一定量经切割或粉碎的药材置于浸取器中,注入一定量的溶剂,使固-液接触,经一定时间,使欲萃取组分充分溶解,然后借助于浸取器假底(即筛孔底或栅状底)和滤布或其他方法使药液和药渣分离,从而得到药液。为了强化浸渍,浸渍器可增设搅拌器、泵等机械以及加热装置,如夹套或蛇管等。

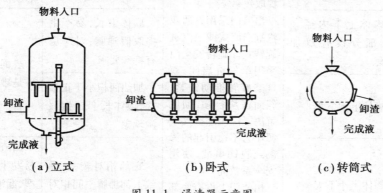

图 11.1   浸渍器示意图

（2）渗漉设备

进行渗漉的设备称为渗漉器，如图 11.2 所示。遇溶剂后易膨胀的药材宜选用圆锥形渗漉器，这样可减缓药材膨胀对器壁的压力。但锥度大的渗漉器，溶剂不易均匀流过，故不膨胀的药材选用圆筒形渗漉器。当处理的物料粒子较细，渗漉阻力较大时，为加大渗漉速度，可采用加压渗漉器。

（3）多功能提取罐

大部分中药企业选用的多能提取罐根据形状分为正锥式、斜锥式、直桶式、蘑菇头式及倒锥式等，如图 11.3 所示。由于形状等差异，生产使用效果上也存在一些差异，多能提取罐的区别见表 11.1。

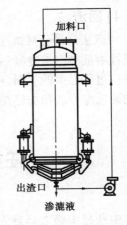

图 11.2　渗漉法示意图

图 11.3　不同形状的多功能提取罐

表 11.1　不同类型多能提取罐的区别

设备类型	结构不同点	功能特性		缺点
		相同点	不同点	
正锥式	罐体下部为正锥形，罐体中大下小	常压、微压、水煎、温浸、热回流、强制循环渗漉作用、芳香油提取及有机溶媒回收等多种工艺操作，药液受热传递快，加热时间短，提取效率较高	提取药材量大；设备占用空间相对小	药材提取不完全，受热不均，内部有效成分提出慢
斜锥式	与正锥式类似，罐体下口偏向一侧		同正锥式	出渣困难，有的药材会停留在罐壁上，形成桥架
直桶式	罐体上下内径一样，部分设有双加热套	出渣门采用普通双汽缸启闭式或三汽缸旋转式。旋转安全门采用单气缸启闭，双气缸旋转推动锁紧，斜面楔块自锁，彻底解决了因压缩空气气源压力不稳引起的渗漏或脱钩事故，使用安全系数高	罐体太长，易产生提取假沸腾；对厂房有特殊要求	表面看已经沸腾，可是罐底的温度不够
蘑菇头式	罐体上大下小		加热面积小于正锥式，罐体长会产生假沸现象	
倒锥式	罐体上小下大	出渣门上设有底部加热，使药材提取更加完全	底部相对较大，导致上部沸腾空间相对减少，易跑料	出渣门较大、重，容易发生变形、密封不严、漏液等故障；出料时药渣对出渣车等设备的瞬间冲击力较大

2)间歇式提取流程

(1)多能提取流程

多能提取流程如图 11.4 所示。它由提取罐、冷凝器、冷却器、油水分离器及滤渣器等组成。提取罐夹套通入蒸汽加热,料液中的蒸汽经冷凝、冷却,经油水分离器可分出芳香油,或直接回流入罐,可进行浸渍、温浸、热回流等操作。在滤渣器后用泵将料液泵回原罐尚可进行循环提取。本流程可进行水提,也可进行醇提(不用油水分离器)。热回流浸取液澄明度较差,由于高温等因素使得非有效成分也易被浸出,一般用于固体口服制剂或外用药。

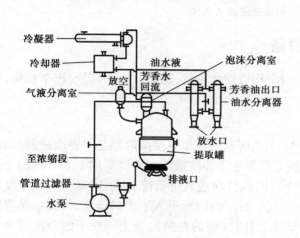

图 11.4　多能提取流程图

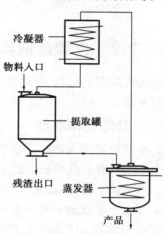

图 11.5　单级提取浓缩流程图

(2)单级提取浓缩流程

制药生产中还经常采用提取和溶剂回收(浓缩)的联合装置。这样使设备紧凑和连续。如图 11.5 所示为单级提取和浓缩的联合装置。其工作过程为回收的溶剂再从回收溶剂贮器流入提取罐中,如此循环,直到将物料中欲萃取组分基本提净。

此法的优点是药材不断与新鲜溶剂接触,从而加快溶出速率和提高了浸出率,但药材和浸出液受热时间很长,使得非有效成分被浸出的量也增加,所得浸出液澄明度较差,不适于热敏性药材的提取。

(3)罐组逆流提取流程

罐组逆流提取如图 11.6 所示。它是将一定数量提取罐串联,溶剂依次通过1—3罐得渗漉液,4罐完成卸渣、装料,待1罐内有效成分全部漉出后,溶剂改由2罐依次至4罐,1罐完成卸渣、装料,以此类推。从末级流出的浸出液是与最新鲜物料接触而得,这样既可得相当浓的浸出液,又维持较大的传质推动力;而将新鲜溶剂(纯溶剂)加到第一级,尽管物料溶质浓度已很低,尚可具有相当的传质推动力。因此多级逆流提取中,提取单位溶质所消耗的溶剂量比单级萃取所用溶剂量为小。本流程所得浸出液澄明度较好。罐组一般由 5 ~ 10 个罐组成。所用溶剂既可用乙醇也可用水。

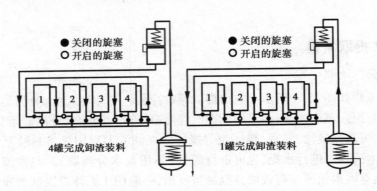

图 11.6　罐组逆流提取流程

11.2.2　连续提取流程与设备

连续提取器的加料、排渣和提取液的收集均可连续进行,提取效率高,提取速率较快,自动化程度高。

1) 移动床式萃取器

这种萃取器原为德国开发研制。如图 11.7 所示的波尔曼兹萃取器是一种改进的形式。它是由一组具有多孔底的篮筐组成。这些篮筐固定于能使篮筐在萃取器内上下升降的运输带上。当篮筐下降时(图 11.7 中右侧部分),固体自动地装进篮筐,并喷以具有一定浓度的萃取液。由于萃取液本身的重力使之通过篮筐底部的孔,而进入下面的篮筐,因此在萃取器的下部可获得高浓度溶质的萃取液。当篮筐上升时(图的左侧),从上面喷下的新鲜溶剂将固体逐筐萃取而具有一定浓度。再集中于萃取器的底部,并用泵打到设备的上部,作为右侧下喷的萃取液。当篮筐离开萃取器时,自动卸料以完成一个操作循环。

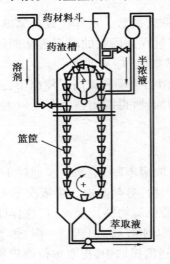

图 11.7　波尔曼兹萃取器

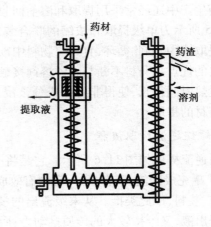

图 11.8　U 形螺旋推进式提取器

2) U 形螺旋推进式提取器

U 形螺旋推进式提取器属于浸渍式连续逆流提取器的一种,如图 11.8 所示。其主要结构由进料管、出料管、水平管及螺旋输送器组成。各管均有蒸汽夹层,以通蒸汽加热。药材自加料斗进入进料管,再由螺旋输送器经水平管推向出料管,溶剂由相反方向逆流而来,将有效成分浸出,得到的浸出液口处收集,药渣自动送出管外。U形螺旋式提取器属于密闭系统,适用于挥发性有机溶剂的提取操作;加料卸料均为自动连续操作,劳动强度降低且浸出效率高。

3)固体排出式萃取器

如图11.9所示为Kennedy式萃取器。该萃取器属于固体排出式。其器内有若干弓形槽相连,每槽内有一可旋转的星形翼轮,翼轮桨叶上有筛孔,物料从左边加料口加入,溶剂从右端加入口进入。物料被翼轮推动自左向右移动,物料每次被推升到两弓形槽之间时,由一刮板将物料刮入前面的弓形槽,至最右端卸渣,而溶剂由萃取器坡度造成的位差从右向左流动,至最左端排出。

图11.9 Kennedy式萃取器

4)平转式连续提取器

平转式连续提取器属于喷淋渗漉式连续提取器的一种,如图11.10所示。其结构为在旋转的圆环形容器内间隔有12~18个料格,每个扇形格的底为带孔的活底,借活底下的滚轮支承在轨道上。药材在提取器上部加入格内,每格有喷淋管将溶剂喷淋到药材上以进行提取。淋下的浸出液用泵打入前一格内,如此反复逆流浸出,最后收集的是浓度很高的浸出液。浸完药材的格子转到出渣处,此格下部的轨道断开,滚轮失去支承,活底开启出渣。取器转过一定角度后,滚轮随上坡轨上升,活底关闭,重新加料进行浸出操作。平转式提取器整个提取过程运行采用自动化控制,除了可控制设备的转速、投料量外,还可控制溶剂和提取液的喷入量、温度,并能根据用户需要对集液格内提取液的技术指标实现在线测量。同时,还能对药渣中溶剂的回收、提取液的后道工序处理实行自动化控制。同多功能提取罐相比具有投资省、生产能力大、自动化程度高、生产条件好等优点。

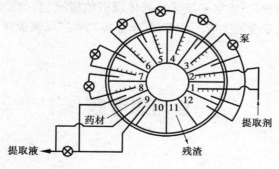

图11.10 平转式连续提取器

技能实训 11　多功能提取罐的拆卸安装与使用维护

【实训目的】

掌握多功能提取罐的拆卸安装方法与使用维护方法。

【实训内容】

记录多功能提取罐拆装的操作规程,熟练掌握其使用和维护方法。

【结果记录】

将实训结果填入表 11.2 中。

表 11.2　实训结果记录

	标准操作规程	注意事项
1		
2		
3		
4		
5		
6		

【思考题】

如何提高多功能提取罐的提取效率?

项目小结

学生通过本项目的学习,能够初步了解固体浸取的概况,熟悉固液提取的原理和设备,能够掌握中药提取纯化浓缩的生成工艺流程,掌握多功能提取罐操作规程,为今后的工作奠定基础。

复习思考题

一、名词解释

固液提取;浸渍;渗漉。

二、填空题

1. 常用固液提取方法包括_____、_____、_____、_____。
2. 常用的间歇式提取设备有_____、_____、_____、_____，连续式提取设备有_____、_____、_____、_____。

三、问答题

1. 简述固液提取的原理。
2. 提取工艺参数有哪些？

项目 12　固体制剂

丸剂、片剂、胶囊剂是固体制剂中常见的 3 种剂型。本项目围绕 3 种剂型,主要介绍目前生产中常用的全自动制丸机、摇摆式颗粒机、旋转式压片机、全自动胶囊机及滚模式软胶囊机等设备。

任务 12.1　丸剂设备

丸剂是指药物细粉或药材的提取物加适宜的黏合剂或其他辅料制成的球形或类球形的固体制剂。

按赋形剂分类,丸剂包括水丸、蜜丸、糊丸、蜡丸及浓缩丸等。丸剂的制备方法有塑制法、泛制法和滴制法。塑制法常用于蜜丸、糊丸和浓缩丸的制备,泛制法常用于水丸、水蜜丸和浓缩丸的制备。

12.1.1 塑制法制丸设备

1)大蜜丸机

大蜜丸机是将丸块制条、切割、搓圆成3~9 g蜜丸的设备。它主要是由进料出条部分、传送部分、翻转部分、滚丸部分、光电控制系统及传动机构等组成。大蜜丸机的成形通常分两部分:一部分是制丸条部分,另一部分是轧丸部分。其成形原理如图12.1所示。从进料口投入的已混合搅拌均匀的蜜丸药坨经挤压叶片挤入水平旋转的螺旋推进器中,利用螺旋推进器的连续推进加压作用,从最前端的模口挤出,形成直径均匀的丸条,当丸条到达轧辊长度时,切断落到轧辊上,利用轧辊凹槽的凸起刃口将丸条轧割成丸。

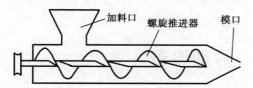
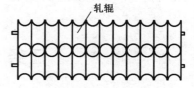

图 12.1 大蜜丸机示意图

2)小丸制丸机

小丸制丸机是将丸块制条切割,搓制成直径为2~13 mm小丸的设备,如图12.2所示。它主要由出条、制丸、制丸润滑、自动控制系统及传动机构等组成。料斗内装有螺旋推进器,前端装有出条片,其上有多个出条孔,料斗外部装有夹套可进冷热水。一对制丸刀既能在轴的圆周方向相向旋转,又能沿轴向往复运动,兼有切割和搓圆作用,可广泛应用于水丸、水蜜丸、浓缩丸、糊丸等的制备。

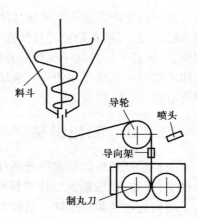

图 12.2 小丸制丸机示意图

12.1.2 泛制法制丸设备

泛制法是指在转动的适宜的容器或机械中将药材细粉与赋形剂交替润湿、撒布,不断翻滚、逐渐增大的一种制丸方法,主要用于水丸、水蜜丸、糊丸、浓缩丸等的制备。除了手工泛制以外,还可用包衣锅进行生产。

12.1.3 滴制法制丸设备

滴丸是利用固体分散技术制备的丸剂,即将固体或液体药物与热的基质混匀加后,滴入与药物基质不相溶的液体冷却剂中,经迅速冷却收缩而成的小丸状制剂,可供内服、腔道或配制溶液等用。

滴丸机的工作原理如图12.3所示。将药物原料与基质放入调料罐内,通过加热、搅拌制成滴丸的混合药液,经送料管道输送到滴嘴。药液由滴嘴小孔流出形成液滴后,滴入冷却柱内的冷却液中,药滴在表面张力作用下迅速形成球形度很高的实心丸,滴丸在冷却液中坠落,并随着冷却液的循环,从冷却柱下流入塑料钢丝螺旋管,并在流动中继续降温冷却变成球体,最后在螺旋冷却管的上端出口落到传送带上,滴丸被传送带送至进行丸油分离的离心机甩油,分离后的滴丸经洗涤后,再由振动筛或旋转筛分级筛选,干燥后即可包装。

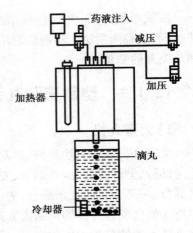

图 12.3　滴丸机示意图

滴制法制备丸剂具有以下特点:设备简单,操作方便,自动化程度高;计量准确,生产条件易于控制,质量差异比较小;可用于多种给药途径,除口服外还可制备耳用、眼用滴丸;可提高难溶性药物的溶出速率,提高生物利用度等。

任务 12.2　片剂设备

片剂的生产方法有直接压片法和颗粒压片法两种。直接压片法是将药物与适宜的辅料混合后,不经过制备颗粒而直接置于压片机中压片的方法;颗粒压片法是先将原辅料粉末制成颗粒,再置于压片机中压片的方法。许多药物需要在药物粉料中加入黏合剂或润湿剂,靠液体的架桥或黏结作用使粉末聚结在一起而制备成颗粒,经干燥、整粒后压片。它的主要工序有制粒、压片、包衣等。

12.2.1　制粒设备

制粒是把药材的提取物与适宜辅料或部分药材细粉混匀制成的颗粒状物的操作,是固体剂型(颗粒剂、胶囊剂和片剂等)的基本单元操作之一。在片剂生产中制粒的目的主要是为了增加流动性和可压性。制粒方法分为湿法制粒、干法制粒和沸腾干燥制粒等。

常用的制粒设备包括摇摆式制粒机、高效混合制粒机和沸腾干燥制粒机等。

1)湿法制粒设备

湿法制粒是在药物粉料中加入黏合剂或润湿剂,靠液体的架桥或黏结作用使粉末聚结在一起而制备颗粒的方法。此法具有外形美观、耐磨性较强、压缩成型性好等优点,在医药工业中应用最广泛。湿法制粒常用的设备有摇摆式制粒机、高速混合制粒机等。

（1）摇摆式颗粒机

YK160 型摇摆式颗粒机由加料斗、七角滚轮、筛网及筛网夹管、机械传动部分等组成。摇摆式颗粒机的工作原理是强制挤出原理,如图 12.4 所示。七角滚轮借机械传动作摇摆式往复运动。受左右夹管而夹紧的筛网紧贴于滚轮的轮缘上,正反运动的滚轮轮缘将加料斗内的软材挤压通过筛网而制成颗粒。

该设备对软材的性能有一定的要求,物料必须黏松适当,太黏则挤出的颗粒成条不易断开,太松则不能成颗粒而成粉末。软材以用手紧握能成团,用手指轻压团块能立即分散为宜。主要用于湿法制粒,也可用于干颗粒的整粒,适用于医药、化工、食品等工业中制造各种规格的颗粒,烘干后供压制各种成型制品。具有结构简单,操作、安装、拆卸、清洁方便等特点。

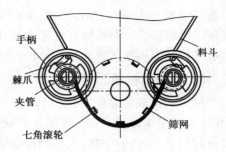

图 12.4　摇摆制粒机示意图

(2)高速混合制粒机

高速混合制粒机结构如图 12.5 所示。它主要由制粒容器、搅拌桨、切割刀、出料口及动力系统等装置组成。该机器采用双电机控制,其中主电机通过减速机构控制搅拌桨的旋转。副电机即制粒电机直接驱动切割刀旋转。本机的制粒过程是由混合及制粒两道工序在同一容器中完成。

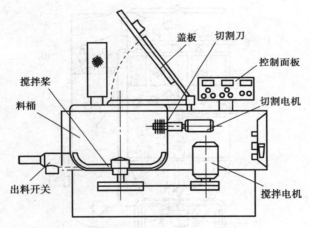

图 12.5　快速混合制粒机示意图

粉状物料从锥形料斗上方投入容器,由于搅拌桨的搅拌作用,使粉料在容器内作旋转运动,同时粉料沿锥形壁方向由外向中心翻滚,形成半流动的高效混合状态,粉料被剪切、扩散达到充分的混合。

制粒时由于黏合剂的注入,使粉料逐渐湿润,粉料性状发生变化,而位于容器侧壁水平轴的切割刀与搅拌桨的旋转运动产生涡流,使物料充分混合、翻动及碰撞,此时处于物料翻动必经区域的切割刀可将团状物料充分打碎成颗粒。同时,物料在三维运动中颗粒之间的挤压、碰撞、摩擦、剪切和捏合,使颗粒摩擦更均匀、细致,最终形成细小而均匀的颗粒。

高速混合制粒机影响制粒成品质量有以下两个因素:

①搅拌桨与切割刀转速的影响。当切割刀转速慢时,颗粒粒径变大,而转速快则颗粒粒径变小;当搅拌桨转速慢时,颗粒粒径小,而转速加快则颗粒粒径大,两者所起的作用相反。

②物料的浆料浓度的影响。在生产较小颗粒时,物料的浆料浓度可稀一点;需生产较大颗粒时,则物料的浆料浓度可稍浓一点。

高速混合制粒机依靠高速旋转的搅拌器迅速完成干混、湿混、制粒操作,制备一批颗粒一般只需 8~10 min。操作方便,无存集结垢。搅拌电机和切割电机均为双速电机,可满足不同的制粒要求。制粒操作处于全封闭状态,所制造粒近似球形,流动性好,自动卸料。该机电气控制为触摸式智能控制,可自动操作,也可手动操作。

2)沸腾制粒机

沸腾制粒机集混合、制粒、干燥于一体,故又称一步制粒机。沸腾制粒机在制药行业应用广泛,可用作片剂、冲剂、胶囊剂的颗粒制粒,也可用于粉状、颗粒状湿物料的干燥等。其设备体积小,生产效率高,成品颗粒含量均匀。

(1)结构

沸腾制粒机如图 12.6 所示。沸腾制粒机的结构可分为空气过滤加热部分,物料沸腾喷雾和加热部分,粉末捕集反吹和排风部分,以及输液泵、喷枪管路、阀门和控制系统 4 大部分。它主要包括流化室、原料容器、进风口、出风口、空气过滤器、空压机、供液泵、鼓风机、空气预热器及袋滤器等。

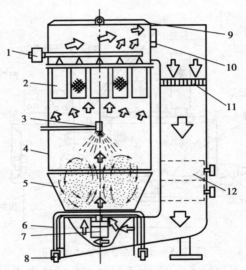

图 12.6　沸腾制粒机结构示意图

1—反冲装置;2—过滤袋;3—喷嘴;4—喷雾室;5—流化室;6—空气分布器;7—顶升汽缸;
8—排水口;9—安全盖;10—排气口;11—空气过滤器;12—空气加热器

(2)工作原理

物料粉末粒子在原料容器中呈环形流化状态,受到经过净化后的加热空气预热和混合,将胶黏剂溶液雾化喷入,使若干粒子聚集成含有胶黏剂的团粒,热空气对物料不断干燥,使团粒中的水分蒸发,胶黏剂凝固,此过程不断重复进行,形成理想均匀的多微孔球状颗粒。

空气过滤器上方有两个口:一个是空气进口,另一个是空气排出口。空气进入后经过过滤器,滤除尘埃杂质;经过加热器进行热量交换后热空气从盛料器的底部进入,穿过袋滤器,最后从顶部排出。

流化室底部的不锈钢板上布满 1~2 mm 的小孔,上面覆盖着一层 120 目的不锈钢筛网,形成分布板(又称"沸腾床"或"流化床")。将物料倒入盛料器中的分布板上,推到喷雾室的正下方,由位于其下方的顶升气缸进行顶升并密封,达到工作状态。由于由下至上的气流和容器形状的影响,物料由下而上到最高点时向四周分开下落,在底部再集中于中间向上,呈流化沸腾状态。粉末物料一边受胶黏剂液滴的黏合聚集成颗粒,一边受热气流加热将水分蒸发逐渐干燥。

容器的装量要适当,一般为容积的60%~80%。沸腾制粒机进风口应有适当的进风量和风压。进风量和风压的大小可根据粉料的比重和粒度大小进行调节,合适的风量和风压可使粉料实现良好的沸腾状态,形成"沸腾床"。如风量和风压过大,会使粉末沸腾过高,黏附于滤袋表面,造成气流堵塞;反之,粉末几乎不动,而形成"固定床"。进风温度过高会使颗粒粒度降低,过低会使物料结块。

设备顶部装有滤袋口朝下的袋滤器,少量细粉会随热风一起向上进入袋滤器,热风穿过滤袋由风机排出,细粉被滤袋截留。滤袋上方的反冲装置定时向滤袋反吹风,使滤袋抖动,将其上的细粉抖掉。

喷枪的枪体有两个接口:一个是液体进口,胶黏剂由泵通过管道输入;另一个是压缩空气进口,压缩空气将液体吹成雾状。

3)干法制粒设备

干法制粒机如图12.7所示。它由送料螺杆、挤压轮、粉碎机、颗粒容器等组成。操作时,将混合均匀的物料加入送料斗中,通过螺杆输送到两挤压轮上部进行压缩,压缩物的厚度通过两挤压轮之间的缝隙大小调节,压缩物依次经过粉碎机粉碎成颗粒,最后经过整粒机筛分成粒度适宜的颗粒。

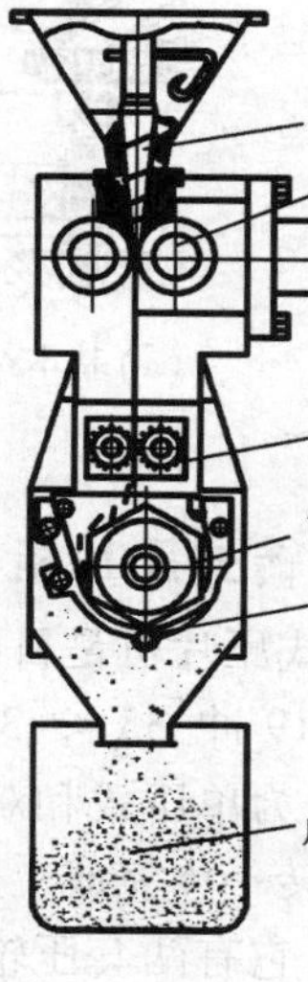

图12.7 干法制粒示意图

12.2.2 片剂压制设备

片剂是现代药物剂型中常见剂型之一。它是指药物与适宜的辅料混合均匀后,通过制剂技术压制而成的圆形片或异形片状的固体制剂。

片剂是一种口服固体制剂,具有以下特点:计量准确,服用方便;体积小,便于携带、储存和运输;生产设备效率高、自动化程度高、生产成本低等。这些优势使得片剂成为应用最为广泛的重要剂型之一,特别是近些年,片剂的生产技术和生产设备得到很大发展,如沸腾制粒、全粉末直接压片、全自动高速压片机、全自动高效包衣机等新技术和新设备的开发和使用,使片剂的品种不断增多,质量也得到很大提高。

片剂的生产方法有粉末压片法和颗粒压片法两种。粉末压片法是直接将均匀的原辅料粉末置于压片机中压成片状;颗粒压片法是先将原辅料制成颗粒,再置于压片机中冲压成片状。

目前,常用的压片机按其结构,可分为单冲压片机和旋转式(多冲)压片机;按压制片形,可分为圆形压片机和异形压片机;按压缩次数,可分为一次压制压片机和二次压制压片机等。

1)单冲压片机

一般为手动和电动兼用,其主要组成是加料斗、上下冲模、模圈及片重调节器等。基本结构如图12.8(a)所示。单冲压片机的压片过程如图12.8(b)所示。

①上冲抬起,饲粉器移动到模孔之上。

②下冲下降到适宜深度,饲粉器在模孔上摆动,颗粒填满模孔。

③饲粉器从模孔上移开,使模孔中颗粒与模孔的上缘相平。

④上冲下降并将颗粒压缩成片,此时下冲不移动。

⑤上冲抬起,下冲随之抬起到与模孔上缘相平,将药片由模孔中推出。

⑥饲粉器再次移到模孔之上,将模孔中推出的药片推开,同时进行第二批饲粉,如此反复进行。

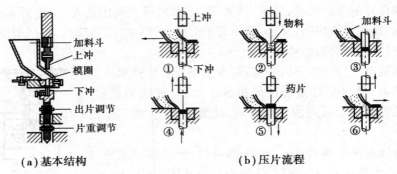

(a)基本结构　　　　　(b)压片流程

图12.8　单冲压片机示意图

2)旋转式压片机

旋转式压片机是目前制药工业中片剂生产最主要的压片设备。通常按照转盘上的冲模数量分为19冲、33冲、35冲、51冲、75冲等。按照转盘旋转一周填充、压片、出片等操作的次数,可分为单压式和双压式。单压式指转盘旋转一周完成填充、压片、出片各一次;双压式指转盘旋转一周完成上述操作各两次,所以生产能力是单压的2倍。目前,生产中多用双压式压片机,它有两套压轮,两套压轮交替加压,可使机器减少振动和噪声、降低动力消耗,双压式压片机的冲模数都是奇数。下面以 ZP35B 型旋转式压片机为例进行分析。

ZP35B 型旋转式压片机是一种双压式自动旋转、连续压片的机器,在药厂主要用于将干燥颗粒状原料压制成片剂,同时也适用于化工、食品、电子等工业部门。

该机外围罩壳为全封闭透明形式,能清楚观察压片的状态,并且能全部打开,易于内部清理和保养。采用变频调速装置,操作方便,转动平稳,安全准确。

（1）结构

ZP35B 型旋转式压片机结构如图 12.9 所示。它主要由外围罩、加料部分、冲模、转台、导轨、压力装置、调节机构、传动机构、机座及电气部分等组成。

①外围罩

机器的传动部分位于下部的封闭机箱,机箱有 3 扇不锈钢门,保护传动零件免受药粉污染。机器上半部即压片室由四扇有机玻璃视窗围成,分别由气弹簧支承,开合方便。机器的前部为电气箱,文本显示器(即操作界面)位于电气箱顶端。

②月形栅式加料器

两个加料器如图 12.10 所示。它们分别安装在转台的两侧,其底面与转台工作面的间隙以及料斗的高度均可调。加料器的作用:一是将颗粒填充后将中模外多余的颗粒刮去;二是把从料斗内流出的多余的颗粒控制在栅格里;三是将被下冲送出的药片推至出料口出片。

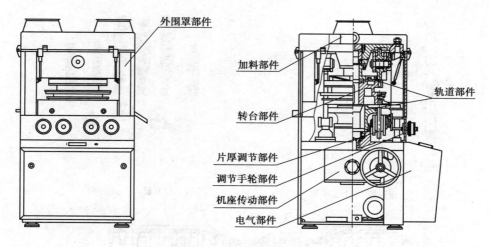

图 12.9　旋转式压片机示意图

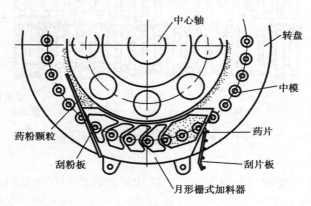

图 12.10　月形栅式加料器加料示意图

③转盘

压片机的转盘安装在机器的中轴上并绕轴转动。转盘有 3 层,上层安装上冲,中层安装中模,下层安装下冲。工作时,转盘带动冲模作圆周运动。

④冲模

在各类压片机中,片剂的成型都是由冲模完成的。本机共有 35 套冲模,每套冲模包含一个上冲,一个下冲和一个冲模,如图12.11所示。上下冲的结构相似,其冲头直径也相等,上冲冲头短,下冲冲头长。冲头可在中模孔中自由上下滑动,不存在漏粉的间隙。冲头的端面可以是平面,可以深凹形或浅凹形,也可在上面刻字等。按照冲头形状的不同,冲模分为 3 种:其端面形状是圆形的称为圆形片冲;端面刻字的称为特制片冲;端面形状是三角形、长圆形等异形形状的称为异形冲。如图 12.12 所示,异形冲上冲设置有导向键,以防止冲头转动。

⑤上下压轮

如图 12.13 所示,上下压轮分为预压和主压两部分。大轮为主压轮,小轮为预压轮。当上下冲杆经过预压轮时,将模孔中的空气排掉,以提高压片速度,保证压片质量。当冲杆运行到上下主压轮间时将颗粒压制成片。

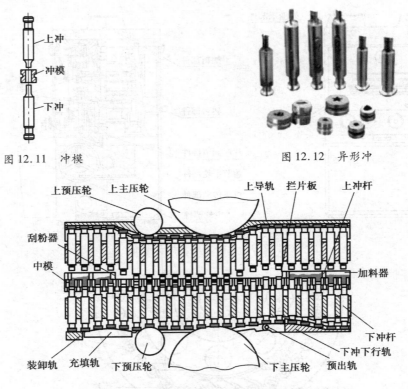

图 12.11　冲模　　　　　　　　　图 12.12　异形冲

图 12.13　旋转压片机压片过程示意图

⑥上下导轨

带动上下冲杆作有规则的上下运动。上冲冲尾的凹槽挂在上导轨上,下冲冲尾位于下导轨上面,上导轨由上冲上行轨、上冲下行轨、上冲上平行轨、上冲下平行轨及压块等组成,它们分别紧固在上轨道盘上。下导轨由下冲上行轨、下冲下行轨、充填轨及过桥板组成,它们分别安装在下轨道座上。下行轨的出口处有一块装卸轨,供装拆下冲杆用。

⑦传动系统

旋转式压片机的传动系统由电动机、同步带轮及蜗轮减速箱、试车手轮等组成。电动机安装在底板的电机板上,电机启动后,通过一对同步齿形带将动力传递到减速蜗轮轴上,带动转盘转动。电机转速是通过交流变频无级调速装置来调节。

(2)工作原理

旋转式压片机的工作原理如图 12.13 所示。其中将圆柱形机器的一个压片全过程展开为平面形式。ZP35B 型旋转式压片机弥补了单冲压片机压片时瞬时无法排除空气的缺点,变瞬时压力为持续的逐渐增加压力,从而保证了片剂的质量。该机转盘上均匀分布有 35 组冲模,冲模绕轴旋转时,上下冲头在上下冲导轨的带动下作上下运动,完成充填、压片和出片等动作。颗粒由加料斗通过月形栅式加料器流入位于其下方的转台中的模圈中。经预压排气后,当上冲与下冲运转到上下压轮之间时将颗粒压成片,然后上冲上行退出模圈,下冲上行将片子推出。该机为双压式压片机,转台旋转一周完成充填、压片和出片各两次。第一个工作周期所压出的 35 个片子被推出到转台的边缘,并跟转台一起旋转至出片通道,与第二个工作周期所压制的 35 个片子一起排出。

（3）设备调节

①压力调节

调节压力大小可改变片剂的厚度。压力装置由上下压轮、上下压轮架、调节螺杆、齿轮箱及调整片等组成。上下压轮由压轮架支承,压轮架相当于一杠杆,上压轮架的位置是固定的,它决定上冲进模的深度。下压轮架的位置是可调的,它决定片剂的厚度。上下压轮之间的距离越大,上下冲杆距离越远,压力越小,所压的片子越厚;反之,上下压轮之间的距离越近,压力越大,所压的片子就越薄。

支承下压轮架的传感器座组件内装有压力传感器,当压力过大时,机器会自动报警。

ZP35B 型压片机压力即片剂厚度的调节是由安装在机器前面左右两端的两只调节手轮控制。左端的调节手轮控制前压轮压制的片厚,右端的调节手轮控制后压轮压制的片厚。当调节手轮按顺时针方向旋转时,片厚增大;反之,片厚减小。片剂的厚度由刻度显示,刻度带每转过一大格,片剂厚度增大（减小）1 mm,刻度盘每转过一格,片剂的厚度增大（减小）0.01 mm。当充填量调定后,检查片剂的厚度以及硬度,再作适当的微调,直至合格。

②充填调节

充填调节装置如图 12.14 所示。它用于调节片重。转动充填调节手轮,经联轴器带动小蜗杆、小蜗轮转动,再带动升降杆上下运动,从而使固定在升降杆上的充填轨上升或下降,位于充填轨之上的下冲随之升降,改变下冲杆在模孔中的位置,进而改变模孔的容积,达到充填量的变化。充填导轨向下调,下冲下降,下冲在模孔中的位置降低,模孔容积增加,充填量增加,片重增加;反之,向上调,片重减小。

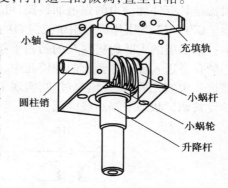

图 12.14　片重调节示意图

ZP35B 型压片机的充填调节由安装在机器前面中间两只调节手轮控制。中间左调节手轮控制后压轮压制的片重。中间右调节手轮控制前压轮压制的片重。当调节手轮按顺时针方向旋转时,充填量减少;反之,增加。其充填的大小由刻度指示,刻度带每转一大格,充填量就增（减）1 mm。刻度盘每转一格,充填量就增（减）0.01 mm。调节时,应注意加料器中有足够的原料和同时调节片厚,使片剂有一定的硬度。

③转速调节

转速的快慢对压片机的使用寿命有直接影响,由于不同的药物品种,其原料、片径大小、压力等各异,因此,转速的选择上不能做统一规定。一般来说,由片径和压力大小来调速度。片径大速度慢,片径小速度可快些;压力大时速度宜慢,压力小时则可快些。最佳的压片速度可通过多次试压和调整得到。

3）全自动高速压片机

随着技术的不断提高,旋转式压片机的速度进一步提升逐渐发展成为高速压片机。

GZPS-73 型全自动高速旋转式压片机,适用制药行业片剂的生产,可将各种颗粒原料压制成片。整个压片过程由充填、预压、主压及出片等工序完成。该机整个操作完全由电控柜上的触摸屏控制,为机电一体化压片机,具有速度快、自动化程度高等特点。

（1）结构

GZPS-73 型全自动高速旋转式压片机如图 12.15 所示。它主要结构有加料装置、导轨、压力装置、传动装置及控制系统等组成。同时,配有多个传感器和控制点。另外,还配备有真空上料器、筛片机、吸尘器等辅助设备。

图12.15　GZPS-73型全自动高压片机

①传动部件

电机通过交流变频无级调速器调速,由减速蜗轮减速后带动转盘主轴转动。

②转盘、导轨部件

转盘和上下导轨共同作用决定了上下冲的运动轨迹,转盘带动冲杆作圆周运动,导轨使冲杆作有规则的上下运动。

③加料器

由于转速加快,高速压片机操作中最主要的问题之一是如何确保中模的填料符合要求。速度快,颗粒填充的时间不充分,难以确保颗粒均匀流入模孔并填满。高速压片机采用的加料器是具有外加动力的强迫加料器,可在机器高速运转的情况下迅速将颗粒填满模孔。

GZPS-73型压片机采用中央进料的3桨双层叶轮组成的强迫加料器加料,如图12.16所示。第一层的大叶轮将料斗的药粉承接过来输送到下一层的两个叶轮上,使物料从两轮中心的孔道送入旋转冲盘上的冲模孔中,使经过加料孔处的冲模每次填充物料量不小于80%,经过几次填充后,保证填充过盈,实现了真正意义上的强迫加料。加料电机速度可在触摸屏的设备调试状态下提高或降低。

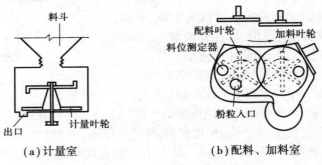

（a）计量室　　　　　　　　（b）配料、加料室

图12.16　加料器部件

④压力部件

速度的提高,使得压片同样成为操作中需要解决的问题。高速压片机分预压轮和主压轮两部分,并有相对独立的调节机构和控制机构。压片时,颗粒先经预压后再进行主压,能保证片剂的成形质量。预压的目的是为了使颗粒在压片过程中排除空气,对主压起到缓冲作用,提高质量和产量。

主压压力影响片厚,可用触摸屏来调节,调节使下主压轮向上移动,主压压力增大,片剂厚度变小;反之,下主压轮向下移动,主压压力减小,片剂厚度变大。

⑤自动剔废部件

对同一规格的片剂,正式生产前将片重、硬度等参数调节至符合要求,并保存于计算机,因此压制出的片厚、片重都是相同的。如果出现颗粒填充的过松、过密等异常,片重便产生差异,压片时冲杆反力也发生了变化。在上压轮的上大臂处装有压力应变片,用于检测每一次压片的冲杆反力并输入计算机,冲杆反力在上、下限内所压出的片剂为合格品;反之,为不合格品,计算机记录压制不合格品的冲杆序号。剔废器装在出片位置,有一个压缩空气的吹气孔对向出片通道,出合格片时吹气孔关闭。出现废片时,计算机根据产生废片的冲杆顺序号,输出电信号给吹气孔开关,压缩空气将废片剔出。同时,计算机也将电信号输给出片机构,经放大使电磁装置通电,迅速吸合出片挡板,挡板挡住合格片通道,使废片进入废片通道排出。

(2)工作原理

GZPS-73 型全自动高速旋转式压片机的主电机通过交流变频无级调速器,并经蜗轮减速后带动转盘旋转。转盘的转动使上下冲头在导轨的作用下产生上下相对运动。颗粒经充填、预压、主压及出片等工序,完成整个压片过程。控制系统通过对压力信号的检测、传输、计算及处理等实现对片重的自动控制,废片自动剔除以及自动采样、故障显示。

12.2.3 包衣方法与设备

片剂的包衣是指在压制片的表面均匀地包裹上适宜材料的工艺操作。目前,包衣的种类主要有糖衣、薄膜衣、半薄膜衣及肠溶衣 4 种。包衣方法主要有悬浮包衣法、干压包衣法和滚转包衣法。

1)包衣方法

(1)悬浮包衣法

悬浮包衣法又称流化床包衣法,是借助急速上升的空气气流,使片剂悬浮于包衣室中,且上下翻转,同时均匀喷入包衣材料溶液,因溶媒迅即挥发而包上衣料的方法。本法包衣操作全过程仅需 1~2 h,多用于片重较轻、硬度较大的片剂包衣,尤适于包薄膜衣。除片剂外,微丸剂、颗粒剂等也可用它来包衣。由于包衣时片剂等由空气悬浮并翻动,衣料在片面包覆均匀,对包衣片剂的硬度要求也低于普通包衣锅包衣。

(2)干压包衣法

干压包衣法又称压制包衣法,是指先将药物用压片机压成片芯后,由一专门设计的传递机构将片芯传递到另一台压片机的模孔中,在片芯到达第二台压片机之前,模孔中已填入部分包衣物料为底层,然后片芯置于其上,再加入包衣物料填满模孔并第二次压制的包衣方法。适用于对湿热敏感药物包糖衣、肠溶衣或药物衣,也可用于长效多层片的制备,或有配伍禁忌药物的包衣。该法对机械精密度要求高。

(3)滚转包衣法

滚转包衣法是一种最经典而又最常用的包衣方法,是将筛去浮粉的片芯置于包衣锅中,在锅不断转动的条件下,逐渐包裹上各种适宜包衣材料的包衣方法可用于包糖衣、薄膜衣和肠溶衣。所用设备有普通包衣锅、高效包衣机等。

2)包衣设备

(1)普通包衣锅

如图 12.17 所示为普通倾斜式包衣锅结构示意图。其设备主要包括莲蓬形或荸荠形的包衣锅、动力装置系统和加热鼓风机等部分。包衣锅多用紫铜或不锈钢等性质稳定、导热性能良好的材料制成,其中,轴与水平面一般成 30°~45°,在设定转速下,片剂在锅内借助于离心力和摩擦力的作用,随锅内壁向上移动,然后沿弧线滚落而下,在包衣锅口附近形成旋涡状的运动。

包衣操作的一般方法是:将片芯置于转动的包衣锅中,加入包衣材料溶液,使均匀分散在各片芯的表面。为加速包衣过程,可加入固体粉末或包衣材料的高浓度混悬液,然后加热、通风使其干燥。按上述方法反复进行,直至达到规定的要求为止。

图 12.17　包衣锅结构示意图

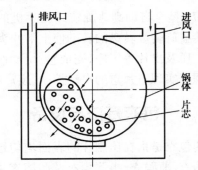

图 12.18　高效包衣机示意图

（2）高效包衣机

高效包衣机结构如图 12.18 所示。采用无气喷雾包衣形式,可进行全封闭的喷雾包衣。包衣锅为短圆柱形并沿水平轴旋转,锅壁为多孔壁,壁内装有带动颗粒向上运动的挡板,喷雾器装于颗粒层斜面上方,热风从转锅前面的空气入口引入,透过颗粒层从锅的夹层排出。

任务 12.3　胶囊剂设备

胶囊剂是指将药物充填于空心胶囊或密封于软质囊材中的固体制剂。根据硬度和分装方法的不同,胶囊可分为硬胶囊剂和软胶囊剂。

12.3.1　硬胶囊剂设备

硬胶囊的制备包括空胶囊的制备、填充物料的制备、充填及封口等工艺过程。

1）空胶囊的制备

硬胶囊制剂生产企业使用的空胶囊一般均由空胶囊厂提供。手工填充用空胶囊一般要求体、帽分离,待填充后靠手工套合锁紧;机械填充用空胶囊一般要求体、帽套合在一起,待上机后再进行分离、填充、套合及锁紧。

硬胶囊主要用明胶混合物制成,可含有少量的色素、遮光剂、增塑剂及防腐剂。空胶囊最理想的贮藏条件为相对湿度 50%、温度 21 ℃。

2）药物的处理

硬胶囊中填充的药物,除特殊规定外,一般均要求是混合均匀的细粉或颗粒。以中药为原料的处方中剂量小的或细料药等,可直接粉碎成细粉,过六号筛,混合均匀后填充;剂量较大者可先将全部或部分药材经提取浓缩成稠膏,加药材细粉或适当辅料制成颗粒或细粉,混匀后填充。

3)药物填充设备

一般少量制备时,可用手工填充法填充。大量生产时,多采用机械填充法填充,所使用的设备主要为胶囊填充机。胶囊填充机的结构如图 12.19 所示。它主要由胶囊排序、定向、体帽分离、充填、废胶囊剔除、合囊、出囊及清洁等装置构成。

(1)空胶囊的排序装置

机用空心胶囊为帽体合一的套和胶囊,进入填充机后,需要按照一定的顺序进入下一个工序。排序装置的结构和原理如图 12.20 所示。

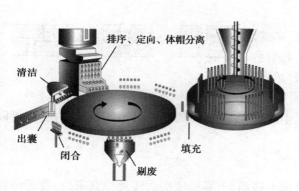

图 12.19 硬胶囊填充机示意图

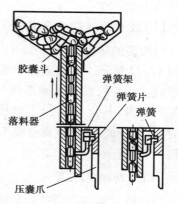

图 12.20 空胶囊排序装置示意图

落料器的上部贮囊斗相通,内部设有多个圆形孔道,每一孔道的下部均设有卡囊簧片,工作时,落料器本身在驱动机构带动下作上下往复滑动,其上端的槽口为漏斗口,并朝向贮囊斗作上下滑动,使空胶囊以帽下体上或帽上体下的形式进入落料器的孔中,并在重力作用下自由下落。当落料器上行时,卡囊簧片将一个胶囊卡住。落料器下行时,簧片架产生旋转,卡囊簧片松开胶囊,胶囊在重力作用下,由下部出口排出。当落料器再次上行并使簧片架复位时,卡簧片又将下一个胶囊卡住。可见落料器上下往复滑动一次,每一孔道均输出一粒胶囊。由于这种间歇送料不是强制性的,因此,一旦孔道中稍有阻力,空胶囊就不能超越前进。

(2)空胶囊的定向装置

生产工艺要求空胶囊进入胶囊模块前必须整向为囊帽在上、囊体在下的统一方向,这样就需要一个整理方向的整向装置。其过程如图 12.21 所示。

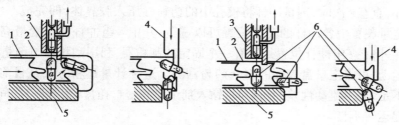

图 12.21 空胶囊定向装置示意图

1—顺向推爪;2—定向滑槽;3—落料器;4—压囊爪;5—向器座;6—囊夹紧点

工作时,胶囊依靠自重落入定向滑槽中(由于定向滑槽的宽度略大于胶囊体的直径而略小于胶囊帽的直径,因此,滑槽对胶囊帽有一个夹紧力而不接触胶囊体),再由水平的顺向推爪(只能作用于直径较小的胶囊体中部)将空胶囊在定向滑槽内推成水平状态,从而完成由不规则排列的垂直入孔的胶囊转换成帽在后、体在前的水平状态(当顺向推爪推动胶囊体运动时,胶囊体将围绕滑槽与胶囊帽的夹紧点转动,使胶囊体朝前),并被推到滑槽的前端。接着,垂直运动的压囊爪下移,使水平状态的空胶囊体翻转90°(压囊爪推动胶囊中心的一点而垂直下移,由于囊帽夹在滑槽中,胶囊向下移动受阻,而囊体由于摩擦力远小于囊帽的摩擦力,于是以夹紧点为支点,囊体向下移动),完成帽在上、体在下的转向,并被垂直推入处于间歇状态的工位囊板孔中。胶囊经过 a 位、b 位、c 位最后到达 d 位后,以帽在上、体在下的状态进入下一工序。

(3)胶囊的体帽分离装置

空胶囊的体帽分离操作可由拔囊装置完成,如图 12.22 所示。该装置由上下囊板以及真空系统组成。当空胶囊被压囊爪推入囊板孔后,气体分配板上升,其上表面与下囊板的下表面贴严。

图 12.22 胶囊的体帽分离装置示意图

此时,真空接通,囊体被真空吸至下囊板孔中时,上囊板孔中的台阶可挡住囊帽,与囊体得以分离。

(4)药物填充装置

当空胶囊体、帽分离后,上囊板向内且向上移动,下囊板依次回转到填充工位,接着药物定量填充装置将定量药物填充入下方的胶囊体中,完成药物填充过程。药物定量填充装置的类型很多,常用的有冲塞式间歇定量装置、插管定量装置、活塞-滑块定量装置及真空定量装置等。不同的填充方式适应于不同药物的分装,需按药物的流动性、物料状态(粉状或颗粒状、固态或液态)等选择,以确保分装质量差异符合药典要求。

①冲塞式间歇定量装置

其结构与工作原理如图 12.23 所示。剂量腔(药粉盒)由剂量盘(定量盘)和粉盒圈组成。工作时,可带着药粉作间歇回转运动。剂量盘(定量盘)沿周向设有若干组模孔(图中每一单孔代表一组模孔),剂量冲头的组数和数量与模孔的组数和数量相对应。工作时,凸轮机构带动各组冲杆作上下往复运动。当冲杆上升后,剂量腔(药粉盒)旋转一个角度,同时药粉自动将模孔中的空间填满。随后冲杆下降,将模孔中的药粉压实,然后,冲杆再次上升,药粉盒又旋转一个角度,药粉再次将模孔中的空间填满,冲杆下降再次将模孔中的药粉压实。如此循环,直至 f 次时,剂量冲杆将模孔中的药粉柱压入胶囊体,即完成一次填充操作。冲塞式间歇定量装置中各冲杆的高低位置可以调节,其中 e 组冲杆的位置最高,f 组冲杆的位置最低。此外,在 f 组冲杆位置处还有一个固定的刮粉器,利用刮粉器与剂量盘(定量盘)之间的相对运动,可将定量盘表面的多余药粉刮除。这种计量送粉方式是目前较理想的一种。但也有不足,充填流动性差的粉粒时,钻入剂量盘和密封托盘(密封环)之间的粉粒体由于摩擦会引起运转不良。

②插管式定量装置

插管式定量装置如图 12.24 所示。间歇式插管定量装置由对称分布可回转的插管架组成,插管架由空心定量管(剂量管)、剂量锁、活塞及压缩弹簧组成。工作时,将空心定量管插入药粉斗中,利用管内的活塞将药粉压紧,然后定量管升离粉面,并旋转180°至胶囊体的上方。随后,活塞下降,将药粉柱压入胶囊体中,完成药粉填充过程。

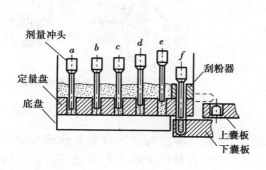

图 12.23 冲塞式间歇定量装置

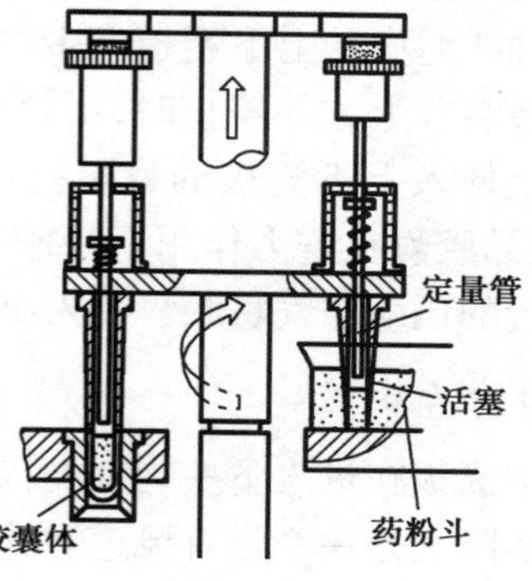

图 12.24 插管式定量装置

(5)剔除装置

个别空胶囊可能会因某种原因而使体帽未能分开,这些空胶囊一直滞留于上囊板孔中,但并未填充药物。为防止这些空胶囊混入成品中,须在胶囊闭合前将其剔除出去。剔除装置如图 12.25 所示。

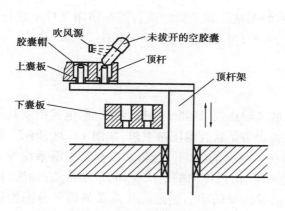

图 12.25 剔除装置示意图

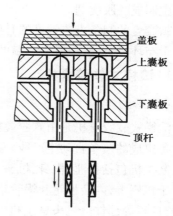

图 12.26 闭合装置示意图

其核心构件是一个可上下往复运动的顶杆架,上面设有与囊板孔相对应的顶杆。当上下囊板转动时,顶杆架停留在下限位置。当上下囊板转动至剔除装置并停止时,顶杆架上升,使顶杆伸入上囊板孔中,若囊板孔中存有未拔开的空胶囊,则上行的顶杆将其顶出囊板孔,并被压缩空气吸入集囊袋中。若上囊板空中仅有胶囊帽,则上行的顶杆对囊帽不产生影响。

(6)闭合装置

闭合装置由盖板和顶杆组成,其结构与工作原理如图 12.26 所示。当上下囊板的轴线对中后,顶杆上行伸入下囊板孔中顶住胶囊体下部;同时,盖板下行,将胶囊帽压住。随着顶杆的上升,胶囊体上移,与囊帽闭合并锁紧。上下囊板的轴线对中和顶杆行程装置的调整都是影响胶囊填充质量的要素。

（7）出囊装置

出囊装置结构与工作原理如图 12.27 所示。当囊板孔轴线对中的上下囊板携带着已锁紧的胶囊旋转至出囊装置上方并停止时,出料顶杆上升,其顶端自下而上伸入上下囊板的囊板孔中,将胶囊顶出囊板孔,成品胶囊在重力作用下将倾斜。随后,导向槽上缘设置的压缩空气将胶囊吹入出囊滑道中。

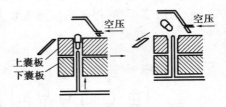

图 12.27　出囊装置示意图

（8）清洁装置

上下囊板在进入下一周期的操作循环之前,须通过清洁装置对其囊板孔进行清洁。清洁装置实际上是一个设有风道和缺口的清洁室。当囊孔轴线对中的上下囊板旋转至清洁装置的缺口处时,压缩空气系统接通,囊板孔中的药粉、囊皮屑等被压缩空气自下而上吹出囊孔,并被吸尘系统吸入吸尘器。随后,上下囊板离开清洁室,开始下一周期的循环操作。

12.3.2　软胶囊剂设备

软胶囊剂又称胶丸,是指将一定量的药液加适宜的辅料密封于球形或椭圆形等的软质囊材中制成的胶囊剂。

软胶囊的制备方法常见的有模压法和滴制法。软胶囊的制备需在洁净条件下进行,产品质量与环境有关,一般要求温度为 21 ~ 24 ℃;相对湿度为 30% ~40% 。

1) 滚模式软胶囊机

（1）结构

滚模式软胶囊机是由软胶囊机主机、胶丸输送机、转笼干燥机、明胶桶、电控柜及其他辅助设备组成的一条自动生产线。其中,关键设备是软胶囊压制主机,如图 12.28 所示。软胶囊压制主机包括机座、机身、机头、供料系统、滚模、油滚、下丸器、明胶盒及润滑系统等。机身置于机座上,内装齿轮和蜗轮蜗杆传动系统,由机座内的电机驱动,带动机头、油滚、拉网轴、胶皮轮等部件。机头是主机的核心,机身传来的动力通过机头内部的齿轮分配给供料泵、滚模及下丸器等。

（2）工作过程

胶液分别由软胶囊机两边的胶盒流出,流至胶皮轮上形成胶带。胶皮轮保持低温,胶带经冷却干燥定型后,经传送导杆和滚柱,送入一对平行啮合转动的滚模间。药液泵将药液同步定量输出到喷体喷出,充入两胶带形成的囊腔内,胶皮和喷体贴合良好,呈密闭状态,空气无法进入。同时,两条胶带的对合部分受到加热与模压作用而相互黏合,随着滚模的不断转动,囊腔模压黏合而完全封闭,形成软胶囊。剩余的胶皮被切断,分离成网状,俗称胶网。

2) 滴制式软胶囊机

滴制式软胶囊机与滴丸机原理相同,是将明胶液与油状药液通过喷嘴滴出,使明胶液包裹药液后滴入不相混溶的冷却液中,凝成丸状无缝软胶囊的设备。

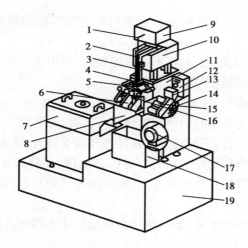

图 12.28 滚模式软胶囊机示意图

1—多余物料返回管;2—注料管;3—加热注射器提升机构;4—加热注射器(喷体);5—模具;6—接丸溜斗;
7—转笼干燥机;8—软胶表输送溜斗;9—料斗;10—供料泵;11—传动系统;12—控制系统盒;
13—胶盒;14—胶皮轮;15—油滚系统;16—下丸器;17—马达及油泵;18—废胶桶;19—移动平台

（1）结构

滴制式软胶囊生产线由滴制式软胶囊机、供胶桶、流化床定型转笼、干燥托盘及托盘车等组成。滴制式软胶囊机主要由供药系统、循环系统、制冷系统、滴头与脉冲液刀系统及电控系统等组成。

（2）工作过程

胶液与药液分别由计量装置压出,输送至特制的不锈钢滴头,滴头内部有两个液体通道,明胶液由上部进入滴头,药液由侧面进入滴头,胶液与药液从滴头喷出时形成内药外胶的同心流柱。该流柱被脉冲液刀等速切断,在液体表面张力作用下,明胶将药液包裹形成球状软胶囊。该胶囊在恒温控制的循环石蜡油中被冷却、凝固、分离,自动排出机外。然后经输送带送至干燥定型转笼,在高速流化风的作用下,胶囊内的水分被迅速带走,胶囊形状逐渐趋于圆整、光滑,并具有一定弹性。定型后软胶囊经清洗机洗去表面石蜡油后,进入干燥托盘进行最终干燥,胶皮含水量降至药典规定的范围,经拣丸、抛光,进入最后的包装工序。

技能实训 12.1 摇摆式颗粒机设备的拆卸安装与使用维护

【实训目的】
①掌握摇摆式颗粒机正确拆卸安装的顺序和方法。
②掌握摇摆式颗粒机的规范操作,能正确按规程清洁设备。
③熟悉摇摆式颗粒机的维护保养方式。

【实训内容】
①辨认摇摆式颗粒机的各部分结构,做好操作前的准备工作。

a. 摇摆式颗粒机可通过改变筛网的目数来得到粗细不同的颗粒，根据需要选择合适的筛网。

b. 软材必须黏松适当，太松、太黏都不能制得颗粒，以用手紧握能成团，手指轻压能散开为宜。检查软材是否符合制颗粒的要求。

②学习筛网的安装和拆卸，并多次练习。

a. 安装七角滚轮将清洁干燥的七角滚轮轻放入机器，装上前端固定压盖，拧紧螺母。

b. 安装夹管辨认左右夹管，不可装反。以向外转动手柄时，筛网能够越转越紧为正确。

c. 安装筛网筛网的两端分别穿入左右夹管的开槽内，并将夹管的末端推入机器上对应的凹槽固定。夹管前端的棘爪扣合到棘轮上，同时向外转动左右两端手柄，至筛网绷紧于七角滚轮。

d. 拆卸筛网将棘爪从棘轮搬开，如过紧可向外稍转动手柄即可搬开棘爪。同时，向内转动两端手柄，筛网即松开。

e. 依次拆卸夹管、七角滚轮。

③摇摆式颗粒机的操作：

A. 操作前的检查和准备工作。

a. 检查设备清洁情况和润滑情况。

b. 检查机器各部件是否正常，安装好七角滚轮、筛网、夹管，并调节松紧程度适当，放好接料盘。

c. 开机空转 20 s，检查设备是否正常，若正常进行下一步操作。

d. 将设备接触药品的部位消毒。

e. 将软材试制颗粒，如颗粒合格，进行下一步操作。手不要接近七角滚轮以防伤手。

B. 开机运行。

a. 制颗粒时将机器开关旋到"开"，将软材加入加料斗制粒。料斗中软材形成拱桥时，可用不锈钢铲去翻动，使软材能顺利制粒。加入软材量要适当，太少不利于成粒，太多影响设备寿命。

b. 待制粒完成后，将机器开关旋到"关"。将制得的颗粒及时送往干燥室干燥。

C. 关闭电源，按本机清洁、消毒标准操作规程进行清洁。

④安全操作注意事项：

a. 使用不锈钢铲时，注意铲子不得与刮粉轴平行，以防铲子插入刮粉轴内而损坏设备。

b. 该机运行时操作人员不得离开现场。在运行过程中，发现异常应及时停机检查。必要时，请设备维修人员来检查，以防事故发生。如遇到有异声及其他异常情况，应立即停机检查，待故障排除后方可使用。

⑤维护与保养：

a. 操作者必须遵守标准操作规程。

b. 制订专人对本机进行维护保养。

c. 设备每班使用完后，注意清除吸附在筛网上的药粉，用清洁布擦去设备表面的油污，较难清洁部位，用刷子反复刷洗干净。

d. 定期检查机件，每月进行一次，检查蜗轮、蜗杆、轴承等活动部分是否灵活和磨损情况，发现缺陷应及时修复，否则不得使用。

e. 整机每半年检修一次。

f. 设备工作完毕后,对工作场地及设备进行彻底清场。如停用时间较长,必须将机器全身擦干净,机件的光面涂上防锈油,用布篷罩好。

【思考题】

①说一说摇摆式颗粒机如何安装筛网。

②软材选择不当对制粒有何影响?什么样的软材可用于制粒?

③简述摇摆式颗粒机的操作。

④摇摆式颗粒机操作的安全注意事项有哪些?

技能实训 12.2　ZP35B 型旋转式压片机的拆卸安装与使用维护

【实训目的】

①掌握 ZP35B 型旋转式压片机冲模拆卸安装的顺序和方法。

②掌握 ZP35B 型旋转式压片机加料系统拆卸安装的顺序和方法。

③掌握 ZP35B 型旋转式压片机的规范操作,能正确按规程清洁设备。

④熟悉 ZP35B 型旋转式压片机的维护保养方式,特别注意冲模的保养方法。

⑤熟悉 ZP35B 型旋转式压片机的安全操作注意事项。

【实训内容】

①辨认 ZP35B 型旋转式压片机的各部分结构,做好操作前的准备工作。

②学习冲模的安装和拆卸,并多次练习。

a. 将下压轮压力调到零或将片厚调至 5 以上位置。

b. 中模的安装。用工具将转台侧面中模的紧固螺钉逐个旋出转台外沿 2 mm 左右,勿使中模装入时与紧固螺钉的头部相碰为宜。将中模放置于中模孔,注意平稳,切不可倾斜。将打棒穿入对应的上模孔,向下锤击中模将其轻轻打入。中模进入孔后,应使其上平面不高出转台平面为合格,然后将转台侧面的紧固螺钉固紧。

c. 上冲的安装。首先将嵌舌向上扳起,然后将上冲杆插入转台的上冲孔内,用大拇指和食指旋转冲杆,确保头部进入中模,且上下滑动灵活,无卡阻现象为合格。再转动试车手轮,使上冲杆运行至上冲上平行轨,冲杆颈部应与上平行轨接触良好,然后再依照此法装入下一支冲杆。上冲杆全部装毕,将嵌舌扳下。

d. 下冲的安装。先将下冲装卸盖板移出,从盖板孔下方将下冲送至下冲孔内,转动手轮使转盘按前进方向转动将下冲送至平行轨上,按照此法依次将下冲装完,安装完最后一支下冲后将下冲装卸盖板装上,用螺钉紧固。

e. 全套冲模装毕,转动手轮,使转台旋转 2 周,观察上下冲杆进入中模孔及在轨道上运行情况。无碰撞和卡阻现象为合格。要注意下冲杆上升到最高点即出片处时,应高出转台工作面 0.1~0.3 mm。拆下试车手轮,关闭右侧门。然后开动电动机,空转 5 min,待运转平稳后方可投入生产。

f.拆卸下冲先将下冲装卸盖板移出,右手转动手轮,左手在盖板孔下接下冲,依次将所有下冲取出后,再将装卸盖板装上,拧紧紧固螺钉。

g.拆卸上冲将嵌舌向上搬起,转动手轮,使上冲位于嵌舌位置后取出。依次取出所有上冲再将嵌舌复位。

h.拆卸中模将转台中模的紧固螺钉旋出转台外约 2 mm,拆卸专用击打棒从中模孔下方向上击打中模,至中模脱离模孔后取出中模。再将中模螺钉固紧。

注意事项如下:

a.安装冲模的顺序为:中模→上冲→下冲;拆除冲模的顺序为:下冲→上冲→中模。以确保上下冲头不接触。

b.拆卸和安装冲模时,要关闭总电源,并且只能一人操作,以防发生危险。

③安装加料器部件:

a.安装月形栅式加料器。将月形栅式加料器置于中层转盘加料器支承板上,将两端的滚花螺钉拧上,调整其底面应与转台间隙为 0.03 ~ 0.1 mm,拧紧滚花螺钉。再分别调整单头刮粉、双头刮粉的高低,使底面与转台工作面平齐,将螺钉拧紧。

安装时,注意加料器与转台的间隙要合适,太松易漏粉,太紧易与转台产生摩擦出现颗粒内有金属屑,造成片剂被污染。

b.安装加料斗。将加料斗从机器上部放入,可通过旋转料斗架顶部的旋钮调整出料口与转台工作面的距离,以调节药粉流量。也可通过旋转料斗手柄控制料斗门的开度进行调节。

注意:拆卸的顺序与安装顺序相反。

④ZP35B 型旋转式压片机的操作:

A.生产前的准备工作

a.打开侧门,装上试车手轮。然后将转台工作面、冲模孔和安装用的冲模逐件擦拭干净,将片厚调至 5 以上位置。

b.安装冲模,先装中模,再装上冲和下冲。

c.装月形栅式加料器和加料斗。

d.手动转动试车手轮,使转盘旋转 1 ~ 2 周,观察上下冲杆进入中模孔和在曲线轨道上的运动是否灵活无碰撞和硬擦现象,拆下试车手轮,关闭侧门。然后开动电动机,空转 5 min,待运转平稳后方可投入生产。

B.开机运行

a.准备工作就绪,打开电源,面板上指示灯亮,显示一切正常,开机,开吸尘器,按动增压点动钮,将压力调至所需压力(预压),按动无级调速键调整频率至所需转速。

b.根据要求调节片重。

c.根据要求调节片厚。

d.所有调试完毕后,即可正式生产。每隔 15 ~ 30 min 测量片重和片厚。

C.停机

a.停机前,先降低转速,关闭启动开关,再关闭电源。

b.按照安装时相反的程序完成拆卸过程。

c. 清洁、清场,填写设备运行记录。

⑤安全操作注意事项:

a. 设备上的外围罩、安全盖等装置不可拆除,使用时应装妥,保证生产安全。

b. 安装前,检查冲模的质量,观察是否有缺边、裂缝、变形等情况,查看冲模数量是否完整无缺失,冲模型号是否准确。

c. 检查颗粒制粒是否合格。如不合格不可使用,会影响机器的正常运转、使用寿命。

d. 初次试车应将片厚调节器调节到最大厚度,加颗粒于料斗中,用手转动试车手轮,同时调节充填和片厚,逐步增加到片剂的质量和硬软程度达到成品要求,然后开电动机正式运转生产,在生产过程中,按照片剂质检要求定时抽验片剂的质量,看是否符合要求。

e. 岗位生产操作人员须熟悉设备的技术性能、内部构造、控制机构的使用原理,设备运行期间不得离开工作地点。

f. 运行中,要随时注意听设备发出的声音是否正常,如振动异常或发出不正常怪声当即行停车进行检查,消除故障后方可恢复使用,不可勉强使用。

g. 运行中出现任何异常,如有跳片或黏冲等,切不可立即用手去处理,应停机后检查,以免对人身造成伤害。

⑥维护与保养:

a. 机器的润滑。本机的一般机件润滑,在各装置的外表有油嘴,可按油杯的类型,分别注入润滑脂和机械油,每班开车使用前应加一次。中途可按各轴承的温升和运转情况添加。

b. 蜗轮箱内加机械油,一般夏季选用 N46,冬季选用 N32。油量以蜗杆浸入一个齿面高为宜,可通过视窗观察油面的高低。机器使用半年左右,更换新油。

c. 上轨道盘上的油杯是供压轮表面润滑的,滴下的油量以毛毡吸附的油不溢出为宜。

d. 冲杆和轨道用 N32 机械油润滑,不宜过多,以防止油污渗入粉子造成污染。

e. 冲模的保养。冲模应有专人保管。每次使用完毕,应用软布擦拭干净,放置在有盖的铁皮箱内,并全部浸入油中或涂上防锈油脂,保持清洁,勿使其生锈或碰伤。

f. 定期检查机件,应每月 1~2 次。检查蜗轮、蜗杆、轴承、压轮及上下导轨等各活动部分是否转动灵活、是否磨损,发现缺陷应及时修复后使用。

g. 一次使用完毕或停工时,应取出剩余粉剂。刷洗机器各部分的残留粉子。如所压制粉剂细粉较多或黏度较高时,则应每两班清理一次。如停用时间较长,必须把冲模全部拆下,并将机器全部擦拭干净,机件表面涂防锈油,用布篷罩好。

h. 电气元件要注意维护,定期检查,保持良好运行状态。冷却风机应定期用压缩空气清除积尘。电气元件应注意工作环境条件的温度、湿度,在良好的环境下,可延长部件使用寿命。

【思考题】

①叙述冲模的安装方法。

②简述 ZP35B 型旋转式压片机的工作过程。

③如何保养冲模?

④月形栅式加料器有哪些作用?

⑤写出旋转式压片机安全操作注意事项。

项目小结

固体制剂是药品生产中常见剂型,学生通过本项目的学习,能够熟悉丸剂、片剂和胶囊剂的生产设备,并掌握这些设备的结构、操作和维护保养等。对于设备部分部件拆卸和安装的学习,更能锻炼动手能力,提升基本技能,突出实用性、实践性的编写目标。同时,本项目所选设备的类型均结合实际生产所用,兼顾应用的广泛性、实用性和先进性,力求理论和实践相结合。

复习思考题

一、填空题

1. 全自动制丸机是利用_____法生产丸剂的设备,生产中先将药物挤压成_____,再由_____切断制成药丸。滴丸机的操作过程是:先将药物与_____加热、搅拌形成混合药液,再由滴嘴小孔流出形成_____,滴入_____中,通过_____作用形成滴丸。

2. 高速搅拌制粒机的搅拌桨的作用是_____,制粒刀的作用是_____。

3. ZP35B型旋转式压片机采用_____加料器,而GZPS-73型全自动高速旋转式压片机必须采用_____加料器。两台压片机的压力装置都分为_____和_____两部分。前部分的作用是_____,后部分的作用是_____。

4. 滴制式软胶囊机工作时,_____由侧面进入滴头,_____由上部进入滴头,胶液和药液从滴头流出时形成_____的同心流注,被_____切断,形成球状软胶囊。滚模式软胶囊机使用_____作胶膜润滑液。

二、问答题

1. 全自动制丸机制丸过程中为什么需要注入乙醇?

2. 滴丸机主要由哪几部分组成?

3. 简述摇摆式制粒机的规范操作方法。

4. 简述旋转式压片机如何安装冲模,如何保养冲模。

5. 写出旋转式压片机操作时的注意事项。

6. 自动胶囊机结构上的7个基本装置是什么?

项目 13   液体制剂

液体制剂是指药物分散在适宜的液体分散介质中所制成的液体形态的制剂。按给药途径,可分为内服液体制剂、外用液体制剂和注射剂(无菌制剂)。液体制剂包括灭菌制剂中的最终灭菌小容量注射剂、最终灭菌大容量注射剂、冻干粉制剂、滴眼剂,内服液体制剂中的口服液及糖浆剂。本章将重点讲述液体制剂的主要生产设备。

任务 13.1   注射剂

13.1.1   注射剂概述

注射剂是指药物与适宜的溶剂或者分散介质制成的供注入体内的溶液、乳状液或者混悬液及供临用前配制或稀释成溶液或混悬液的粉末或者浓溶液的无菌制剂。注射剂是由药物、溶剂、附加剂及特制的容器所组成,是临床应用最广泛的剂型之一。注射剂包含最终灭菌小容量注射剂、最终灭菌大容量注射剂和冻干粉针剂。注射给药是一种不可替代的临床给药途径,尤其适用于急救病人。

最终灭菌小容量注射剂是指装量小于 50 mL，采用湿热灭菌法制备的灭菌注射剂。水针剂一般多使用硬质中性玻璃安瓿做容器。除一般理化性质外，其质量检查包括无菌、无热源、无可见异物、pH 值等项目均应符合相关规定。其生产过程包括原辅料与容器的前处理、称量、配制、滤过、灌封、灭菌、质量检查及包装等步骤。

13.1.2　最终灭菌小容量注射剂生产工艺流程

按照生产工艺中安瓿的洗涤、烘干、灭菌、灌装的机器设备不同，可将最终灭菌小容量注射剂工艺流程组工艺流程分为单机灌装工艺流程和洗、烘、灌、封联动机组工艺流程。

1）安瓿洗瓶机

目前，国内药厂常使用的安瓿洗涤设备有 3 种，即喷淋式安瓿洗涤机组、加压气水喷射式安瓿洗涤机组与超声波安瓿洗涤机组。

（1）喷淋式安瓿洗涤机组

喷淋式安瓿洗瓶机组是由喷淋式灌水机（图 13.1）、甩水机、蒸煮箱、水过滤器及水泵等机件组成。其设备简单，应用较为普遍。

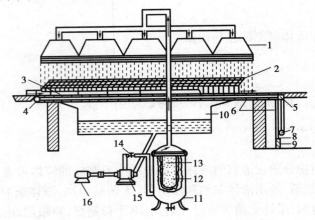

图 13.1　喷淋式灌水机示意图

1—多孔喷头；2—尼龙网；3—盛安瓿的铝盘；4—链轮；5—止逆链轮；6—链条；7—偏心凸轮；8—垂锤；9—弹簧；10—水箱；11—过滤缸；12—涤纶滤袋；13—多孔不锈钢胆；14—调节阀；15—离心泵；16—电动机

喷淋洗涤法是将安瓿经灌水机灌满滤净的去离子水或蒸馏水，再用甩水机将水甩出。如此反复 3 次，以达到清洗的目的，该法洗涤安瓿清洁度一般可达到要求，生产效率不算太高，劳动强度较大，基本符合批量生产需要。但洗涤质量不如加压喷射气水洗涤法好，一般适用于 5 mL 以下的安瓿。

经冲淋、注水后的安瓿送入蒸煮箱加热蒸煮，在蒸煮箱内通蒸汽加热约 30 min，随即趁热将蒸煮后的安瓿送入甩水机，将安瓿内的积水甩干。然后再送往喷淋机上灌满水，再经蒸煮消毒、甩水，如此反复洗涤 2～3 次即可达到清洗要求。

（2）气水喷射式安瓿洗瓶机组

气水喷射式安瓿清洗机组是目前生产上采用的有效洗瓶方法，由供水系统、压缩空气及其过滤系统、洗瓶机 3 个部分组成。工作原理如图 13.2 所示。

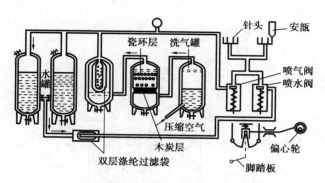

图 13.2　气水喷射式安瓿清洗机组示意图

气水喷射式安瓿清洗机组洗涤用水和压缩空气预先必须经过过滤处理。空压机将空气压入洗气罐水洗，水洗后的空气经活性炭柱吸收后，再经陶瓷环吸附和布袋过滤器过滤得洁净的空气。将洁净空气通入水罐中对水施加压力，高压水再次经过布袋过滤器过滤后，与洁净空气一道进入洗瓶机中，通过针头喷射进安瓿瓶中，在短时间内即可将安瓿瓶清洗干净。

洗涤时，压缩空气压力约为 0.3 MPa，洗涤水由压缩空气压送，并维持一定的压力和流量，水温大于 50 ℃。洗瓶过程中，水和气的交替分别由偏心轮与电磁喷水阀或电磁喷气阀及行程开关自动控制，操作中要保持喷头与安瓿动作协调，使安瓿进出流畅。

该机组适用于曲颈安瓿和大规格安瓿的洗涤。

（3）超声波安瓿洗瓶机

利用超声技术清洗安瓿是国外制药工业近 20 年来新发展起来的一项新技术。目前，国内已有引进和仿造的超声波安瓿洗瓶机。它是目前制药工业界较为先进且能实现连续生产的安瓿洗瓶设备，具有清洗洁净度高、清洗速度快等特点，其洗涤效率及效果均很理想，是其他洗涤方法不可比拟的。运用针头单支清洗技术与超声波清洗技术相结合的原理，制成的连续回转超声波洗瓶机，实现了大规模处理安瓿的要求。

超声波安瓿洗涤机由针鼓转动对安瓿进行洗涤，每一个洗涤周期为进瓶→灌循环水→超声波洗涤→蒸馏水冲洗→压缩空气吹洗→注射用水冲洗→压缩空气吹净→出瓶。针鼓连续转动，安瓿洗涤周期进行。常见的有 QCA18 型安瓿超声波清洗机等。其原理如图 13.3 所示。

18 个工位连续回转超声波瓶机由 18 等分圆盘及针盘、上下瞄准器、装瓶斗、推瓶器、出瓶器、水箱（底部装配超声波发生器）等组成。整个针盘有 18 个工位，每个工位有一排针，可安排一组安瓿同时进行洗涤。利用一个水平卧装的轴，拖动有 18 排针管的针鼓转盘间歇旋转，每排针管有 18 支针头，构成共有 324 个针头的针鼓。与转盘相对的固定盘上，于不同工位上配置有不同的水、气管路接口，在转盘间歇转动时，各排针头座依次与循环水、压缩空气、新鲜注射用水等接口相通。

①将安瓿送入装瓶斗，由输送带送进一排安瓿，由推瓶器推入针盘第 1 工位。当针盘转到第 2 工位时，瓶底紧靠圆盘底座，同时由针头注循环水。

②从第 2 工位至第 7 工位，安瓿进入水箱内，共停留 25 s 左右接收超声波空化清洗，使污物振散、脱落或溶解。此时，水温控制为 60～70 ℃。该阶段使安瓿表面污垢松动、洗脱，称粗洗阶段。针鼓旋转带出水面后的安瓿空两个工位，即第 8、第 9 工位。

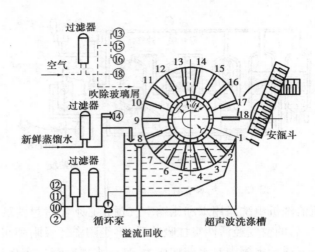

图 13.3　超声波安瓿洗瓶机示意图

1—引瓶;2—注循环水;3~7—超声波空化;8,9—空位;10~12—循环水冲洗;
13—吹气排水;14—注新蒸馏水;15,16—吹净化气;17—空位;18—吹气送瓶

③在第 10,11,12 这 3 个工位,安瓿倒置,针头对安瓿冲注循环水(过滤的纯化水),对安瓿进行冲洗。在第 13 工位,针管喷出净化压缩空气将安瓿内部污水吹净。在第 14 工位,针头用过滤的新鲜注射用水再次对安瓿内壁进行冲洗。在第 15,16 工位再送气。至此,安瓿洗涤干净,该阶段称精洗阶段,可确保安瓿的洁净质量。

④当安瓿转到 18 工位时,针头再一次对安瓿送气,并利用洁净的压缩气压将安瓿从针头架上推离出来,最后处于水平位置的安瓿由出瓶器送入输送带,被推出洗瓶机。

2)安瓿的干燥灭菌设备

安瓿洗涤后虽然已经过甩水或压缩空气处理,但仍无法保证其内壁完全干燥,同时安瓿经淋洗只能除去尘埃、杂质粒子及稍大的细菌,还需通过干燥灭菌去除生物粒子的活性。常规工艺是将洗净的安瓿置于 350~450 ℃,保持 6~10 min,达到杀灭细菌和热原及安瓿干燥的目的。

目前,国内最先进的安瓿烘干设备是连续电热隧道式灭菌烘箱(图 13.4),符合 GMP 生产要求,能有效地提高产品质量和改善生产环境,主要用于小容量注射剂联动生产线上,与超声波安瓿洗瓶机和多针拉丝安瓿灌封机配套使用。

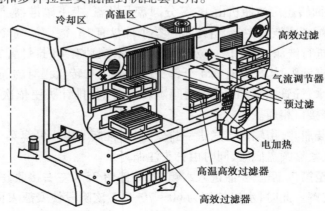

图 13.4　电热隧道烘箱结构图

3) 安瓿灌封设备

将滤净的药液定量灌入经过清洗、干燥及灭菌处理的安瓿内,并加以封口的过程,称为灌封。完成灌装和封口工序的机器,称为灌封机。

灌封机有多种型号。按封口的方式,可分为熔封式灌封机和拉丝式灌封机两种。熔封式灌封机由于其封口是靠安瓿自身玻璃熔融而封口,往往在安瓿丝颈的封口处易产生毛细孔的隐患,并且在检查时不易鉴别出来,时间久了安瓿易于产生冷爆和渗漏现象;自20世纪80年代以来,我国开始试制拉丝灌封机。这两种设备的主要区别在于封口方式不同。拉丝灌封机是在熔封的基础上,加装拉丝钳机构的改进灌封机,这就避免了熔封机的上述缺点,封口效果理想。因而两种机器的结构,也是主要在封口部分存在差异。目前,因国内熔封技术不过关,易发生漏气现象,国家药品监督管理部门明确规定,各针剂生产厂一律采用拉丝封口设备。

目前,我国又制造出了更先进的洗、灌封联动机和洗、烘、灌、封联动机。联动机是集中了安瓿洗涤、烘干、灭菌以及灌封多种功能于一体的机器。

拉丝灌封机按其功能,可将结构分为传送部分、灌注部分和封口部分3个基本部分。其结构如图13.5所示。传送部分的功能是进出和输送安瓿;灌注部分的功能是将一定容量的注射液灌入空安瓿内,当传送装置未送入空瓶时,该部分能够自动止灌;封口部分的功能是将装有注射液的安瓿瓶颈进行封闭,目前用拉丝封口。

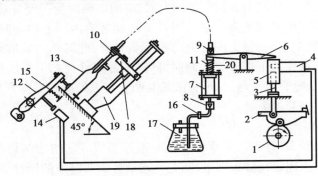

图 13.5　灌装机结构图

1—凸轮;2—扇形板;3—顶杆;4—电磁阀;5—顶杆座;6—压杆;7—针筒;
8,9—单向玻璃阀;10—针头;11—压簧;12—摆杆;13—安瓿;14—行程开关;
15—拉簧;16—螺丝夹;17—贮液罐;18—针头托架;19—针头托架座;20—针筒芯

（1）安瓿送瓶机构

送瓶机构由进瓶斗、梅花转盘、固定齿板、移动齿板及偏心轴等组成,负责输送安瓿。安瓿送瓶机构的作用是将安瓿进行排整,将前一道工序洗净灭菌后的安瓿放入与水平成45°倾角的进瓶斗内,梅花转盘由链轮带动旋转,每转1/3周,将两支安瓿拨入固定齿板的三角形齿槽中。同时,偏心轴作圆周旋转,带动与之相连的移瓶齿板运动,首先将安瓿从固定齿板上托起,然后超过固定齿板三角形槽的齿顶,再将安瓿移动两个齿。如此反复,偏心轴每转动一周安瓿移动两个齿距,完成托瓶、移瓶和放瓶的动作,直至将安瓿送入出瓶斗。此外,应当指出的是固定齿板由上下两条组成,使安瓿上下两端恰好分别搁置在其三角形槽中而被固定。此时,安瓿与水平依然保持45°倾角,口朝上,以便于灌注药液,移瓶齿板与固定齿板相同,也由上下两条组成,且齿间距也相同,但其齿形为椭圆形,以防在送瓶过程中将瓶撞碎。移动齿板安装在固定齿板内侧,即在同一垂直面内共有4条齿板,最上、最下的两条齿板是固定齿板,中间两条是移动齿板;偏心轴在旋转一周的周期内,前1/3周期用来使移瓶齿板完成送瓶过程,安瓿右移两个齿距,依次过灌药和封口两个工位,在后2/3周期内,安瓿在固定齿板上滞留不动,以完成药液的灌注和安瓿的封口过程;最后将安瓿送到出瓶斗。完成封口的安瓿在进入出瓶斗时,由移动齿板推动的惯性力及安装在出瓶斗前的一块有一定角度斜置的舌板的作用,使安瓿转动并呈竖立状态进入出瓶斗。

(2)安瓿灌装机构

灌装机构由凸轮-拉杆装置、注射灌液装置及缺瓶止灌装置3大部分组成,如图13.5所示。

①凸轮-杠杆装置

凸轮-杠杆装置由凸轮、扇形板、顶杆、顶杆座及针筒等构件组成。它的功能是完成将药液从贮液罐中吸入针筒内并输向针头,灌装进入安瓿内的操作。它的整个传动系统为:凸轮连续转动到图示位置时,通过扇形板,转换为顶杆的上下往复移动,再转换为压杆的上下摆动,最后转换为针筒芯在针筒内的上下往复移动。在有安瓿的情况下,顶杆顶在电磁阀伸在顶杆座内的部分(即电磁感应探头),与电磁阀连在一起的顶杆座上升,使压杆摆动,压杆另一端即下压,推动针筒的针筒芯向下运动。此时,单向玻璃阀关闭,针筒下部的药液通过底部的小孔进入针筒上部。针筒的针筒芯继续上移,单向玻璃阀受压而自动开启,药液通过导管经过针头而注入安瓿内直到规定容量。当针筒芯在针筒内向上移动时,即当凸轮不再压扇形板时,筒内下部产生真空,针筒的针筒芯靠压簧复位,此时单向玻璃阀打开,关闭,药液又由贮液罐中被吸入针筒的下部。与此同时,针筒下部因针筒芯上提而造成真空再次吸取药液,顶杆和扇形板依靠自重下落,扇形板滚轮与凸轮圆弧处接触后即开始重复下一个灌药周期,如此循环,完成安瓿的灌装。

②注射灌装装置

注射灌装装置由针头、针头托架及针头托架座等组成。它的功能是提供针头进出安瓿灌注药液的动作。针头固定在针头架上,随它一起沿针头架座上的圆柱导轨上下滑动,完成对安瓿的药液灌装;当需要填充惰性气体以增加制剂的稳定性时,充气针头与灌装针头并列安装在同一针头托架上,一起动作。

③缺瓶止灌装置

缺瓶止灌装置由摆杆、行程开关、拉簧及电磁阀等组成。它的功能是当送瓶装置因某种故障致使在灌液工位出现缺瓶时,能自动停止灌液,以免药液的浪费和污染机器。当因送瓶斗内安瓿堵塞或缺瓶而使灌装工位的灌注针头处齿形板上没有安瓿时,摆杆与安瓿接触的触头脱空,拉簧将摆杆下拉,直至摆杆触头与行程开关触头相接触,行程开关闭合,此时接触电磁阀的电流可打开电磁阀,致使开关回路上的电磁阀动作,使顶杆失去对压杆的上顶动作而控制注射器部件,从而达到了自动止灌的功能。

大规格安瓿灌封机与小规格灌封机的灌装装置的结构相似,差别在于灌注药液的容量、注射针筒的体积及相应的压杆运动幅度大小。

(3)安瓿拉丝封口机构

封口是将已灌注药液且充惰性气体后的安瓿瓶颈密封的操作过程。安瓿封口方式有熔封和拉丝封口。熔封是指旋转的安瓿瓶颈玻璃在火焰的加热下熔融,借助表面张力作用而闭合的一种封口形式。拉丝封口是指当旋转安瓿瓶颈玻璃在火焰加热下熔融时,采用机械方法将瓶颈封口。

拉丝封口主要由拉丝装置、加热装置和压瓶装置3个部分组成,如图13.6所示。灌好药液并充入惰性气体的安瓿经移瓶齿板作用进入图示位置时,安瓿颈部靠在上固定齿板的凹槽上,安瓿下部放在涡轮箱的滚轮上,底部则放在呈半圆形的支头上,安瓿上部由压瓶滚轮压住以防止拉丝钳拉安瓿颈丝时安瓿随拉丝钳移动。此时,由于涡轮转动带动滚轮旋转,从而使安瓿旋转,同时压瓶滚轮也在旋转;加热火焰温度为1 400 ℃左右,对安瓿颈部需加热部位圆周加热到一定火候,拉丝钳口张开向下,当达到最低位置时,拉丝钳收口,将安瓿头部拉住,并向上将安瓿熔化丝头抽断而使安瓿闭合。加热火焰由煤气、压缩空气和氧气混合组成;当拉丝钳到达最高位置时,拉丝钳张开、闭合两次,将拉出的废丝头甩掉,这样整个拉丝动作完成。拉丝过程中拉丝钳的张合由启动气阀、偏心凸轮控制压缩空气完成;安瓿封口完成后,由于压瓶凸轮作用,摆杆将压瓶滚轮拉起,移动齿板将封口的安瓿移至下一位置,未封口的安瓿送入火焰位置进行下一个动作周期。

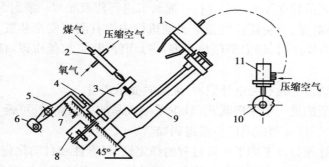

图13.6 拉丝封口机构示意图

1—拉丝钳;2—吹嘴;3—安瓿;4—压瓶滚轮;5—摆杆;6—压瓶凸轮;7—拉簧;
8—蜗轮蜗杆箱;9—拉丝钳座;10—偏心凸轮;11—启动气阀

4)安瓿洗、烘、灌封联动机

(1)安瓿洗、烘、灌封联动机工艺流程

最终灭菌小容量注射剂洗、烘、灌、封联动机组灌封工艺流程示意图如图13.7所示。安瓿洗、烘、灌、封联动机是一种将安瓿洗涤、烘干灭菌以及药液灌封3个步骤联合起来的生产线,联动机由安瓿超声波清洗机、隧道灭菌箱和多针拉丝安瓿灌封机3个部分组成。联动机实现了注射剂生产承前联后同步协调操作,不仅节省了车间、厂房场地的投资,又减少了半成品的中间周转,将药物受污染的可能性降低到最低限度,因此具有整机结构紧凑、操作便利、质量稳定、经济效益高等优点。除了可联动生产操作之外,每台单机还可根据工艺需要,进行单独的生产操作。

(2)安瓿洗、烘、灌封联动机主要特点

①采用了先进的超声波清洗技术对安瓿进行洗涤,并配合多针水气交替冲洗及安瓿倒置冲洗。洗涤用水是经孔径为0.2～0.45 μm滤器过滤的新鲜注射用水,压缩空气也需经孔径0.45 μm的滤器过滤,除去了灰尘粒子、细菌及孢子体等。整个洗涤过程采用电气控制。

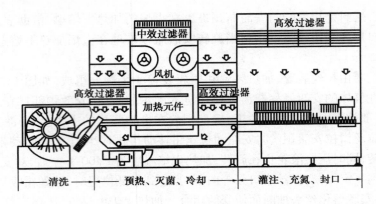

图 13.7　水针洗、烘、灌封联动机示意图

②采用隧道式红外线加热灭菌和层流干热空气灭菌两种形式对安瓿进行烘干灭菌。在100 级层流净化空气条件下,通常 350 ℃高温干热灭菌分钟,即可去除生物粒子,杀灭细菌和破坏热原,并使安瓿达到完全干燥。

③安瓿在烘干灭菌后立即采用多针拉丝灌封机进行药液灌封。灌封泵采用无密封环的柱塞泵,可快速调节装量,避免药液溅溢。驱动机构中设有灌液安全装置,当灌液系统出现问题或灌装工位没有安瓿时,能立即停机止灌。每当停机时,拉丝钳钳口能自动停于高位,避免烧坏。

④在安瓿出口轨道上设有光电计数器,能随时显示产量。

⑤联动机中安瓿的进出采用串联式,减少了半成品的中间周转,可避免交叉污染,加之采用了层流净化技术,使安瓿成品的质量得到提高。

⑥联动机的设计充分地考虑了运转过程的稳定性、可靠性和自动化程度,采用了先进的电子技术、实现计算机控制,实现机电一体化。整个生产过程达到自动平衡、监控保护、自动控温、自动记录、自动报警及故障显示,减轻了劳动强度,减少了操作人员。

⑦生产全过程是在密闭或层流条件下工作的,符合 GMP 要求。

⑧联动机的通用性强,适合于 1,2,5,10,20 mL 等安瓿规格,并且适用于我国使用的各种规格的安瓿。更换不同规格安瓿时,换件少,并且易更换。

⑨该机价格昂贵,部件结构复杂,对操作人员的管理知识和操作水平要求较高,维修也较困难。

任务 13.2　大输液

最终灭菌大容量注射剂是指 50 mL 以上的最终灭菌注射剂,简称大输液或输液。目前,临床上输液包装容器主要有 3 种形式,即玻璃瓶、塑料瓶(PP 或 PE)、塑料袋(PVC 和非PVC)3 种形式。输液的包装容器最初是由大安瓿改进为玻璃输液瓶,20 世纪 60 年代又发展到塑料容器(塑料瓶和 PVC 软袋),到 90 年代初又开发出了非 PVC 复合膜袋。我国 2000 年后建成的软袋输液生产线,都是采用非 PVC 多层共挤膜。

13.2.1　各种大输液包装比较

1)玻璃瓶

玻璃主要以 SiO_2 四面体为基本构架,加入 Na_2O、K_2O、MgO、Al_2O_3、$Zr(SiO_4)_2$ 等,改进其理化性质而构成。目前,药用注射剂使用的玻璃主要有中性、含钡、含锆 $[Zr(SiO_4)_2]$ 3 种。中性玻璃是低硼硅酸盐玻璃,化学稳定性较好,可作 pH 接近中性或弱酸性注射剂的容器,但不适用于碱性注射剂;含钡玻璃的耐碱性好,但性质发脆、易碎、熔点高,熔封时废品率高;含锆玻璃,耐酸、碱性能都较好,目前使用较广泛。总体来说,输液剂使用玻璃瓶盛装,使用中易产生玻屑、易碎、贮存不便,玻璃的组分对药液 pH 有选择,并且使用时外界空气自然进入瓶内,有可能造成药液的污染。

同时,据实验报道,胰岛素可被玻璃中的二氧化硅与硼的氧化物吸附;肝素钠与生理盐水的混合液存放在玻璃容器中,2 h 后活性明显下降;盐酸胺碘铜的 5% 葡萄糖溶液存放在玻璃瓶内,加橡胶塞放置一定时间后,接触橡胶塞的药液浓度减少 10% ~ 14%,而不接触橡胶塞的则未见下降。

2)PVC 软袋

PVC 软袋在室温下具有较好的稳定性,运输方便,比较柔软,使用时不易进空气,但也有以下局限性:与药液相容性差,容器内有害的 DEHP 增塑剂可能会进入药液;聚氯乙烯的毒性,燃烧时会产生氯化氢及其他有毒气体,另外水汽渗透率也较高。

3)半硬塑料瓶

由 PP 和 PE 做成的半硬塑料瓶虽没有 PVC 袋子的问题,但由于是半硬的,在输液时同玻璃瓶一样需要空气进孔;也存在药液被污染的危险性(与玻璃瓶及 PVC 相比透明度差,而且不能在国际上认可的灭菌标准 121 ℃ 下灭菌)。

4)非 PVC 多层共挤膜

多层共挤膜是采用 Sengewald 多层共挤出技术,使用专门工艺在洁净环境中制造,把分别具有特殊性能的若干聚合物共同形成并挤出的一种多层、电交联薄膜,每一层为不同比率的 PP 和 PEBS 组成,在洁净环境下由封闭管中挤出,膜袋组成物不会进入药液,且膜筒内部用 100 级洁净空气充填,加之高温挤出过程,保证了膜表面的无菌性,能满足输液袋的各种要求,无毒,可 121 ℃ 灭菌,柔软、透明、水气渗透率低。

目前,使用的非 PVC 多层共挤膜主要有两种:一种是由奥星公司代理的德国产膜,共有 3 层共挤而成,材质全是聚丙烯;另一种是美国的希悦尔公司的多层共挤膜,由 5 层组成,第一层:改性乙烯/丙烯聚合物,第二层:聚乙烯,第三层:聚乙烯,第四层:乙烯甲基丙烯酸酯聚合物,第五层:多脂共聚物。两种膜材都适用于大部分的输液产品,但对于有特殊要求的产品来讲,如氨基酸类输液,由于其易氧化性,要求软袋膜材有极强的阻氧性,要对膜材进行特殊的加工并要有特殊的成品外包装,使成本大大升高,造成此类输液的软袋化具有较大困难。目前,广州乔冠已有软包装氨基酸输液产品上市。对于不同厂家生产的膜材,在硬度、透明度以及袋成形时的热合温度有所差别,如奥星的德国膜的热合温度在 156 ℃ 左右,美国的希悦尔公司的膜热合温度在 152 ℃ 左右。另外,还有韩国、中国台湾等国家和地区生产的膜,在国内的用量较少。国产的多层共挤膜也在推广之中,但由于技术问题,生产厂家还处在试用的阶段。

四种输液容器性能比较见表 13.1。

表 13.1 4 种输液容器性能比较

比较项目	性能			
	玻璃瓶	PP/PE 瓶	PVC 袋	非 PVC 多层共挤膜袋
包装容器质量	重	较轻	好	比 PVC 袋更轻
坠落试验	差	较好	好	好
灭菌后透明度	好	较差	较差	好
药物相容性	好	好	较差,如不可加入紫杉醇	惰性很好
毒性	无	无	有(增塑剂)	无
环保性	较好,回收不方便	较好	差,污染环境	好,回收方便,可降解
可回复性	差	差,可少量回复	好	好
药物稳定性	不稳定	稳定	对部分药物有吸附性,如胰岛素、硝酸异山梨酯、硝酸甘油	稳定
透水性指标	瓶盖、胶塞易松动,不稳定	一般	差	好,透过性极低
透氧性指标	瓶盖、胶塞易松动,不稳定	差	差	好,透过性极低
温度适应性	低温差	PP 低温差	低温易碎	好
灭菌温度范围	好	PE 差	较差	好
使用情况	需空气针,存在空气污染	可在瓶底加空气针,减少空气污染	不需要空气针,避免空气污染	不需要空气针,避免空气污染
运输情况	不方便	较方便	方便,节约空间	方便,节约空间

13.2.2 大输液生产流程

1)玻璃瓶灌装工艺流程

玻璃瓶灌装工艺流程由制水、空输液瓶的前处理、胶塞及隔离膜的处理、配料及成品5个部分组成。输液剂在生产过程中,灌封前分为4条生产路径同时进行,如图 13.8 所示。

第一条路径是注射液的溶剂制备。注射液的溶剂常用注射用水,其制备在此不加赘述。

第二条路径是空输液瓶的处理。为使输液瓶达到清洁要求,需要对输液瓶进行多次清

图 13.8 玻璃瓶大输液生产线示意图

洗,包括清洁剂处理、纯化水、注射用水清洗等工序。输液瓶的清洗可在洗瓶机上进行。洗涤后的输液瓶,即可进行灌封。

第三条路径是胶塞的处理。为了清除胶塞中的添加剂等杂质,需要对胶塞进行清洗处理。可在胶塞清洗机上进行。胶塞经酸碱处理,用纯化水煮沸后,去除胶塞的杂质,再经纯化水、注射用水清洗等工序,即可使用。

第四条路径是输液剂的制备。其制备方法、工艺过程与水针剂的制备基本相同,所不同的是输液剂对原辅料、生产设备及生产环境的要求更高,尤其是生产环境的条件控制,例如在输液剂的灌装、上膜、上塞翻塞工序,要求环境为局部100级。

输液剂经过输液瓶的前处理、胶塞与隔离膜的处理及制备这3条路径到了灌封工序即汇集在一起,灌封后药液和输液瓶合为一体。

灌封后的输液瓶,应立即灭菌。灭菌时,可根据主药性质选择相应的灭菌方法和时间,必要时采用几种方法联合使用,既要保证不影响输液剂的质量指标,又要保证成品完全无菌。

灭菌后的输液剂即可进行质量检查。检查合格后,进行贴签与包装。贴签和包装在贴签机或印包联动机上完成。贴签、包装完毕,生产完成输液剂成品。

2)塑料瓶灌装工艺流程

塑料瓶灌装工艺与玻璃瓶灌装工艺的区别在于瓶子处理工序上。塑料颗粒经过注塑形成瓶坯、内外盖和吊环。瓶坯进过吹瓶形成塑瓶,然后经过洗瓶、灌装、轧盖,加吊环形成成品。其生产线如图13.9所示。

图 13.9 塑料瓶大输液生产线示意图

3)非PVC软袋输液灌装工艺流程

非PVC软袋输液灌装一般从制袋开始:放卷→打印→外形封口→修剪→接口送料/定位→接口封口→袋上部封口→最后封口→出袋→袋储存→进袋→真空/或进氮气→灌装→

加盖→出袋。制袋、灌装和封口在 10 000 级(灌装和封口在局部 100 级层流保护下进行)控制环境下在一条机械装置上完成。其生产线如图 13.10 所示。

图 13.10　非 PVC 软袋输液生产线示意图

目前,国内已有数家合资厂和国内输液生产厂引进制袋—灌装—封口一体机成套设备,生产输液产品,产品质量较优,且已取得国内市场的认可。但由于现在软袋成本比玻瓶高,若用于普通输液生产,由于市场没有完全能优质优价,因而生产成本不过关;而用于高附加值产品输液产品,多层共挤出膜软袋是很好的选择。

任务 13.3　口服液、糖浆

13.3.1　口服液

1)口服液简介

口服液是指主要以水为分散介质,含有药物或药材提取物的单计量包装的供内服的液体剂型。其中,中药材要经过适当方法提取、精制、浓缩等过程。《中华人民共和国药典(2015 版)》规定,口服溶液剂的溶剂、口服混悬剂的分散介质常用纯化水。少数口服液中含有一定量的乙醇。通常口服液的服用量多为 10 mL/支。

口服液主要在汤剂、注射剂的基础上改革与发展起来的新剂型。它吸收了糖浆剂、注射剂的工艺特点,将汤剂进一步精制、浓缩、灌装、灭菌,即改进了汤剂服用体积大、味道不佳、临用时需要煎煮、病人不易接受以及易污染细菌等缺点,又因采用适当的方法提取,使得中药材中所含有的活性成分能很容易被提取出来,保持了汤剂的用药特色,尤其为老人及儿童所接受。此外,提取工艺和制剂的质量标准容易制订,特别是其易为老人及儿童所接受。此外,提取工艺和制剂的质量标准容易制订,特别是其能工业化生产,因而发展迅速。

为了防止口服液在贮存过程中发生霉变,应选用适宜的防腐剂,并在制备过程中经灭菌处理、密封包装,防止其霉变。此外,包装容器也需要清洁处理,在灌装过程中应严格防止污染。成品口服液在贮存期间内可以允许有微量轻摇易散的沉淀。

2)口服液生产工艺

口服液制备的一般工艺为:配液→过滤→灌封→灭菌→检漏→贴签→装盒等步骤。

（1）口服液的提取

从中药材中提取有效成分，所选流程应当合理，既能除去大部分杂质以缩小体积，又能提取并尽量保留有效成分以确保疗效。

目前，国内口服液剂的制备主要采用煎煮法、渗漉法，所得药汁有的需净化处理，如水提醇沉、醇提水沉等。

煎煮法是汤剂的制备方法，遵循传统的调制理论和方法，并应掌握好药材的处理、煎煮方法、煎煮时间、设备、温度、加水量等诸多因素，才能发挥预期的疗效。

国内大多数药厂采用单罐煎煮静态提取，加水量为药材的 5～10 倍，其中大量的水分在蒸发浓缩工序中再蒸发掉，这种工艺古老，效率和出率都较低，而且耗能量大。

一些药厂采用罐组提取或强制循环提取，工艺得到改进。中国引进日本的动态提取流水线，经药厂工艺研究、消化、吸收，形成了先进的提取工艺。

渗漉法是将粉碎为粗末的药材，用适当浓度的乙醇浸渍后渗漉，收集漉液，常压或减压浓缩至 1 mL 相当于 1～2 g 药材，直接或经水转溶后加矫味剂、防腐剂，并调整至规定浓度。

（2）配制

配制口服液所用的原辅料应严格按质量标准检查，合格方能采用。按处方要求计称原料用量及辅料用量。选加适当的添加剂，采用处理好的配液用具，严格按程序配液。

（3）过滤、精制

药液在提取、配液过程中，由于各种因素带入的各种异物，提取液中所含的树脂、色素、凝质及胶体等均需滤除，以使药液澄明，再通过精滤以除去微粒及细菌。

（4）灌封

首先应完成包装物的洗涤、干燥、灭菌，然后按注射剂的制备工艺将药液灌封于小瓶当中。小瓶目前以玻璃瓶为主，也有少量塑瓶应用于口服液容器。

（5）灭菌

灭菌是指对灌封好的瓶装口服液进行百分之百的灭菌，以求杀灭在包装物和药液中的所有微生物，保证药品稳定性。

①必要性的判断

不论前工序对包装物是否做了灭菌，只要药液未能严格灭菌，则必须进行本工序——瓶装产品的灭菌。

②灭菌标准

微生物包括细菌、真菌、病毒等，微生物的芽孢具有极强的生命力和很高的耐热性，因此，灭菌效果应以杀死芽孢为标准。

③灭菌方法

灭菌方法有物理灭菌法、微波灭菌法和辐射灭菌法等。具体实施可视药物需要，适当采用一种或几种方法联合灭菌。目前，最通用的是物理灭菌法，其中更多应用热力灭菌法。对于口服液剂型，微波灭菌是一种很有前途的灭菌方式。

（6）检漏、贴签、装盒

封装好的瓶装制品需经真空检漏、异物灯检，合格之后贴上标签，打印上批号和有效期，最后装盒和外包装箱。

3）口服液包装材料

口服液核心包装材料是装药小瓶和封口盖,具有以下 4 种形式:

（1）安瓿瓶包装

20 世纪 60 年代初,将液体制剂按照注射剂工艺灌封于安瓿瓶中,成为一种新型口服液,服用方便、可较长期保存、成本低,所以早年使用十分普及。但服用时需用小砂轮割去瓶颈,极易使玻璃碎屑落入口服液中,现已淘汰。

（2）塑料瓶包装

伴随着意大利塑料瓶灌装生产线的引进而采用的一种包装形式。该联动机入口处以塑料薄片卷材为包装材料,通过将两片分别热成型,并将两片热压在一起制成成排的塑瓶,然后自动灌装、热封封口、切割得成品。

这种包装成本较低,服用方便,但由于塑料透气、透湿性较高,产品不易灭菌,对生产环境和包装材料的洁净度要求很高,产品质量不易保证。

（3）直口瓶包装

这本是 20 世纪 80 年代初随着进口灌装生产线的引进而发展起来的一类新型玻璃包装。为了提高包装水平,国家医药管理局制订了《管制口服液瓶》（YY 0056—91）行业标准。

（4）螺口瓶

螺口瓶是在直口瓶基础上新发展的一种很有前景的改进包装,它克服了封盖不严的隐患,而且结构上取消了撕拉带这种启封形式,且可制成防盗盖形式,但由于这种新型瓶制造相对复杂,成本较高,而且制瓶生产成品率低,因此,现在药厂实际采用的还不很多。螺口瓶的规格尚无行业标准。

4）口服液主要设备

（1）洗瓶设备

①喷淋式洗瓶机

一般用泵将水加压,经过滤器压入喷淋盘,由喷淋盘将高压水分成多股激流将瓶内外冲净,这类属于国内低档设备,人工参与较多。在《直接接触药品的包装材料、容器生产质量管理规范》实施以前,该设备较为流行,现已淘汰。

②毛刷式洗瓶机

这种洗瓶机既可单独使用,也可接联动线,以毛刷的机械动作再配以碱水、饮用水、纯化水可获得较好的清洗效果。

但以毛刷的动作来刷洗,粘牢的污物和死角处不易彻底洗净,还有易掉毛的弊病,该机档次不高。

③超声波式洗瓶机

利用超声波换能器发出的高频机械振荡（20～40 Hz）在清洗介质中疏密相间地向前辐射,使液体流动而产生大量非稳态微小气泡,在超声场的作用下气泡进行生长闭合运动,即通常称为"超声波空化"效应。

空化效应可形成超过 1 000 MPa 的瞬间高压,其强大的能量连续不断冲撞被洗对象的表面,使污垢迅速剥离,达到清洗目的。

常用的有转鼓式超声波清洗机和转盘式超声波清洗机。转鼓式超声波清洗机原理与安瓿超声波清洗机相同。转盘式超声波清洗机以 YQC8000/10-C 为例,机构如图13.11 所示。

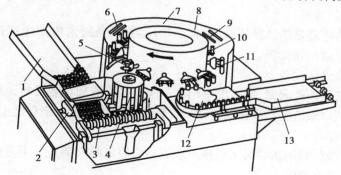

图13.11 YQC8000/10-C 转盘式超声波清洗机
1—料槽;2—超声波换能头;3—送瓶螺杆;4—提升轮;5—瓶子翻转工位;
6,7,9—喷水工位;8,10,11—喷气工位;12—拨盘;13—滑道

料槽1 与水平面成30°夹角,料槽中的瓶子在重力作用下自动下滑,料槽上方置淋水器将玻璃瓶内淋满循环水(循环水由机内泵提供压力,经过滤后循环使用)。

注满水的玻璃瓶下滑到水箱中水面以下时,利用超声波在液体中的空化作用对玻璃瓶进行清洗。经过超声波初步洗涤的玻璃瓶,由送瓶螺杆3 将瓶子理齐并逐个送入提升轮4 的10 个送瓶器中,送瓶器由旋转滑道带动作匀速回转的同时,作升降运动,旋转滑道运转一周,送瓶器完成接瓶、上升、交瓶、下降一个完整的运动周期。提升轮将玻璃瓶逐个交给大转盘上的机械手。

在位置6—11,固定在摆环上的射针和喷管完成对瓶子的三水和三气的内外冲洗。射针插入瓶内,从射针顶端的5 个小孔中喷出的激流冲洗瓶子内壁和瓶底,同时固定喷头架上的喷头则喷水冲洗瓶外壁。

位置6,7,9 喷的是压力循环水和纯化水,位置8,10,11 均喷压缩空气以便吹净残水洗净后的瓶子在机械手夹持下再经翻转凸轮作用翻转180°使瓶口恢复向上,送入拨盘12,拨盘拨动玻璃瓶由滑道13 送入灭菌干燥隧道。

整台洗瓶机由一台直流电机带动,可实现平稳的无级调速,三水、三气由外部或机内泵加压并经机器本体上的3 个过滤器过滤,水气的供和停由行程开关和电磁阀控制,压力可根据需要调节并由压力表显示。

这种洗瓶机的突出特点是每个机械手夹持一支瓶子。在上下翻转中经多次水气冲洗,由于瓶子是逐个清洗,清洗效果更有保证。

(2)灭菌设备

①口服液瓶灭菌干燥设备

口服液瓶灭菌干燥设备是对洗净的口服液玻璃瓶进行灭菌干燥的设备,根据生产过程自动化程度的不同,需配备不同的灭菌设备。

最普通的是手工操作的蒸汽灭菌柜,利用高压蒸汽杀灭细菌是一种较可靠的常规湿热灭菌方式,一般需115.5 ℃(表压68.9 kPa),30 min。

联动线中的灭菌干燥设备是隧道式灭菌干燥机,已有行业标准,可提供350℃的灭菌高温,以保证瓶子在热区停留时间不短于5 min确保灭菌。

当前,中国生产的灭菌隧道多为石英玻璃管远红外辐射电加热方式,加热效率高,结构简单,但热场不十分均匀。

较理想的灭菌隧道是热风循环式,确保热场均匀,而且隧道内洁净度达到100级,保证通过隧道的瓶子无微粒和无菌。

②口服液成品灭菌设备

受操作和设备等条件限制,较多中小药厂不能确保药液和包装材料无菌,往往采用蒸汽灭菌柜对成品瓶装口服液进行严格高温灭菌。此举的弊端是在一定程度上破坏了盖子的密封,不利于长期保存。

采用科技新成就,利用新的灭菌机理完成成品口服液的灭菌是一个方向,现在已采用的有辐射灭菌法、微波灭菌法。

（3）口服液剂灌封机

口服液剂灌封机是用于易拉盖口服液玻璃瓶的自动定量灌装和封口的设备。

灌封过程完成送瓶、灌液、加盖、轧封。灌封机有直线式和回转式两种。

灌药量的准确性对产品非常重要,故灌药部分的关键部件是泵组件和药量调整机构。它们主要功能就是定量灌装药液。

大型联动生产线上的泵组件由不锈钢件精密加工而成,简单生产线上也有用注射用针管构成泵组件的。药量调整机构有粗调和精调两套机构,这样的调整机构一般要求保证0.1 mL的精确度。

送盖部分主要由电磁振动台、滑道实现瓶盖的翻盖、选盖,实现瓶盖的自动供给。

封口部分主要由三爪三刀组成的机械手完成瓶子的封口。密封性和平整是封口部分的主要指标。

（4）口服液联动生产线

口服液联动生产线主要是由洗瓶机、灭菌干燥设备、灌封设备及贴签机等组成,如图13.12所示。其目的是为了更合理地整合、利用资源,进一步保证产品的质量。根据生产的需要,可把各台生产设备有机地连接起来形成口服液联动生产线。口服液联动线联动方式有分布联动方式和串动联动方式两种。

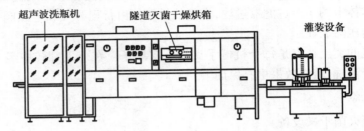

超声波洗瓶机　　隧道灭菌干燥烘箱　　灌装设备

图13.12　QXGF5/25型高速口服液洗、烘、灌封联动线

分布式联动方式是将同一种工序的单机布置在一起,进行完一种工序后,将产品集中起来,送入下道工序。此种联动方式能够根据每台单机的生产能力和实际需要进行分布。例如,可将两台洗瓶机并联在一起,以满足整条生产线的需要,并且可避免一台单机产生故障

而使全线停产。该联动生产线用于产量很大的品种。

串联式联动方式为每台单机在联动线中只有一台,此种方式适用于产量中等情况的生产。要求各台单机的生产能力要相互匹配。在联动线中,生产能力高的单机要适应生产能力低的设备。此种方式的缺点是如果一台设备发生故障,易造成整条生产线的停产。目前,国内口服液联动生产线一般采用这种联动方式。在这种方式中,各单机按照相同生产能力和联动操作要求协调原则设计来确定其参数指标,节约生产场地,使整条联动生产线成本下降。

13.3.2 糖浆剂

1)糖浆剂概述

糖浆剂是指含有药物,药材提取物或芳香物质的浓蔗糖水溶液。中药糖浆剂一般糖量应不低于60%(g/mL)。糖浆剂中的糖和芳香剂(香料)主要作为矫味,能掩盖某些药物的苦、咸等不良气味,改善口感,故糖浆剂深受儿童欢迎。

2)糖浆剂生产的工艺流程

除有规定的以外,糖浆剂一般采用溶解法或混合法制备。

①溶解法:取纯化水适量,煮沸、加蔗糖,加热搅拌溶解后,继续加热至100 ℃,在适宜温度下加入其他药物搅拌溶解,趁热过滤,自滤器上添加适量新沸过的纯化水,使成处方规定量,搅匀即得。

②混合法:将药物与单糖浆用适当的方法混合而得。

药物如为水溶性固体,可先用少量新沸过的纯化水制成浓溶液;在水中溶解度较小的药物可酌量加入其他适宜的溶剂使其溶解,然后加入单糖浆中,搅拌即得。

药物如为可混合的液体或液体制剂,可直接加入单糖浆中,搅匀,必要时过滤,即得。

糖浆剂的生产过程可简化为容器的洗涤干燥、溶糖过滤、配料、灌封及包装5道工序。

(1)容器的洗涤、干燥设备

该道工序包括玻璃瓶与胶塞的洗涤、干燥,以及铝塑盖的处理等。其常用设备与口服液相关设备基本相同,不再赘述。

(2)溶糖过滤设备

本道工序是把蔗糖用纯化水溶解,煮沸灭菌,过滤澄清,冷却后送至配制的工序。

(3)糖浆剂的灌装工序设备

糖浆剂的灌装工序是将药液分装于糖浆剂的包装容器内的过程。该工序为开口工位,要求与外界人员隔离,以控制环境的洁净度,保证产品的质量。使用的设备有履带排列式分装机、旋转式液体定量灌装机和密封真空灌装机。

根据定量灌装的方式不同,灌装有真空式、加压式及柱塞式等。灌装工位有直线式和转盘式。

直线式液体灌装机是目前常用的糖浆灌装设备。将清洗干燥的容器经整理后,置入理瓶盘并随理瓶盘旋转,在拨瓶盘和校瓶器的作用下,有规则地进入输瓶轨道,进入轨道的瓶子随链板作直线运动,进入灌装工位。装有药液的容器进入旋盖机,经上盖、旋盖后,完成整个灌装工序。通常铝盖封口采用三刀下降式或三刀旋转口式。

GCB4A 四泵直线式灌装机是目前常用的糖浆灌装设备,如图 13.13 所示。其主要工作原理是:容器经整理后,经输瓶轨道进入灌装工位,药液经柱塞泵计量后,经直线式排列的喷嘴灌入容器。

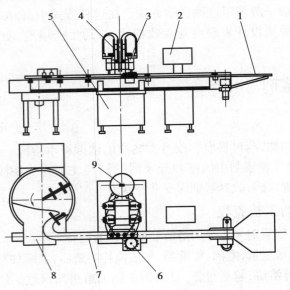

图 13.13　GCB4A 四泵直线式灌装机

1—贮瓶盘;2—控制盘;3—计量泵;4—喷嘴;5—底座;

6—挡瓶机构;7—输瓶轨道;8—理瓶盘;9—贮药桶

机器具有卡瓶、缺瓶、堆瓶等自动停车保护机构。生产速度、灌装容量均能在其工作范围内无级调节。

(4)灌装自动线

BZGX-T 糖浆灌装生产线外形结构图如图 13.14 所示。该流水线主要是由冲洗瓶机、四泵直线型灌装机、轧盖机、不干胶贴标机等组成。可完成自动理瓶、输瓶、翻瓶、冲洗瓶(冲水、充气)、计量灌装、理盖、扎防盗盖(或旋盖)、贴签、印批号等工序。该机采用光电控制、变频无级调速,实现机电一体化。

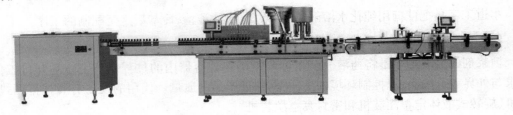

图 13.14　BZGX-T 糖浆灌装生产线

任务 13.4　粉针剂

粉针剂为注射用无菌粉末的简称,是指药物制成的供临用前适宜的无菌溶液配制成澄清溶液或均匀混悬液的无菌粉末或无菌的块状物,可用适宜的注射用溶剂配制后注射,也可用静脉输液配制后静脉滴注。粉针剂的制备方法有两种,即无菌粉末直接分装法和无菌水溶液冷冻干燥法。

13.4.1　无菌粉末直接分装法

生产过程包括以下 3 个步骤:

①胶塞处理。酸洗→冲洗→硅化→烘干灭菌。

②西林瓶处理。洗瓶→干燥、灭菌→冷却。

③分装包装。送瓶→分装→加胶塞→加铝盖→轧盖→封蜡→贴签→装盒→成品检查→封盒装箱。

分装和加胶塞多在同一台设备中完成,常用的分装机有气流式分装机和螺杆式分装机。常用设备有理瓶机、洗瓶机、分装机、轧盖机及贴签机等。

1)原材料准备

对直接无菌分装的原料,应了解药物粉末的理化性质,测定物料的热稳定性,临界相对湿度,粉末的晶形和松密度,以便确定适宜的分装工艺条件。

无菌原料可用灭菌溶剂结晶法、喷雾干燥法或冷冻干燥法制得,必要时进行粉碎和过筛。

2)容器的处理

安瓿或小瓶、丁基胶塞处理及相应的质量要求同注射剂和输液剂。各种分装容器洗净后,需经干热灭菌或红外线灭菌后备用。已灭菌好的空瓶应存放在有净化空气保护的贮存柜中,存放时间不超过 24 h。

（1）洗瓶机

常用的洗瓶机有毛刷洗瓶机和超声波洗瓶机。

（2）烘干设备

一般有柜式电热烘箱和隧道式灭菌干燥器。

3)分装

常用的分装设备有螺杆式分装机和气流分装机。

（1）螺杆式分装机

如图 13.15 所示,利用螺杆的间歇旋转将药物装入西林瓶内达到定量分装的目的。其工作原理为:经精密加工的螺杆转动时,料斗内的药粉沿轴向旋移送到送药嘴,落入药瓶中,控制螺杆的转角可调节装量。该设备

图 13.15　螺杆式分装机示意图

的特点是:结构简单,无须净化压缩空气和真空系统等附属设备,不产生漏粉、喷粉现象,调解装量范围大,原料药粉损耗小,但分装速度慢。适用于流动性较好的药粉,不适合分装松散、黏性、颗粒不均匀的药粉。

（2）气流分装机

如图 13.16 所示,靠真空吸取定量容积粉剂,再通过净化干燥的压缩空气吹入西林瓶内。分装头结构包括装粉筒、搅粉斗、分装盘 3 个部分。其工作原理为搅粉斗内搅拌桨转动,使药粉保持疏松,在装粉工位与真空管道接通,药粉被吸入定量分装孔内,分装头回转180°至卸粉工位,净化压缩空气将药粉吹入西林瓶内。通过调节剂量孔中活塞的深度来调节装量。

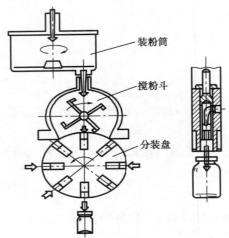

图 13.16　气流分装机示意图　　　　图 13.17　滚压式轧盖机示意图

4）轧盖设备

按轧盖施力方式,可分为挤压式和滚压式。

（1）开合挤压式轧盖机

其原理是:利用开合爪的闭合,将铝盖压紧,收口包封在瓶口上。

（2）滚压式轧盖机

滚压式轧盖机根据轧刀多少,可分切单刀式和多刀式。其工作原理为:盖好胶塞的瓶子放上铝盖,底座将瓶子顶起,轧盖头压紧瓶口,轧盖刀高速旋转中压紧铝盖下边缘,同时瓶子也旋转,将铝盖下缘轧紧于瓶颈上（图 13.17）。

5）灭菌

分装必须在高度洁净的灭菌室中按照灭菌操作法进行。能耐热品种,可选用适宜灭菌方法进行补充灭菌,以保证用药安全。对不耐热品种,应严格无菌操作,控制无菌分装过程中的污染,成品不再灭菌处理。

13.4.2　冻干粉针剂设备

液体灌装与粉体分装相比,装量准确。其生产流程为:药物水溶液→过滤→灌装→冻干→封口。主要设备为冷冻干燥机。

冻干机的工作流程为:药物溶液灌装后低温下冷冻冻结成固体→在一定真空度和低温下升华水分→干燥药物粉末。

任务 13.5 滴眼剂

眼用液体制剂是直接用于眼部的外用液体药剂,以澄明的水溶液为主,也有少数为胶体溶液或水性混悬液,也有将药物做成片剂,临用时制成水溶液。眼用液体制剂可分为滴眼剂、洗眼剂和眼内注射剂。

滴眼剂用于眼黏膜,每次用量1~2滴,常在眼部起杀菌、消炎、收敛、缩瞳、麻醉等作用。近年来,为了增加药物在作用部位的接触时间,减少用药次数,除了适当增加滴眼剂的黏度外,还发展了一些新型的眼用剂型、眼用膜剂等。

滴眼剂的配制一般采用溶解法。将药物加适量灭菌溶剂溶解后,滤过至澄明,添加溶剂至全量,检验合格后分装。中药眼用溶液剂是先将中药材按一定的提取和纯化方法处理,制得浓缩液后再进行配液。

13.5.1 眼用液体制剂的质量要求

眼用液体制剂的质量要求类似注射剂,在 pH 值、渗透压、无菌、可见异物等方面都有相应要求。

1)pH 值

人体正常泪液的 pH 值为7.4,正常眼可耐受的 pH 值为5.0~9.0,pH 值为6.0~8.0时无不舒适的感觉,pH 小于5.0或大于11.4则有明显的刺激,眼用液体制剂的 pH 应控制在适当范围。

2)渗透压

眼用液体制剂的渗透压应与泪液渗透压近似。眼球能适应的渗透压范围相当于浓度为0.6%~1.5%的氯化钠溶液,超过2%就有明显的不适。

3)无菌

对于一般用于无眼外伤的眼用液体制剂,为了避免在多次使用后染菌,应添加适当的抑菌剂。正常人的泪液中含有溶菌酶,有杀菌作用,同时泪液不断地冲刷眼部,使眼部保持清洁无菌。角膜巩膜等也能阻止细菌侵入眼球。因此,眼部有无外伤是眼用溶液剂无菌要求严格程度的界限。对眼部损伤或眼手术后使用的眼用制剂,必须要求绝对无菌,成品要经过严格的灭菌。这类制剂不允许加入抑菌剂,常用单剂量包装,一经打开使用后,不能放置再用。

4)可见异物

溶液型眼用液体制剂应澄明无异物,特别是不得有碎玻璃屑,混悬液型眼用溶液剂其颗粒要求大于 50 μm 的粒子不得超过两个,且不得检出大于 90 μm 的粒子,并且颗粒不得结块，易摇匀。

13.5.2　滴眼剂的生产工艺流程

1) 主药性质稳定的制备工艺

主药性质稳定的制备工艺如图 13.18 所示。

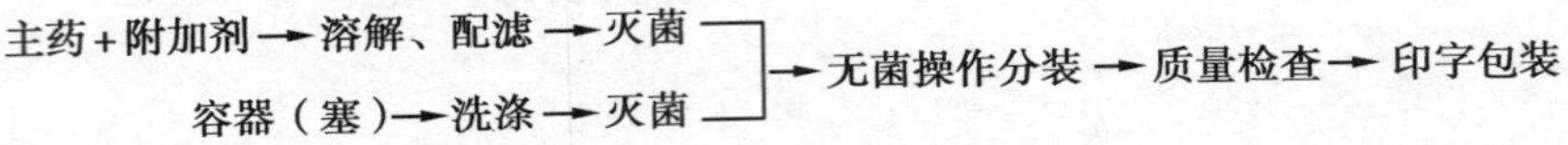

主药+附加剂→溶解、配滤→灭菌
容器（塞）→洗涤→灭菌
→无菌操作分装→质量检查→印字包装

图 13.18　主药性质稳定的制备工艺

2) 主药不耐热的制备工艺

全部制备过程采用无菌操作法。所用溶剂、容器、用具均应预先灭菌并添加适宜的抑菌剂。

3) 用于眼外伤或眼部手术的眼用溶液剂的制备工艺

制成单剂量包装制剂，灌装后用适宜的灭菌方法进行灭菌处理。

13.5.3　滴眼剂的灌装设备

1) ZG-4X 型真空液罐箱

ZG-4X 型真空液罐箱工作原理是：将已经清洗并灭菌的滴眼剂空瓶，瓶口向下，排列在一平底盘中，将放入一个真空灌装箱内，由管道将药液从贮液瓶定量地（稍多于实际灌注量）放入盘中，密闭箱门，抽气使成一定负压，瓶中空气从小口逸出。然后经洗气装置通入洁净空气，恢复常压。药液即灌入瓶中，取出盘子后，将瓶子立即加塞密封。其配制、过滤、灌装过程如图 13.19 所示。

1
2
3
4
5
6
7
8
9
10
11
12
13

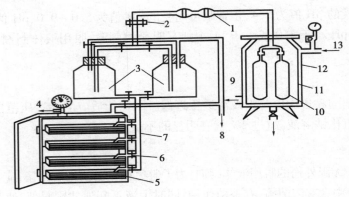

图 13.19　滴眼剂配制、过滤、灌装过程示意图

1—锤熔滤球；2—微孔滤器；3—贮液瓶；4—抽气瓶；5—塑料（或搪瓷）盘子；6—真空灌注器；7—管路；8—放气管；9—蒸汽出口；10—滤棒；11—蒸汽夹层；12—配液缸；13—蒸汽进口

2) SHZ-SYGR-V 灌装机

SHZ-SYGR-V 型眼药水灌装机集机械、气动、自动为一体。具有自动化程度高、成品率高、适应性广、稳定性好等特点。该机具有自动理瓶，瓶自动检测（有瓶灌装，无瓶不灌装），

以及有瓶落内塞、有内塞的瓶落盖帽和自动旋盖功能。适用于灌装圆形、扁形或棱角形等多种外形的灌装瓶,如图 13.20 所示。

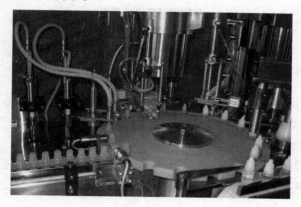

图 13.20 SHZ-SYGR-V 型眼药水灌装机

技能实训 13 液体制剂设备的拆卸安装与使用维护

【实训目的】

熟悉常见液体制剂设备的原理,能够进行液体制剂设备的简单拆卸、安装。

【实训内容】

对常见液体制剂设备进行拆卸、安装,画出结构示意图。

【结果记录】

记录实验结果。

【思考题】

①安瓿洗、烘、灌封联动机有哪些优缺点?

②口服液联动生产线联动方式有分布联动方式和串动联动方式,两者有什么区别?

项目小结

学生通过本项目的学习,能够初步了解液体制剂的概况,熟悉注射剂、输液剂、粉针剂、滴眼剂、口服液及糖浆的特点和组成,熟悉这些液体制剂的相关生产设备,为今后的工作奠定基础。

复习思考题

一、填空题

1. 常用的安瓿洗涤设备包括_____、_____、_____。

2. 安瓿灌封机按其功能,可将结构分为_____、_____、_____ 3 个基本部分。

3. 玻璃瓶大输液灌封前分为_____、_____、_____、_____ 4 条途径。按照大输液灌封容器的不同,生产工艺流程可分为_____、_____、_____ 3 类。

4. 口服液生产工艺可以简化为_____→_____→_____→_____→_____→贴签→包装等步骤。

5. 糖浆剂一般含糖量应不低于_____(g/mL),糖浆剂的生产过程可简化为容器的_____→_____→_____→_____→_____ 5 道工序。

6. 粉针剂的制备方法有两种,即_____和_____。

7. 人体正常泪液的 pH 为_____,正常眼可耐受的 pH 为_____ ~ _____,眼球能适应的渗透压范围相当于浓度为_____ ~ _____的氯化钠溶液。

二、问答题

1. 口服液生产设备和糖浆剂生产设备有哪些异同?

2. 简述安瓿灌封机的主要组成部分和操作方法。

项目 14　气体制剂

气体制剂是指将药物通过加入抛射剂或利用压缩空气、雾化器等多种方式分散成烟雾状，采用吸入法或皮肤黏膜给药途径的多种制剂的总称。

气体制剂的起源甚早，远在春秋战国时期，我国古代劳动人民已经掌握使用多种中草药医治病痛。例如，将一些植物类药物燃烧，用烟熏医治受伤、瘟疫等疾病。在古典医籍中有这样的记载，把莨菪与水共热使之产生蒸汽，用熏蒸法治疗牙痛；用洋金花卷烟吸入来治疗哮喘；用胡荽加水共煮使沸腾，熏蒸法医治痘疹，等等。这些都是中药气体制剂的早期萌芽。

气体制剂按分散系统来说属于气溶胶，临床上可统称为气溶胶剂。一般来说，液体微粒分散在气体中的气溶胶称为"雾"；固体颗粒分散在气体中，形成凝集性的气溶胶称为"烟"；而一些药物通过燃烧产生的气体直接分散在空气中可称为"气"。因此，气体制剂有多种类型，常见的有气雾剂、喷雾剂、烟剂、烟熏剂等。

现代气体制剂发展很快，在医治皮肤病、呼吸系统疾病、心脑血管疾病、妇科、五官科疾病等方面，成为广泛使用的一种新型给药途径。

任务 14.1　气雾剂的特点和组成

14.1.1　气雾剂的含义与特点

气雾剂是指将药物与适宜的抛射剂共同封装于具有特制阀门系统的耐压容器中制成的制剂。气雾剂由药物、附加剂、抛射剂、耐压容器及阀门系统 5 个部分组成。使用时,按阀门系统的推动钮,当阀门打开时,由于容器压力突然降低,原来处于高压状态的抛射剂,因急剧气化而成雾状喷出,迅速将药物分散成为微粒,再通过喷嘴释放出来,直接作用于患处或起全身治疗作用。

气雾剂是气体制剂的一种。它的起源是伴随着人们对气体药剂的使用而逐渐产生的。但是,真正意义上的气雾剂,应用的历史并不久远。它的产生、发展和完善还只是近几十年的事。气雾剂是从 20 世纪 40—50 年代发展起来的新型制剂。早在 20 世纪初,世界上第一次有了加压包装。但是,直到 1942 年,才研制出第一个杀虫气雾剂。至此,真正的气雾剂就诞生了。后来,随着医药工业的发展,气雾剂的生产原理及技术逐渐被引入医药领域,药用气雾剂就出现了。

气雾剂具有使用方便、贮藏性能好、疗效迅速、毒副作用小、剂量准确的特点。但是,因为气雾剂容器内有一定的内压,可因意外撞击和受热而发生爆炸,具有一定的危险性。此外,气雾剂容器和阀门结构比较复杂,填充抛射剂和药物都需要特殊的机械设备,生产制备较复杂。

14.1.2　气雾剂的分类及原理

1)气雾剂的分类

按处方组成,可分为二相气雾剂和三相气雾剂。二相气雾剂是以气化抛射剂为气相,抛射剂和药物的混合溶液为液相;三相气雾剂有以下 3 种情况:

①药物的水溶液与抛射剂互不相混溶而分层,抛射剂密度大沉在容器底部,内容物包括气相(部分气化抛射剂)、溶液相和液化抛射剂相。

②固体药物和附加剂等的微粉混悬在抛射剂中,内容物包括气相、液化抛射剂相和固相。

③药物的水溶液与液化抛射剂(相当于油相)制成乳浊液,抛射剂被乳化为内相,内容物包括气相、乳浊液相。

按给药途径,可分为吸入气雾剂、外用气雾剂和空间消毒气雾剂。

按分散系统,可分为溶液型气雾剂、混悬型气雾剂和乳浊液型气雾剂。

2)气雾剂的原理

气雾剂通过加入抛射剂或利用喷雾器等方式,使药物在一定压力下,以雾状从容器中迅速排出。制备装置有以下 3 种情况:

①用抛射剂喷射的气雾剂,在阀门的控制下,抛射剂把药物气化蒸发,消耗的蒸汽可立即由液化气体蒸发补充,以维持相对恒定的气压、定量、准确、稳定地把药物喷向患处。

②利用压缩气体驱动的喷雾器,可用氧气、氮气等压缩,药液在空气中形成气溶胶,由于在使用中每喷出一次,压缩气体和内容物就减少一些,容器内的压力也随之下降,喷出量及雾滴大小也不稳定,因此这类雾化剂常用于局部。

③借助呼吸气流作动力的干粉吸入气雾剂,即粉末吸入气雾剂,是靠人的口鼻吸入作动力,使药粉扬起的一种剂型,如西瓜霜喷剂等。吸入器的性能和药物的微粉化是这种剂型制备的关键。

14.1.3　气雾剂的组成

气雾剂由药物、附加剂、抛射剂、耐压容器及阀门系统 5 个部分组成。

1）药物

气雾剂的所含药物可以是中药提取物,如挥发油等,或者为化学药物。也可以中药有效成分为主,适量添加化学药物成分。

2）附加剂

气雾剂制备时,根据药物性质加入适当的溶剂、抗氧剂、稳定剂、表面活性剂或其他的附加剂。

3）抛射剂

抛射剂应具备的条件:常压下沸点低于 40.6 ℃,常温下蒸汽压应大于大气压;无毒性、无过敏反应和刺激性;不燃烧、不易爆;无色、无臭、无味,不与药物等发生化学反应,不影响药物的稳定性;来源广、价格便宜、便于大规模生产。

抛射剂的分类如下:

（1）氟氯烷烃类(氟利昂)

沸点低易控制、性质稳定、不易燃烧,液化后密度大,无味、毒性较小。

（2）碳氢化合物

主要有丙烷、正丁烷和异丁烷,稳定、毒性不大,密度低,沸点较低,但易燃,不宜单独使用,常与氟氯烷烃类抛射剂合用。

（3）压缩气体

二氧化碳、氮气等,价格低廉、无毒、不燃烧、化学性质稳定,但蒸汽压高,要求容器有较高的耐压性。

4）耐压容器

气雾剂的容器是气雾剂的主要组成部分,用于盛装药物、抛射剂和附加剂。制造材料包括玻璃和塑料、金属。制造材料不能与药物以及抛射剂起作用,还要求耐压、耐腐蚀、轻便、价廉等。气雾剂外形结构如图 14.1 所示。

玻璃通常被用来制造气雾剂容器的内层,因为玻璃具有多

图 14.1　气雾剂示意图

种优点,如化学性质稳定,耐腐蚀、价格低廉、制造简单等。但是,由于其质脆易碎,不耐挤压、碰撞等。因此,使用又受到一定的限制,不过只要系统总压强不超过其限度或抛射剂的含量不超过 50% 时,玻璃容器是相对安全的。为了增加强耐压性,其外壁搪有塑料涂层,既可加强对容器内部压力抵抗的能力,又可保护玻璃避免受外界的过度碰撞和冲击。

金属材料也可用来作气雾剂容器。常用白铁皮或铝合金薄板。金属容器的优点是耐压强度高、轻便、使用方便,又便于运输和携带,耐碰撞和冲击,可制成大容量包装等。但是也有缺点,主要表现为化学稳定性差,不耐腐蚀性,使用也受到一定限制。例如,铝制容器盛装以乙醇为溶剂的药剂时,特别是无水乙醇对铝的腐蚀作用强,缓慢地放出氢气不断增大容器的内压,同时出现铝溶解现象,容器易出现破损,极易发生事故。为了克服金属容器的不足,增强耐腐蚀性能,常在其内壁涂其他材料。例如,可用聚乙烯树脂作为底层,再涂环氧树脂,这样既可达到增大耐腐蚀性能,又增强耐热性能,便于热灌装或加热灭菌等。

塑料容器的特点是:质轻、牢固,能耐受较高的压力,具有良好的抗撞击性和耐腐蚀性。但塑料容器有较高的渗透性和特殊气味,易引起药液变化,一般选用化学稳定性好的耐压和耐撞击的塑料,如热塑性聚丁烯对苯二中酸酯树脂和缩乙醛共聚树脂等。

5)气雾剂容器的阀门

阀门系统如图 14.2 所示。它包括阀门推动钮、喷嘴、密封圈、弹簧及汲取管等部件。阀门系统必须保证坚固而耐用。制造阀门系统的材料一般应不与内容物起反应,加工应精密准确。阀门系统的作用主要是控制和调节药物从耐压容器中定量喷出。除一般阀门系统外,还有供吸入用的定量阀门。

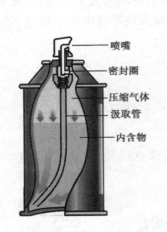

图 14.2 气雾剂阀门示意图

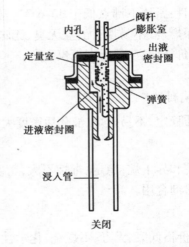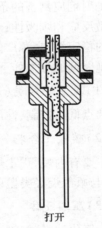

图 14.3 气雾剂定量阀门示意图

定量阀门系统如图 14.3 所示,是一种定量吸入气雾剂阀门的系统。其工作原理是:密封铝帽用来将阀门固定在耐压容器上,阀杆的顶端与带小孔和喷嘴的推动钮相连。阀杆内有膨胀室和内孔相连,内孔用来把容器内的药物引出并喷出。当掀下推动钮时,内孔进入定量室使得药液从内孔进入膨胀室,因抛射剂的作用而骤然膨胀,从喷嘴以极细雾状喷出。弹簧由进液弹簧架与封圈托住而固定,出液封圈位于内孔和弹簧之间,密封定量室上端不使药液溢出。掀下推动钮,阀杆下降,同时内孔降至封圈以下进入定量室时,药液进入内孔而喷出。一次喷出剂量为 $0.05 \sim 0.2$ mL。因此,定量室的容积决定了每次用药的剂量。

任务 14.2 气雾剂的生产工艺流程和生产设备

14.2.1 气雾剂的生产工艺流程

气雾剂生产工艺主要包括：称量→配料→灌装→封盖→充填抛射剂→质检→成品包装等步骤。其中，称量、配料、灌装、压盖、充填抛射剂和内包装等在100 000级洁净区内进行。

14.2.2 气雾剂生产设备

气雾剂的制备过程主要分为容器阀门系统的处理与装配、药物的配制与分装、充填抛射剂3个部分。

1）容器阀门系统的处理与装配

选用一定大小的玻璃容器，洗净。按一定工艺在外壁搪塑料薄层。其具体方法是：首先将容器预热处理，趁热浸入按一定要求调配好的聚氧乙烯糊状树脂液中，使容器外壁均匀涂上一层浆液。然后倒置烘箱内，180 ℃下烘烤15 min冷却取出即可。

阀门各部件的处理，首先洗净橡胶垫圈、阀杆，并在乙醇中浸泡24 h，干燥备用。把弹簧用碱液煮30 min，再用热水洗净、蒸馏水冲洗、烘干，乙醇中浸泡24 h，干燥备用。再将大橡胶圈套在定量杯上，阀杆上也套好橡胶垫圈，装上弹簧，与进出液的橡胶垫圈及封冒等装配好即可。

2）药物的配制与分装

首先将提取或精制的药物成分或总提取物与抛射剂溶解或混合。根据处方要求可分别制成溶液型气雾剂、混悬液型气雾剂或乳浊液型气雾剂，然后按一定剂量分装于耐压容器中。操作中，要注意无菌操作，根据治疗用药的要求，防治污染，经质量检验合格，可安装阀门、轧紧封帽。

3）抛射剂的填充

利用不同的机械设备把抛射剂充入耐压容器。其原理如图14.4所示。一般可采用压灌法和冷灌法。

（1）压灌法

药业配好后，装入容器，安装阀门并轧紧封帽，接着是通过压装机压入抛射剂。压灌法常用设备有联动压装机。气雾剂联动压装机主要由操纵台、装盘、药液灌装器、滴水器、轧口器等组成。工作过程为：当容器上顶时，灌装针头冲入阀杆内，压装机和容器的阀门同时打开，液

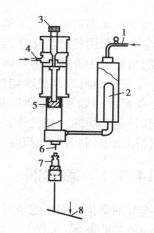

图14.4 抛射剂充填示意图
1—抛射剂进口；2—砂棒；
3—装量调节器；4—压缩空气进口；
5—活塞；6—针头；
7—容器；8—脚踏板

化抛射剂此时可进入容器内。压入法的设备简单,操作也不需要在低温下进行。操作压力也不需要太高。通常操作表压以 68 ~ 105 kPa 为宜,但也不能太低,否则填充速度太慢。表压低于 41 kPa 时充填则无法进行。当容器进入压装机后,灌药、装阀门、轧封帽、填抛射剂等按程度依次进行。

压灌法的特点是:设备简单;不需低温操作;抛射剂损耗较少;由于抛射剂必经阀门进入容器,故填充速度受一定的限制;抛射剂进入后,容器内空气不能排除,使用过程中压力的变化较大。

(2)冷灌法

药液配好后,先冷却再装入容器中,再加入冷却的抛射剂,接着安装阀门并轧紧封帽。此法的操作须在短时间内完成,以尽可能减少抛射剂的散失。气雾剂冷灌法操作时,药液在制备过程中要加入一部分较高沸点抛射剂作为溶剂或稀释剂,防止在冷却中发生沉淀。加过抛射剂的药液,在没有送入热交换器前应作液化气体处理,必须贮入耐压容器内以保安全,同时防止抛射剂的散失。所用抛射剂如为混合物,可用混合设备混合后再送到热交换器中。药液一般冷却至 − 20 ℃ 左右。抛射剂冷却至沸点以下至少 5 ℃。

冷灌法的特点是:抛射剂直接灌入容器,速度快,对阀门无影响。因为抛射剂是在敞开的情况下进入容器,容器内的空气易于排出,因而成品的压力较为稳定,但是需制冷设备和低温操作,抛射剂消耗较多。由于是在抛射剂沸点之下工作,因此,含水产品不宜采用此法充填抛射剂。

任务 14.3 其他气体制剂与设施

其他气体制剂包括气压制剂、烟剂与烟熏剂等。气压制剂是指利用压缩空气作为药物喷射动力或利用各种汽化器、雾化器或喷雾器使药物以雾状喷出供吸入或外用的气体制剂。气压制剂通常为液体或半固体。使用的压缩空气通常有空气、氮气、二氧化碳等。烟剂又称药烟,是将中药材或其提取物加入烟丝,制成香烟,供吸入治疗的一种气体制剂,如止咳定喘药烟、罗布麻药烟等。烟熏剂是指将药材加入易燃物制成,通过燃烧而产生的烟雾和温热来治疗和预防疾病的一种气体制剂,如常用的艾灸。烟剂和烟熏剂同属于传统气体制剂,有悠久的使用历史,制备方法简便,使用方便,民间使用至今。

14.3.1 喷雾剂

喷雾剂是指应用压缩空气、氧气、惰性气体等作为动力的喷雾器或雾化器喷出药液雾滴或半固体物的制剂,又称气压制剂。

喷雾剂包括耐压容器、阀门和阀杆等。如图 14.5 所示为国产气压制剂阀门的一般式样。阀门的内孔一般有 3 个,便于药物流动。

14.3.2 其他气雾剂

目前,医疗上广泛使用性能更好、操作更简便的多种雾化装置,如微量泵雾化器、超声波

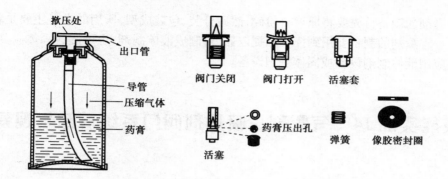

图 14.5 喷雾剂及其阀门零件示意图

雾化器等。微量雾化泵是利用泵的作用,使药液雾化的新型气体制剂装置。超声波雾化器是利用超声技术,使药液雾化而供临床使用的一种新型雾化器,操作十分方便。开机前,先按处方兑好药液装入机械。启动机械,调节雾量大小,便于患者接受即可。

14.3.3 吸入粉雾剂

吸入粉雾剂是指微粉化药物与载体(或无)以胶囊、泡囊或多剂量储库形式,采用特制的干粉吸入装置,由患者主动吸入雾化药物的制剂。

14.3.4 烟剂与烟熏剂

我国古代劳动人民很早就发现了一些药物,如野蒿点燃后有驱蚊蝇的作用,以及点燃艾叶、苍术、木香、香薷等,用于避瘟疫等。

《黄帝内经》中也有记载,"脏寒生满病,其治以灸焫",即利用易燃中药,按照一定的穴位或在离患处一定的距离灼烧,借药物的气味及温热刺激达到治疗某些疾病的目的,如艾灸。

《外科十三方考》中也载有烟剂的治法,如止哮喘烟,采用洋金花、火硝、川贝、款冬花等中药,研细末与烟丝混匀,卷制成香烟,用旱烟筒吸食治疗哮喘。

烟剂发展至今,有其科学依据。有报道烟剂对细菌、病毒有不同程度的抑制作用,电子显微镜观察,烟熏后的乙型溶血性链球菌出现菌球大小不规则、形态不完整、分裂不完全、细胞结构改变等现象。不过烟剂和烟熏剂中有效成分不完全清楚,一些成分的变化或是否产生有害气体有待于进一步研究才能明确。

烟剂和烟熏剂的制备方法十分简单,按照普通卷烟制法制备、切割、包装,使用普通卷烟设备,按卷烟程序制成香烟即可。

14.3.5 香囊、香薰剂

香囊、香薰剂是指用含挥发性成分的中药制成袋装或瓶装、用于刺激穴位或患处或整个机体,具有疏通经络、调和气血、平衡脏腑等功能的一类气体制剂。该制剂在国内外应用都十分普遍,历史悠久,适合家庭使用,如药枕、保健床褥等。目前,香薰疗法在国际美容行业应用比较广泛。

香囊、香薰制剂以中药为主要原料或提取中药有效成分(如挥发油等),经一定工艺制备而成。香囊剂的制备首先要将原材料粉碎,然后分装、包装成型,所用的设备主要是粉碎机、筛粉机等。香薰剂的制备要用到挥发油提取器,可制成液体制剂,也可制成固体制剂。其灌装和包装应用液体制剂设备或固体制剂设备。

技能实训 14 气雾剂、喷雾剂阀门系统拆卸与观察

【实训目的】
掌握气雾剂、喷雾剂阀门系统的构造与原理。

【实训内容】
拆卸气雾剂和喷雾剂的阀门系统,并标出每个零件的名称。

【结果记录】
记录实验结果。

【思考题】
气雾剂与喷雾剂的阀门结构有何不同?

项目小结

学生通过本项目的学习,能够初步了解气体制剂的概况,熟悉气雾剂的特点和组成,能够掌握气雾剂的生成工艺流程,熟悉相关生产设备,为今后的工作奠定基础。

复习思考题

一、名词解释
气雾剂;喷雾剂;吸入粉雾剂。

二、填空题
1.气雾剂一般阀门系统包括＿＿＿＿、＿＿＿＿、＿＿＿＿、＿＿＿＿、＿＿＿＿。
2.抛射剂的填充可采用＿＿＿＿和＿＿＿＿。

三、问答题
1.简述气雾剂的原理。
2.简述气雾剂联动压装机的主要组成部分。

项目 15　药品包装设备

　　各类药品生产的最后一个步骤是进行包装。药品包装的作用是:保护药品;便于贮存、装卸、运输、销售;美化和宣传商品;合理的包装设计,可降低运输和管理费用;方便消费者携带、使用等。药品包装还要满足防潮、防霉、防冻、防热及避光等要求。不同的药品包装需要不同的包装机械来完成。

任务 15.1　铝塑包装机

　　铝塑包装机的原理是将透明塑料薄膜或薄片制成泡罩,用热压封合、黏合等方法,将产品封合在泡罩与底板之间。铝塑包装常用于片剂、胶囊等剂型的内包装。

15.1.1　包装材料

　　铝塑包装机所使用的塑料膜多为 0.25 ~ 0.35 mm 厚的无毒聚氯乙烯(简称 PVC),又常称硬膜。硬膜厚度决定了包装成型后的坚挺性。

　　铝塑包装机上的铝箔多是用 0.02 mm 的特制铝箔(又称 PT 箔)。铝箔的优点是:压延性好,可制得非常薄、密封性又好的包裹材料;极薄,容易撕破,便于拆取;铝箔不仅光亮美观,而且防潮。用于铝塑包装的铝箔在与塑料膜黏合的一侧需涂抹无毒的树脂。

有时也用到一种特制的透析纸代替铝箔,厚度为 0.08 mm。这种浸涂过树脂的纸不易吸潮,也能够和 PVC 膜黏合。

有些药物对避光求严格时,可利用两层铝箔包裹密封。用一种厚度 0.17 mm 左右的稍厚的铝箔,可用模具形成凹泡,代替 PVC 膜与上层铝箔黏合。

15.1.2 工艺流程

铝塑包装机的工艺流程包括薄膜输送、加热、凹泡成型、加料、印刷、打批号、密封、压痕及冲裁步骤。其流程如图 15.1 所示。根据成型原理和结构,主要分为滚筒式、平板式、辊板式 3 个类型,见表 15.1。

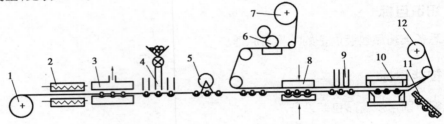

图 15.1 铝塑包装机工艺流程图

1—PVC 膜辊;2—加热器;3—成型;4—加料;5—检整;

6—印字;7—铝箔辊;8—热封;9—压痕;10—冲裁;11—成品;12—废料膜辊

表 15.1 滚筒式、平板式和辊板式泡罩包装机特点

形式\n项目	滚筒式	平板式	辊板式
成型方式	辊式模具,吸塑(负压)成型	板式模具,吹塑(正压)成型	板式模具,吹塑(正压)成型
成型压力	小于 1 MPa	大于 4 MPa	可大于 4 MPa
成型面积	成型面积小,成型深度 10 mm 左右	成型面积较大,可成型多排泡罩。采用冲头辅助成型,可成型尺寸大、形状复杂的泡罩。成型深度达 36 mm	成型面积较大,可成型多排泡罩
热封	辊式热封,线接触,封合总压力较小	板式热封,面接触,封合总压力较大	辊式热封,线接触,封合总压力较小
薄膜输送方式	连续—间歇	间歇	间歇—连续—间歇
生产能力	生产能力一般,冲裁频率 45 次/min	生产能力一般,冲裁频率 40 次/min	生产能力高,冲裁频率 120 次/min
结构	结构简单,同步调整容易,操作、维修方便	结构较复杂	结构复杂

1）加热

加热方法有辐射和传导两种,如图15.2所示。

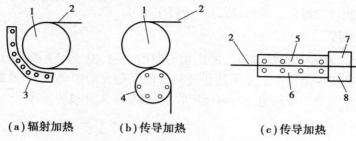

(a)辐射加热　　　　(b)传导加热　　　　(c)传导加热

图15.2　铝塑包装机加热模型

1—成型模;2—PVC膜;3—远红外加热器;4—加热辊;
5—上加热板;6—下加热板;7—上成型模;8—下成型模

2）成型

成型装置有4种,如图15.3所示。

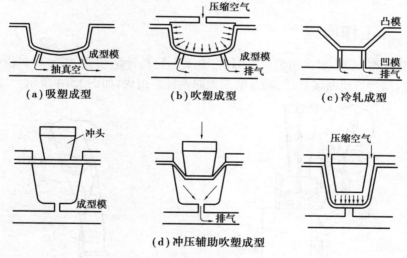

(a)吸塑成型　　　　(b)吹塑成型　　　　(c)冷轧成型

(d)冲压辅助吹塑成型

图15.3　铝塑包装机成型方式

3）加料

向成型的塑料凹槽中填充药物可采用多种加料装置。常用的是旋转隔板加料器和弹簧软管加料器,可通过机械控制,间歇的将单粒药物加入凹槽,也可以一定速度均匀撒料,向多个凹槽加料。

4）检整

利用人工或光电检测装置在加料器后边及时检查药物填落情况。较普遍使用的是软刷推扫器,将多余的药丸赶往未填充的凹槽。

5）印刷

将药物名称、厂家、服用方法等药物信息通过印刷装置印在铝膜上。印刷装置常包括匀墨轮、钢质轮、印字版等机构。

6)密封

通过外力和加热,让 PVC 膜和铝箔黏合在一起。为了确保压合面的密封性,结合面一般通过密点或线状网纹封合。同时,通过热冲打印批号。

7)压痕与冲裁

为了使用方便,在一片铝塑包装上冲压出易断的裂痕,便于用手撕裂分开,将包装好的带状铝塑包装冲裁成规定尺寸。为了防止冲裁好的铝塑片的边角伤人,通常将铝塑片的四角冲裁成圆角。冲裁后的废料通过废料膜辊收集,成品进入外包装工序。

任务 15.2　多功能充填包装机

多功能充填包装机常用于颗粒、粉末等剂型的包装,是制药工业常用的包装机械,也广泛应用在其他行业中。该设备发展很快,型号和种类很多。

15.2.1　工作原理

以立式袋成型-充填-封口包装机为例,它主要由物料计量装置、包装材料供送装置拉纸辊、袋型成型器、封口切断装置、传动及电气控制系统等组成,如图 15.4 所示。

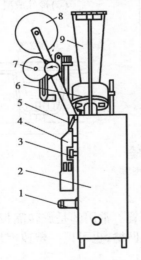

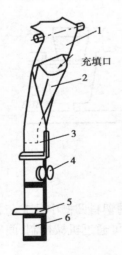

图 15.4　立式包装机结构图
1—输出机构;2—传动箱;3—拉纸辊;
4—封口切断装置;5—成型器;6—计量加料装置;
7—供纸轮;8—包装材料;9—料斗

图 15.5　立式包装机工作过程示意图
1—包装材料;2—象鼻成型器;
3—L 形加热器;4—拉纸辊;
5—切断刀;6—成品

15.2.2　包装过程

如图 15.5 所示为间歇立式包装机包装工艺过程示意图。卷筒包装材料通过导向辊经象鼻成型器对折后被 L 形热封器封合成袋。计量装置将计量好的物料充填入袋,随后充填后的包装袋被拉纸辊拉下一个袋长,L 形热封器进行封合动作,将袋口封合,同时完成下一个包装袋的成型。切刀在下一个工位将已充填封合的袋在正确位置上切断,然后成品输出,完成一个包装过程。

15.2.3 包装材料

多功能充填包装机可用的包装材料均是复合材料,它由纸、玻璃纸、聚酯(又称涤纶膜)膜镀铝与聚乙烯膜复合而成,利用聚乙烯受热后的黏结性能完成包装袋的封固功能。不同机型可根据包装计量范围来选择包装材料规格。

15.2.4 计量装置

不同用途的包装设备可根据物料性质选择计量装置。装颗粒药物时,可用量杯、旋转隔板等容积计量装置;当装片剂、胶囊剂时,可用旋转模板式计数装置;如装填膏状药物或液体药物,可用唧筒计量装置。

任务 15.3 瓶装设备

许多固体成型药物,如片剂、胶囊剂、丸剂等常以几粒乃至几百粒不等的数量,装入玻璃瓶或塑料瓶中供应市场。工艺流程包括理瓶、计数、装瓶、塞纸、理盖、旋盖、贴标签及印批号等。装瓶设备生产线一般包括理瓶机、输瓶轨道、数片机、塞纸机、理盖机、旋盖机及贴标机等。

15.3.1 计数装置

目前,广泛使用的数粒(片、丸)计数装置主要有两类:模板式计数和光电计数。

1)模板式计数

模板式计数装置也称转盘式数片装置,如图 15.6 所示。一个与水平成 30°倾角的带孔转盘,盘上开有 3~4 组小孔,每组的孔数依照药瓶装量进行设计。在转盘下面装有一个具有一个扇形缺口的托盘,其扇形区域只容纳转盘上的一组小孔。缺口的下边连着一个落片斗,对药瓶口进行填充。每组小孔在转盘的最低处填充药物,转到最高点后,多余的药片滑落,然后转至缺口位置,完成药物的填装。

2)光电计数

光电计粒(片)装置如图 15.7 所示。它是利用一个旋转平盘,将药粒抛向转盘周边,通过周边围墙开缺口处进入药粒溜道,溜道上设有光电传感器,对经过的药粒进行计数,达到设定数目时,驱动磁铁打开通道上的翻板,将药粒导入瓶中。

15.3.2 输瓶装置

装瓶机上的输瓶装置可控制空瓶的传输速度,使输送带不产生堆积现象,在落料口设有

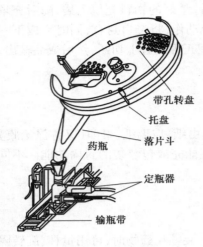

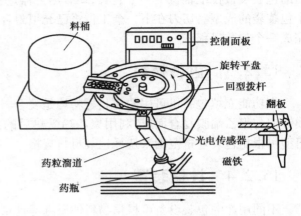

图 15.6　模板式计数装置　　　　　图 15.7　光电计数装置

挡瓶定位装置,间歇地挡住待装的空瓶和放走装完药物的满瓶。

也有许多装瓶机是采用梅花盘间歇旋转来完成输瓶,梅花盘间歇转位、停位准确,不再需定瓶器。

15.3.3　塞纸装置

瓶装药物的实际体积均小于瓶子的容积,为防止贮运过程中药物相互磕碰造成破坏,常塞入纸条或纸团、脱脂棉等填充瓶中的剩余空间。可在装瓶联动产线上设有塞纸机来实现。

常见的塞纸机构有以下两类:

①利用真空吸头,从裁好的纸摞中吸起一张纸,然后转位到瓶口处,由塞纸冲头将纸折塞入瓶。

②利用钢钎扎起一张纸后塞入瓶内。

15.3.4　理瓶、旋盖装置

一般采用电磁振动供料装置理盖,散堆的瓶盖在理盖振动槽内沿螺旋轨道上行,经整理后按一定规则排列进入落盖轨道。振动的强弱决定了送盖速度,由调压器控制。

旋盖采用机械爪式结构,旋盖头在转动时将瓶盖旋紧。瓶盖旋紧后超过一定力量时,内摩擦片打滑,旋盖头停止转动以防损坏瓶盖和瓶子。摩擦力大小的调节可通过改变弹簧的压力来实现。

15.3.5　密封装置

盖好瓶盖的瓶子通过感应器密封线圈,感应线圈产生的交变磁力线穿过瓶盖内的复合铝箔,并在铝箔上感应出环绕磁力线的电流——涡流,涡流直接在铝箔上形成一个闭合电路,使电能转化为热能,将原来复合铝箔中的纸板层与铝箔层之间的蜡层熔化且被纸板吸收,使纸板与铝箔分离;同时铝箔表面的热熔胶黏也受热熔化,将铝箔与瓶口黏合起来。

任务 15.4 辅助包装设备

药品经过内包装后需要进行贴标、装盒、热收缩包装、装箱及密封等步骤完成包装。

15.4.1 贴标机械

采用黏结剂将标签贴在包装件或产品上的机器,称为贴标机械。

1)贴标机械的分类

标签的材质、形状很多,被贴标对象的类型、品种也很多,贴标要求也不尽相同。贴标机的分类方法较多,具体如下:

①按自动化程度,贴标机可分为半自动贴标机和全自动贴标机。

②按容器的运行方向,可分为立式贴标机和卧式贴标机。

③按标签的种类,可分为片式标签贴标机、卷筒状标签贴标机、热黏性标签贴标机、感压性标签贴标机及收缩膜套标签贴标机。

④按容器的运动形式,可分为直线式贴标机和回转式贴标机。

⑤按贴标机结构,可分为龙门式贴标机、真空转鼓式贴标机、多标盒转鼓贴标机、拨杆贴标机及旋转型贴标机。

⑥按贴标工艺特征,可分为压捺式贴标机、滚压式贴标机、搓滚式贴标机及刷抚式贴标机等。

2)贴标的基本工艺过程

贴标过程包括取标、标签传送、印码、涂胶、贴标、滚压及熨平等步骤。贴标机对瓶罐等包装容器的标签粘贴方式有直线粘贴和圆形粘贴两种。

(1)直线粘贴

直线粘贴是指容器向前移动呈直立状,并将涂有黏结剂的标签贴在容器指定位置。粘标过程可分为以下 3 类:

①容器间歇向前移动,不移动时再进行标签粘贴。

②在容器移动过程中将标签送到预定工位进行粘贴。

③使涂有黏结剂的标签与容器的移动速度同步,进行切线粘贴,并能同步地将标签粘贴到瓶身、瓶颈和瓶肩等处。

(2)圆形粘贴

使瓶罐横卧,在旋转过程中粘贴标签。

15.4.2 装盒设备

药品装盒设备是一种把具有完整商标的药品板片或一个贴有标签的药品瓶子或安瓿与一张说明书同时装入一个包装纸盒的药品包装机械。

装盒机结构按工艺不同,基本有以下3种类型:

①制成的纸盒放入装盒机内,由装盒机自动打开纸盒,自动将药品(药瓶、泡罩包装片、软膏管等)和说明书装入盒内,并将纸盒盖好输出。这类装盒机工艺比较合理,成本较低,可单独使用,也可与其他设备如装瓶机、泡罩包装机联线使用。

②将事先模切好的纸盒平板放入装盒机内,由装盒机自动地将平板纸坯折叠成盒(如需要还可在盒内自动嵌入凹槽分格盘),自动将药品和说明书装入盒内或凹槽分格盘内,然后将盒盖好、密封。这种装盒机包装速度快;包装的规格可通过只需更换几个部件就可变换,且更换部件方便。

③由制盒机、装盒机、合盖机及堆叠机等单机组成包装线。首先由制盒机将成卷的卡纸板制成有凹槽的包装盒(凹槽间距可按包装物设计),自动进入装盒机,装盒机自动将每个(支)药品(安瓿、小药瓶、软膏管等)准确地装入凹槽内,再自动放入说明书,输送到合盖机进行合盖封口。这种设备使用范围也很广泛。

装盒机主要组成有包装盒片供给装置、包装盒输送链道、底部盒口折封装置、包装物料的计量装填装置、包装盒的上盒口折封装置、包装盒的排出及检测装置等。

15.4.3　热收缩包装设备

热收缩包装,就是利用具有热收缩性能的塑料薄膜对物料进行包裹、热封,然后让包装物品通过一个加热室,使薄膜在一定温度下受热收缩,紧贴物品,形成一个整齐、美观的包装品。热收缩包装方法既可用于内包装,也可用于外包装。

在生产上应用较多的收缩薄膜有聚氯乙烯(PVC)、聚乙烯(PE)和聚丙烯(PP),其次还有聚酯(PET)、聚苯乙烯(PS)、乙烯-醋酸乙烯共聚物(EVA)等。各种材料的性能及应用范围可参见相关资料。

热收缩包装设备主要由两部分组成,即包装封口机和热收缩装置。包装过程的工作程序为:物品首先在包装封口机上被薄膜裹包封口,形成一个整体包装;然后再通过加热通道使薄膜收缩套紧物品,从而实现收缩包装。

15.4.4　装箱设备

装箱与装盒的方法相似,但装箱的产品较重,体积也大,还有一些防震、加固和隔离等附件,箱坯尺寸大,堆叠起来也较重,因此装箱的工序比装盒多,所用的设备也复杂。

1)按操作方式分类

(1)手工操作

把箱坯撑开成筒状,然后把一个开口处的翼片和盖片依次折叠并封合作为箱底;产品从另一开口处装入,必要时先后放入防震、加固等材料;最后用黏胶带封箱。

(2)半自动与全自动操作

半自动操作采用间歇运动方式,取箱坯、开箱、封底均为手工操作,全自动装箱机采用连续运动方式,所有操作均由机械完成。

2）按产品装入方式分类

（1）装入式装箱法

产品可沿铅垂方向装入直立的箱内，所用的机器称为立式装箱机；产品也可沿水平方向装入横卧的箱内或侧面开口的箱内，所用的机器称为卧式装箱机。

（2）裹包式装箱法

将箱片进行压痕，送到裹包工位；被裹包的物料到待裹包的箱片上进行裹包。

（3）套入式装箱法

将待包裹物品放在托盘上，将封好上口的纸箱（无下口翼片和盖片）从上套入，和托盘封闭，捆扎。本法适用质量大、体积大的贵重物品包装，在药品包装中很少用到。

15.4.5 封条敷贴设备

该设备主要用来将有胶质的封条贴到箱子折页接缝上来完成封箱。根据封箱时的不同要求，可分为上贴、下贴和上下同贴3种。封条是单面胶质带或黏胶带，胶带不同，装置结构也不同。用胶质带时，要有浸润胶质带胶层的装置，用黏胶带时则不要浸润和加热装置，它只要将黏胶带引导粘贴到箱子最前端，随后纸箱送进时受到牵拉松展，粘贴，切断，完成箱子的封口。

15.4.6 捆扎机械

捆扎机械是指使用捆扎带缠绕产品和包装件，然后收紧并将两端通过热效应熔融或使用包扣等材料连接的机器。按自动化程度，可分为全自动捆扎机、半自动捆扎机和手提式捆扎机器；按设备使用的捆扎带材料，可分为绳捆扎机、钢带捆扎机和塑料带捆扎机等；按设备使用的传动形式，可分为机械式捆扎机、液压式捆扎机、气动式捆扎机、穿带式捆扎机、捆结机及压缩打包机等。

技能实训15 药品包装机械的原理与结构

【实训目的】
熟悉各类包装机械的原理与结构。
【实训内容】
观察铝塑包装机、装瓶机、袋装机等包装机械的结构。
【结果记录】
记录上述各类包装机械，分析运行原理。
【思考题】
固体制剂和液体制剂从制剂到成品入库经历哪些包装程序和设备？

项目小结

学生通过本项目的学习,能够认识各类包装机械,熟悉其原理,对药品包装环节有整体的认识,为今后的药厂实训奠定基础。

复习思考题

一、填空题

1. 常用的铝塑包装机有_____、_____和_____3 个类型。

2. 瓶装设备计数装置有_____和_____两个类型。

二、简答题

1. 简述铝塑包装机的工艺流程。

2. 简述多功能充填包装机。

3. 瓶装生产线包括哪些设备和步骤?

4. 包装辅助设备有哪些?

项目 16   制药工程设计

任务 16.1   GMP 对药品生产的基本要求

16.1.1   GMP 沿革

"GMP"是《药品生产质量管理规范》的简称。GMP 是药品生产和质量管理的基本准则,只提出对药品的生产全过程的控制要求,但并不规定其实施的方法,对于药品生产企业,规范的要求是强制性的,是药品企业必须达到的强制性标准。

1988 年,根据《药品管理法》,国家卫生部颁布了我国第一部《药品生产质量管理规范》(1988 年版),作为正式法规执行。1992 年,国家卫生部又对《药品生产质量管理规范》(1988 年版)进行修订,变成《药品生产质量管理规范》(1992 年修订)。1992 年,中国医药工业公司为了使药品生产企业更好地实施 GMP,出版了 GMP 实施指南,对 GMP 中一些中文,作了比较具体的技术指导,起到比较好的效果。1993 年,原国家医药管理局制订了我国实施GMP 的八年规划(1983 年至 2000 年)。提出"总体规划,分步实施"的原则,按剂型的先后,在规划的年限内,达到 GMP 的要求。1995 年,经国家技术监督局批准,成立了中国药品认证委员会,并开始接受企业的 GMP 认证申请和开展认证工作。1998 年,国家药品监督管理局总结近几年来实施 GMP 的情况,对 1992 年修订的 GMP 进行修订,于 1999 年 6 月 18 日颁布了《药品生产质量管理规范》(1998 年修订),1999 年 8 月 1 日起施行,使我国的 GMP 更加完善、更加切合国情、更加严谨,便于药品生产企业执行。根据中华人民共和国卫生部部长签署的 2011 年第 79 号令,《药品生产质量管理规范(2010 年修订)》(下称新版 GMP)已于 2010 年 10 月 19 日经卫生部部务会议审议通过,自 2011 年 3 月 1 日起施行。

16.1.2 新版 GMP 对药品生产要求的变化

调整了无菌制剂生产环境的洁净度要求。1998 年版 GMP,在无菌药品生产环境洁净度标准方面与 WHO 标准(1992 年修订)存在一定的差距,药品生产环境的无菌要求无法得到有效保障。为确保无菌药品的质量安全,2010 版 GMP 在无菌药品附录中采用了 WHO 和欧盟最新的 A,B,C,D 分级标准,对无菌药品生产的洁净度级别提出了具体要求;增加了在线监测的要求,特别对生产环境中的悬浮微粒的静态、动态监测,对生产环境中的微生物和表面微生物的监测都做出了详细的规定。

增加了对设备设施的要求。对厂房设施分生产区、仓储区、质量控制区和辅助区分别提出设计和布局的要求,对设备的设计和安装、维护和维修、使用、清洁及状态标识、校准等方面也都作出具体规定。这样,无论是新建企业设计厂房还是现有企业改造车间,都应当考虑厂房布局的合理性和设备设施的匹配性。

任务 16.2 车间设计

车间设计包括工艺设计和非工艺设计。它的主要内容有工艺方案设计、生产工艺流程设计、物料衡算、能量衡算、设备选择、车间布置、工艺管路设计、非工艺设计项目、编制概算书、编制工艺设计文件。工艺设计主要由工艺设计人员进行,非工艺设计由各专业人员进行。非工艺设计的条件由工艺人员提出,配合各专业进行设计。

16.2.1 工艺方案设计

在方案设计时,需对各种生产工艺方案的技术经济指标进行比较。需要比较的项目:产品质量;产品成本,经济效益;原材料的用量及供应;水、电、气等能耗及供应;生产环境的要求;副产品的利用及"三废"的处理;生产技术先进性及设备的合理使用;自动化程度;占地面积、建筑面积、基础建设投资,等等。

16.2.2 生产工艺流程设计

生产方法确定后,设计生产工艺流程。工艺流程涉及生产过程中所用的设备以及物料和能量发生的变化及其流向。它是指导设计和施工安装的重要依据。

生产工艺流程设计可分 3 个步骤:第一,编制生产工艺草图阶段,包括设备示意图、物料管线及流向、主要动力管线及图例等。第二,物料流程图阶段,包括物料组成和物料量变化的流程图。第三,工艺流程图阶段,包括全部工艺设备,物料管线、阀件、辅助管线、控制点等图例。

1)片剂生产工艺流程示意图

片剂生产工艺流程中,粉碎、配料、混合、制粒、压片、包衣、内包等工序为洁净生产区域,其他工序为一般生产区域,洁净区洁净度要求 30 万级。其工艺流程示意图如图 16.1 所示。

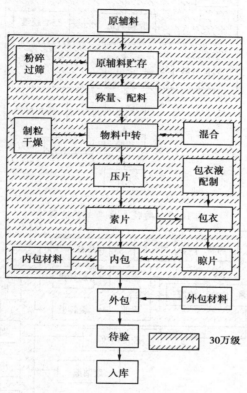

图 16.1 片剂生产工艺流程图

2)硬胶囊生产工艺流程示意图

胶囊剂包括硬胶囊剂和软胶囊剂。硬胶囊剂是将固体、半固体或液体药物由自动化胶囊灌装机灌装于硬胶囊壳中而成。软胶囊是液体或半固体药物以包裹在明胶膜中,可采用滴制法或压制法。

①硬胶囊剂生产工艺流程示意图如图 16.2 所示。

②软胶囊剂生产工艺流程示意图(压制法)如图 16.3 所示。

3)可灭菌小容量注射剂生产工艺流程示意图

可灭菌小容量注射剂生产工艺流程包括原辅料的准备、安瓿处理、配液滤过、灌装封口、灭菌检漏、质量检查及印字包装等工序,如图 16.4 所示。

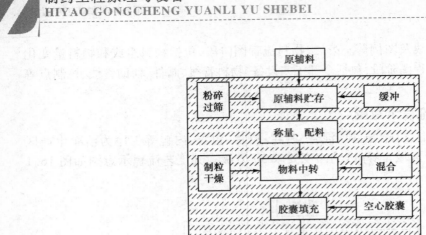

图 16.2 硬胶囊生产工艺流程图

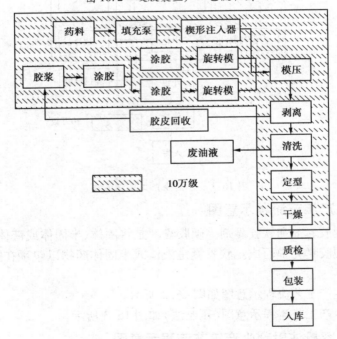

图 16.3 压制软胶囊生产工艺流程图

4)可灭菌大容量注射剂生产工艺流程示意图

可灭菌大容量注射剂又称大输液,包括输液剂的容器及附件(输液瓶或塑料输液袋、橡胶、铝盖)的处理,以及配液、滤过、灌封、轧盖灭菌、质检、包装等工序(图 16.5)。

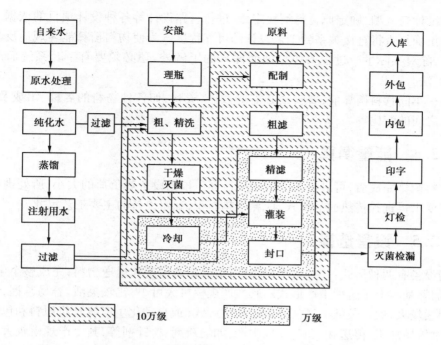

图 16.4 可灭菌小容量注射剂生产工艺流程图

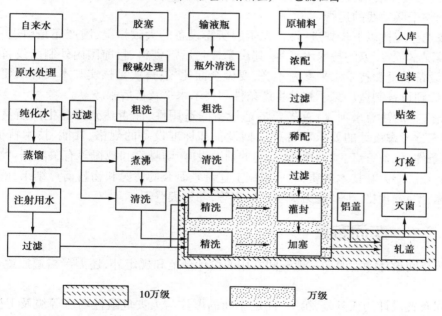

图 16.5 可灭菌大容量注射剂生产工艺流程图

16.2.3 物料衡算

在生产工艺流程示意图确定以后,就可进行车间物料衡算。通过衡算,使设计由定性转向定量。物料衡算是车间工艺设计中最先完成的一个计算项目,其结果是后续的能量计算、设备工艺设计与选型、确定原材料消耗定额、进行管路设计等各种设计项目的依据。物料衡算结果的正确与否将直接关系到工艺设计的可靠程度。为使物料衡算能客观地反映出生产实际状况，除对实际生产过程要作全面而深入的了解外，还必须要有一套系统而严密的分析、求解方法。

在进行车间物料衡算前，要收集必需的数据、资料，如各种物料的名称、组成及其含量，各种物料之间的配比等。

16.2.4 能量衡算

当物料衡算完成后，可进行车间的能量衡算。根据设备热负荷的大小、所处理物料的性质及工艺要求再选择传热面的形式，计算传热面积，确定设备的主要工艺尺寸。

16.2.5 设备选择

制药设备有两种形式：一种是单机生产，由操作者衔接和运送物料，完成整个生产，如片剂、颗粒剂等基本上是这种生产形式。其生产规模可大可小，比较灵活，容易掌握，但受人为的影响因素较大，效率较低。另一种是联动生产线（或自动化生产线），将原料和包装材料加入后，通过机械加工、传送和控制，完成生产，如输液剂、粉针剂等，其生产规模较大，效率高，但操作、维修技术要求较高，对原材料、包装材料质量有严格要求，生产线某一处发生故障，就会影响整个联动线的运行。

设备选型应按以下步骤进行：首先了解所需设备的大致情况，国产还是引进，当前行业的使用情况，生产厂家的技术水平等；其次是搜集所需资料，目前国内外制药设备的生产厂家众多，设备质量和技术水平参差不齐，要做全面比较；再次是核实与本设计所要求的是否一致；最后到设备制造厂了解其生产条件和技术水平及售后服务等。

设备选择的注意事项是：首先要考虑设备的适用性，能否达到药品生产质量的预期要求，必须充分考虑设计的要求和各种定型设备和标准设备的规格、性能、技术特征、技术参数、使用条件、设备特点、动力消耗、配套的辅助设施、防噪声和减振等有关数据，此外还要考虑工厂的经济能力和技术素质；然后根据上述调查研究的情况和物料衡算结果，确定所需设备的名称、型号、规格、生产能力及生产厂家等，并列表登记。

16.2.6 车间布置

制药车间设计除需遵循一般车间常用的设计规范和规定外，还需严格遵照遵守 GMP 要求进行。

车间布置设计的任务是：第一，确定车间的爆炸与火灾危险性场所等级及卫生标准；第二，根据企业实际条件和生产要求对生产区、辅助生产和行政生活区域位置作出安排；第三是确定全部工艺设备的空间位置。

16.2.7 工艺管路设计

根据物料衡算和热量衡算的结果来选择各种介质管道的材料，计算管径和管壁厚度。根据地沟断面的大小及坡度，管子的数目、规格和排列方法来设计地沟断面。根据施工流程图,结合设备布置图及设备施工图进行管道的配置,注明以下内容:各种管道内介质的名称、管子材料和规格、介质流动方向以及标高和坡度,标高以地平面为基准面或以楼板为基准面;同一水平面或同一垂直面上有数种管道,安装时应予注明;介质名称、管子材料和规格、介质流向以及管件、阀件等用代号或符号表示;绘出地沟的轮廓线。

提供资料应包括:各种断面的地沟规格,提供给土建;车间水管、压缩空气和蒸汽等管道管径及要求(如温度、压力等条件),提供给公用系统;各介质管道(包括管子、管件、阀件等)的材料、规格和数量;补偿器及管架等材料制作与安装费用;管道投资概算书;施工说明书,包括施工中应注意的问题,各种介质的管子及附件的材料,各种管道的坡度,保温刷漆等要求及安装时采用的不同种类的管件管架的一般指示等问题。

16.2.8　非工艺设计项目

由工艺人员向建筑设计部门和其他专业部门提出非工艺设计条件,并以此为依据进行非工艺部分的设计。非工艺设计的内容包括建筑设计(一般建筑工程、特殊建筑物)、卫生工程设计(上、下水道,采暖,通风)、电气设计(动力电、照明电等)、自动控制设计、设备的机械设计、相关的环境保护设施的设计及技术经济设计等。

16.2.9　编制概算书

1)编制原则
密切结合工程的结构性质和建设地区施工条件,合理地计算各项费用。贯彻设计与施工、理论与实际相结合的原则,有重点地提高主要工程项目的量。

2)编制依据
建筑安装工程项目的可行性研究报告及已经批准的计划任务书;建设地点自然条件,其中包括气象、工程地质和水文地质条件等有关资料;建设地的技术经济条件,其中包括交通运输、能源供应、建筑工业企业等有关资料;初步设计或扩大设计图纸及其说明书、设备表、材料表等有关资料;标准设备(定型设备)与非标准设备价格资料;建设地区工资标准、材料预算价格等资料;概算定额或概算指标;国家或省、市、自治区颁发的建筑安装工程间接费定额;有关其他工程和费用的收费标准等文件。

16.2.10　编制工艺设计文件

将以上内容归纳、整理,编制整个项目的工艺设计文件。

总体工程设计内容包括:总说明(包括设计依据、设计范围及分工、设计原则、工厂组成、产品方案及建设规模、生产方法及全厂工艺总流程、主要原材料、燃料的规格、消耗量及来源,公用系统主要参数及消耗量,厂址概况、全厂定员、建设进度、技术经济指标、存在问题及解决意见);总图运输;公用工程(包括给排水、供电、电信、供热、压缩空气站、冷冻站、厂区室外管道);辅助生产装置设施(包括维修、中央化验室、动物房、仓库、贮运设施);仪表及自动控制;土建;采暖通风;行政管理及生活设施;环境保护;消防;职业安全卫生节能;概算;财务评价。

车间(装置)设计内容包括:设计依据及设计范围;设计原则;产品方案与建设规模;生产方法及工艺流程;生产制度;原料及中间产品的技术规格;物料计算;主要工艺设备选择说明;工艺主要原材料及公用系统消耗;生产分析控制;车间布置;设备;表及自动控制;土建;采暖、通风及空调;公用工程;原材料及成品贮运;车间维修;环境保护;消防;职业安全卫生节能;车间定员;概算;产品成本主要技术经济指标。

技能实训 16　GMP 车间的观察与认识

【实训目的】

熟悉药厂 GMP 车间的布局构造。

【实训内容】

参观药厂 GMP 车间或 GMP 模拟车间。

【结果记录】

画出平面示意图,并标出人流、物流走向。

【思考题】

设备安装中如何体现 GMP 意识。

项目小结

学生通过本项目的学习,能够对药厂 GMP 车间有整体的认识,对工艺设计有初步的了解,为今后的药厂实训奠定基础。

复习思考题

简答题

1. 新版 GMP 对药厂硬件要求有哪些变化?
2. 制药工艺设计包括哪些内容?

附　录

1) 常用物理量的 SI 单位与量纲

物理量	SI 单位	量纲式	物理量	SI 单位	量纲式
长度	m	L	温度	K	θ
质量	kg	M	能量或功	$N \cdot m = J$	L^2MT^{-2}
力	$kg \cdot m \cdot s^{-2} = N$	LMT^{-2}	热量	J	L^2MT^{-2}
时间	s	T	比热容	$J \cdot kg^{-1} \cdot K^{-1}$	$L^2T^{-2}\theta^{-1}$
速度	$m \cdot s^{-1}$	LT^{-1}	功率	$J \cdot s^{-1} = W$	L^2MT^{-3}
加速度	$m \cdot s^{-2}$	LT^{-2}	热导率	$W \cdot m^{-1}K^{-1}$	$LMT^{-3}\theta^{-1}$
压力	$N \cdot m^{-2} = Pa$	$L^{-1}MT^{-2}$	传热系数	$W \cdot m^{-2} \cdot K^{-1}$	$MT^{-3}\theta^{-1}$
密度	$kg \cdot m^{-3}$	$L^{-3}M$	扩散系数	$m^2 \cdot s^{-1}$	L^2T^{-1}
黏度	$N \cdot s \cdot m^{-2} = Pa \cdot s$	$L^{-1}MT^{-1}$			

2) 干空气的物理性质 (101.33 kPa)

温度 /℃	密度 ρ /(kg·m⁻³)	比热容 c_p /[kJ·(kg·℃)⁻¹]	导热系数 $\lambda \times 10^{-2}$ /[W·(m·℃)⁻¹]	黏度 $\mu \times 10^{-6}$ /(Pa·s)	运动黏度 $\nu \times 10^{-6}$ /(m²·s⁻¹)	普朗特准数 Pr
-50	1.584	1.013	2.04	14.6	9.24	0.728
-40	1.515	1.013	2.12	15.2	10.04	0.728
-30	1.453	1.013	2.2	15.7	10.8	0.723
-20	1.395	1.009	2.28	16.2	11.61	0.716
-10	1.342	1.009	2.36	16.7	12.43	0.712
0	1.293	1.005	2.44	17.2	13.28	0.707
10	1.247	1.005	2.51	17.6	14.16	0.705
20	1.205	1.005	2.59	18.1	15.06	0.703
30	1.165	1.005	2.67	18.6	16	0.701
40	1.128	1.005	2.76	19.1	16.96	0.699
50	1.003	1.005	2.83	19.6	17.95	0.698

续表

温度 /℃	密度 ρ /(kg·m^{-3})	比热容 c_p /[kJ·(kg·℃)$^{-1}$]	导热系数 $\lambda \times 10^{-2}$ /[W·(m·℃)$^{-1}$]	黏度 $\mu \times 10^{-6}$ /(Pa·s)	运动黏度 $\nu \times 10^{-6}$ /(m^2·s^{-1})	普朗特准数 Pr
60	1.06	1.005	2.9	20.1	18.97	0.696
70	1.029	1.009	2.96	20.6	20.02	0.694
80	1	1.009	3.05	21.1	21.09	0.692
90	0.972	1.009	3.13	21.5	22.1	0.69
100	0.946	1.009	3.21	21.9	23.13	0.688
120	0.898	1.009	3.34	22.8	25.45	0.686
140	0.854	1.013	3.49	23.7	27.8	0.684
160	0.815	1.017	3.64	24.5	30.09	0.682
180	0.779	1.022	3.78	25.3	32.49	0.681
200	0.746	1.026	3.93	26	24.85	0.68
250	0.674	1.038	4.27	27.4	40.61	0.677
300	0.615	1.047	4.6	29.7	48.33	0.674
350	0.566	1.059	4.91	31.4	55.46	0.676
400	0.524	1.068	5.21	33	63.09	0.678
500	0.456	1.093	5.74	36.2	79.38	0.687
600	0.404	1.114	6.22	39.1	96.89	0.699
700	0.362	1.135	6.71	41.8	115.4	0.7
800	0.329	1.156	7.18	44.3	134.8	0.713
900	0.301	1.172	7.63	46.7	155.1	0.717
1 000	0.277	1.185	8.07	49	177.1	0.719
1 100	0.257	1.197	8.5	51.2	199.3	0.722
1 200	0.239	1.21	9.15	53.5	233.7	0.724

3) 水的物理性质

温度 /℃	密度 ρ /(kg·m^{-3})	比热 c_p /[kJ·(kg·K)$^{-1}$]	导热系数 λ /[W·(m·℃)$^{-1}$]	黏度 $\mu \times 10^{-5}$ /(Pa·s)	表面张力 $\sigma \times 10^{-5}$ /(N·m^{-1})	普朗特准数 Pr
0	999.9	4.212	0.550 8	178.78	75.61	13.66
5	999.8	4.201 5	0.562 45	154.655	74.875	11.59
10	999.7	4.191	0.574 1	130.53	74.14	9.52
15	993.95	4.187	0.586 3	115.475	73.405	8.265

续表

温度 /℃	密度 ρ /(kg·m⁻³)	比热 c_p /[kJ·(kg·K)⁻¹]	导热系数 λ /[W·(m·℃)⁻¹]	黏度 $\mu \times 10^{-5}$ /(Pa·s)	表面张力 $\sigma \times 10^{-5}$ /(N·m⁻¹)	普朗特 准数 Pr
20	988.2	4.183	0.598 5	100.42	72.67	7.01
25	991.95	4.178 5	0.607 8	90.27	71.935	6.215
30	995.7	4.174	0.617 1	80.12	71.2	5.42
35	993.95	4.174	0.625 2	72.72	70.415	4.86
40	992.2	4.174	0.633 3	65.32	69.63	4.3
43.5	990.765	4.174	0.638 2	61.68	68.944	4.034
50	988.1	4.174	0.647 3	54.92	67.67	3.54
55	985.65	4.176	0.653 1	50.95	66.935	3.26
60	983.2	4.178	0.658 9	46.98	66.2	2.98
65	980.5	4.172 5	0.662 95	43.79	65.265	2.755
70	977.8	4.167	0.667	40.6	64.33	2.53
75	974.8	4.181	0.670 5	38.05	63.45	2.37
80	971.8	4.195	0.674	35.5	62.57	2.21
85	968.55	4.201 5	0.676 9	33.49	61.64	2.08
90	965.3	4.208	0.679 8	31.48	60.71	1.95
95	961.85	4.214	0.680 95	29.86	59.775	1.85
100	958.4	4.22	0.682 1	28.24	58.84	1.75
109	951.74	4.231 7	0.684 17	26.125	57.076	1.615
110	951	4.233	0.684 4	25.89	56.88	1.6
115	947.05	4.241 5	0.685	24.81	55.85	1.535
120	943.1	4.25	0.685 6	23.73	54.82	1.47
125	938.95	4.258	0.685 6	22.75	53.84	1.415
130	934.8	4.266	0.685 6	21.77	52.86	1.36
135	930.45	4.276 5	0.685	20.935	51.78	1.31
140	926.1	4.287	0.684 4	20.1	50.7	1.26
141	925.19	4.289 5	0.684 29	19.953	50.494	1.252
150	917	4.312	0.683 3	18.63	48.64	1.18
159	908.36	4.342 6	0.682 22	17.487	46.786	1.117
160	907.4	4.346	0.682 1	17.36	46.58	1.11
165	902.35	4.362 5	0.680 35	16.82	45.455	1.08

续表

温度 /℃	密度 ρ /(kg·m⁻³)	比热 c_p /[kJ·(kg·K)⁻¹]	导热系数 λ /[W·(m·℃)⁻¹]	黏度 μ×10⁻⁵ /(Pa·s)	表面张力 σ×10⁻⁵ /(N·m⁻¹)	普朗特 准数 Pr
170	897.3	4.379	0.678 6	16.28	44.33	1.05
175	892.1	4.398	0.676 3	15.79	43.3	1.025
180	886.9	4.417	0.674	15.3	42.27	1
185	881.45	4.438 5	0.671 65	14.86	41.14	0.98
190	876	4.46	0.669 3	14.42	40.01	0.96
195	869.5	4.482 5	0.665 85	14.025	38.835	0.945
200	863	4.505	0.662 4	13.63	37.66	0.93
205	857.9	4.53	0.658 6	13.335	36.53	0.92
210	852.8	4.555	0.654 8	13.04	35.4	0.91
215	846.55	4.584 5	0.659 85	12.75	34.275	0.9
220	840.3	4.614	0.664 9	12.46	33.15	0.89
225	833.8	4.647 5	0.650 85	12.215	32.07	0.885
230	827.3	4.681	0.636 8	11.97	30.99	0.88
235	820.45	4.718 5	0.632 15	11.72	29.765	0.875
240	813.6	4.756	0.627 5	11.47	28.54	0.87
245	806.3	4.8	0.627 3	11.225	27.365	0.865
250	799	4.844	0.627 1	10.98	26.19	0.86
255	791.5	4.896 5	0.615 7	10.785	24.96	0.865
260	784	4.949	0.604 3	10.59	23.73	0.87
265	775.95	5.009 5	0.596 75	10.4	22.605	0.875
270	767.9	5.07	0.589 2	10.21	21.48	0.88
275	759.3	5.149 5	0.581 65	10.01	20.3	0.885
280	750.7	5.229	0.574 1	9.81	19.12	0.89
285	741.5	5.357	0.565 95	9.615	17.995	0.91
290	732.3	5.485	0.557 8	9.42	16.87	0.93
295	722.4	5.610 5	0.548 5	9.27	15.645	0.95
300	712.5	5.736	0.539 2	9.12	14.42	0.97
305	701.8	5.903 5	0.531 05	8.975	13.24	0.995
310	691.1	6.071	0.522 9	8.83	12.06	1.02
315	679.1	6.322	0.514 2	8.68	10.935	1.065

温度 /℃	密度 ρ /(kg·m⁻³)	比热 c_p /[kJ·(kg·K)⁻¹]	导热系数 λ /[W·(m·℃)⁻¹]	黏度 μ×10⁻⁵ /(Pa·s)	表面张力 σ×10⁻⁵ /(N·m⁻¹)	普朗特准数 Pr
320	667.1	6.573	0.505 5	8.53	9.81	1.11
325	653.65	6.908	0.494 45	8.335	8.74	1.165
330	640.2	7.243	0.483 4	8.14	7.67	1.22
335	625.15	7.703 5	0.470 05	7.945	6.67	1.3
340	610.1	8.164	0.456 7	7.75	5.67	1.38
345	592.25	8.834	0.443 35	7.505	4.745	1.49
350	574.4	9.504	0.43	7.26	3.82	1.6
355	551.2	11.744	0.412 55	6.965	2.92	1.98
360	528	13.984	0.395 1	6.67	2.02	2.36
363	504.75	21.884 5	0.377 67	6.376	1.555	3.692
370	450.5	40.319	0.337	5.69	0.47	6.8

4)水蒸气的物理性质

(1)以压力计

压力		温度 /℃	密度 /(kg·m⁻³)	比容 /(m³·kg⁻¹)	焓/(kJ·kg⁻¹)		汽化热 /(kJ·kg⁻¹)
kPa	atm				液体	蒸汽	
1	0.009 87	6.3	0.007 73	129.37	26.48	2 503	2 477
1.5	0.014 81	12.5	0.011 33	88.261	52.26	2 515	2 463
2	0.019 74	17.0	0.014 86	67.295	71.21	2 524	2 453
2.5	0.024 68	20.9	0.018 36	54.466	87.45	2 532	2 445
3	0.029 61	23.5	0.021 79	45.893	98.38	2 537	2 439
3.5	0.034 55	26.1	0.025 23	39.635	109.30	2 542	2 433
4	0.039 48	28.7	0.028 67	34.880	120.20	2 547	2 427
4.5	0.044 42	30.8	0.032 05	31.201	129.00	2 551	2 422
5	0.049 35	32.4	0.035 37	28.273	135.70	2 554	2 418
6	0.059 22	35.6	0.042 00	23.810	149.10	2 560	2 411
7	0.069 09	38.8	0.048 64	20.559	162.40	2 566	2 404
8	0.078 96	41.3	0.055 14	18.136	172.70	2 571	2 398
9	0.088 83	43.3	0.061 56	16.244	181.20	2 575	2 394
10	0.098 70	45.3	0.067 98	14.710	189.60	2 578	2 388

续表

| 压力 | | 温度 | 密度 | 比容 | 焓/(kJ·kg⁻¹) | | 汽化热 |
kPa	atm	/℃	/(kg·m⁻³)	/(m³·kg⁻¹)	液体	蒸汽	/(kJ·kg⁻¹)
15	0.148 05	53.3	0.099 56	10.044	224.00	2 594	2 370
20	0.197 40	60.1	0.130 68	7.652	251.50	2 606	2 355
30	0.296 10	66.0	0.190 93	5.238	288.80	2 622	2 333
40	0.394 80	75.5	0.249 75	4.004	315.90	2 634	2 318
50	0.493 50	81.2	0.307 99	3.247	339.80	2 644	2 304
60	0.592 20	85.6	0.365 14	2.739	358.20	2 652	2 294
70	0.690 90	89.9	0.422 29	2.368	376.60	2 660	2 283
80	0.789 60	93.2	0.478 07	2.092	390.10	2 665	2 275
90	0.888 30	96.4	0.533 84	1.873	403.50	2 671	2 268
100	0.987 00	99.6	0.589 61	1.696	416.90	2 676	2 259
120	1.184 40	104.5	0.698 68	1.431	437.50	2 684	2 247
140	1.381 80	109.2	0.807 58	1.238	457.70	2 692	2 234
160	1.579 20	113.0	0.829 81	1.205	473.90	2 698	2 224
180	1.776 60	116.6	1.020 90	0.980	489.30	2 704	2 215
200	1.974 00	120.2	1.127 30	0.887	504.00	2 709	2 205
250	2.467 50	127.2	1.390 40	0.719	534.40	2 720	2 186
300	2.961 00	133.3	1.650 10	0.606	560.40	2 729	2 169
350	3.454 50	138.8	1.907 40	0.524	583.80	2 736	2 152
400	3.948 00	143.4	2.161 80	0.463	603.60	2 742	2 138
450	4.441 50	147.7	2.415 20	0.414	622.40	2 748	2 126
500	4.935 00	151.7	2.667 30	0.375	639.60	2 753	2 113
600	5.922 00	158.7	3.168 60	0.316	670.20	2 761	2 091
700	6.909 00	164.7	3.665 70	0.273	696.30	2 768	2 072
800	7.896 00	170.4	4.161 40	0.240	721.00	2 774	2 053
900	8.883 00	175.1	4.652 50	0.215	741.80	2 778	2 036
1 000	9.870 00	179.9	5.143 60	0.194	762.70	2 783	2 020

（2）以温度计

温度		压力		密度	比容	焓/(kJ·kg⁻¹)		汽化热
℃	K	kPa	atm	kg/m³	m³/kg	液体	蒸汽	kJ/kg
0	273	0.608	0.006 0	0.004 85	206.19	0.0	2 491	2 491
10	283	1.226	0.012 1	0.009 40	106.38	41.9	2 510	2 468
20	293	2.331	0.023 0	0.017 19	58.17	83.7	2 530	2 446
30	303	4.246	0.041 9	0.030 36	32.94	125.6	2 549	2 423
40	313	7.377	0.072 8	0.051 14	19.55	167.5	2 569	2 402
50	323	12.341	0.121 8	0.083 0	12.05	209.3	2 587	2 378
60	333	19.921	0.196 6	0.130 2	7.680	251.2	2 606	2 355
70	343	31.168	0.307 6	0.197 9	5.053	293.1	2 624	2 331
80	353	47.380	0.467 6	0.292 9	3.414	334.9	2 642	2 307
90	363	70.137	0.692 2	0.422 9	2.365	376.8	2 660	2 283
100	373	101.325	1.000 0	0.597 0	1.675	418.7	2 677	2 258
110	383	143.300	1.414 3	0.825 4	1.212	461.0	2 693	2 232
120	393	198.630	1.960 3	1.120	0.892 9	503.7	2 709	2 205
130	403	270.130	2.666 0	1.496	0.668 4	546.4	2 724	2 178
140	413	361.460	3.567 3	1.966	0.508 6	589.1	2 738	2 149
150	423	476.120	4.698 9	2.547	0.392 6	632.2	2 751	2 119
160	433	618.140	6.100 6	3.259	0.306 8	675.8	2 763	2 087
170	443	792.160	7.818 0	4.122	0.242 6	719.3	2 773	2 054
180	453	1 002.900	9.897 9	5.157	0.193 9	763.3	2 783	2 020
190	463	1 255.500	12.390 8	6.395	0.156 4	807.6	2 790	1 982

5）某些液体的物理性质（标准大气压,20 ℃）

名称	分子式	相对分子量	密度/(kg·m⁻³)	沸点/℃	汽化热/(kJ·kg⁻¹)	比热容/[kJ·(kg·℃)⁻¹]	黏度×10⁻³/(Pa·s)	导热系数/[W·(m·℃)⁻¹]	体积膨胀系数×10⁻⁴/℃	表面张力系数×10⁻³/(N·m⁻¹)
水	H_2O	18.02	998	100	2 258	4.183	1.005	0.599	1.82	72.8
三氯甲烷	$CHCl_3$	119.38	1 489	61.2	253.7	0.992	0.58	0.138 (30 ℃)	12.6	28.5 (10 ℃)
甲醇	CH_3OH	32.04	791	64.7	1 101	2.48	0.6	0.212	12.2	22.6
乙醇	C_2H_5OH	46.07	789	78.3	846	2.39	1.15	0.172	11.6	22.8

续表

名称	分子式	相对分子量	密度/(kg·m^{-3})	沸点/℃	汽化热/(kJ·kg^{-1})	比热容/[kJ·(kg·℃)$^{-1}$]	黏度×10^{-3}/(Pa·s)	导热系数/[W·(m·℃)$^{-1}$]	体积膨胀系数×10^{-4}/℃	表面张力系数×10^{-3}/(N·m^{-1})
乙醇(95%)			804	78.2			1.4			
乙二醇	C$_2$H$_4$(OH)$_2$	62.05	1 113	197.6	780	2.35	23			47.7
甘油	C$_3$H$_5$(OH)$_3$	92.09	1 261	290分解			1 499	0.59	5.3	63
乙醚	(C$_2$H$_5$)O	74.12	714	34.6	360	2.34	0.24	0.14	16.3	18
乙醛	CH$_3$CHO	44.05	788(10 ℃)	20.2	574	1.9	1.3(18 ℃)			21.2
糠醛	C$_5$H$_4$O$_2$	96.09	1 160	161.7	452	1.6	1.15(50 ℃)			43.5
丙酮	CH$_3$COCH$_3$	58.08	792	56.2	523	2.35	0.32	0.17		23.7
甲酸	HCOOH	46.03	1 220	100.7	494	2.17	1.9	0.26		27.8
四氯化碳	CCl$_4$	153.8	1 594	76.8	195	0.850	1.0	0.12		26.8
二氯甲烷	C$_2$H$_4$Cl$_2$	98.96	1 253	83.6	324	1.260	0.83	0.14(50 ℃)		30.8
苯	C$_6$H$_6$	78.11	879	80.10	393.9	1.704	0.737	0.148	12.4	28.6
甲苯	C$_7$H$_8$	92.13	867	110.63	363	1.70	0.675	0.138	10.9	27.9
乙酸	CH$_3$COOH	60.03	1 049	118.1	406	1.99	1.3	0.17	10.7	23.9

6) 某些气体的物理性质

名称	化学符号	相对分子质量	密度(0 ℃ 101.3 kPa)/(kg·m^{-3})	比热容(20 ℃)/[kJ·(kg·℃)$^{-1}$]	黏度(0 ℃)×10^{-5}/(Pa·s)	沸点101.3/kPa	汽化热/(kJ·kg^{-1})	临界点 温度/℃	临界点 压力/kPa	导热系数/[W·(m·℃)$^{-1}$]
氮	N$_2$	28.02	1.250 7	0.745	1.70	-195.78	199.2	-147.13	3 392.5	0.022 8
氨	NH$_3$	17.03	0.771	0.67	0.918	-33.4	1 373	+132.4	11 295	0.021 5
氩	Ar	39.94	1.782 0	0.322	2.09	-185.87	163	-122.44	4 862.4	0.017 3
乙炔	C$_2$H$_4$	26.04	1.171	1.352	0.935	-83.66(升华)	829	+35.7	6 240.0	0.018 4

名称	化学符号	相对分子质量	密度(0 ℃ 101.3 kPa) /(kg·m⁻³)	比热容 (20 ℃) /[kJ· (kg·℃)⁻¹]	黏度 (0 ℃) ×10⁻⁵ /(Pa·s)	沸点 101.3 /kPa	汽化热 /(kJ· kg⁻¹)	临界点		导热系数 /[W·(m· ℃)⁻¹]
								温度/℃	压力/kPa	
苯	C_6H_6	78.11	—	1.139	0.72	+80.2	394	+288.5	4 832.0	0.008 8
正丁烷	C_4H_{10}	58.12	2.673	1.73	0.810	-0.5	386	+152	3 798.8	0.013 5
空气	—	28.95	1.293	1.009	1.73	-195	197	-140.7	3 768.4	0.024 4
氢	H_2	2.016	0.089 85	10.13	0.842	-252.75	454.2	-239.9	1 296.6	0.163
氦	He	4.00	0.178 5	3.18	1.88	-268.85	19.5	-267.96	228.94	0.144
二氧化氮	NO_2	46.01	—	0.615	—	+21.2	712	+158.2	1 0130	0.040 0
二氧化硫	SO_2	64.07	2.927	0.502	1.17	-10.8	394	+157.5	7 879.1	0.007 7
二氧化碳	CO_2	44.01	0.976	0.653	1.37	-78.2 (升华)	574	+31.3	7 384.8	0.013 7
氧	O_2	32	1.428 95	0.653	2.03	-132.98	213	-118.82	5 036.6	0.024 0
甲烷	CH_4	16.04	0.717	1.70	1.03	-161.58	511	-82.15	4 619.3	0.030 0
一氧化碳	CO	28.01	1.250	0.754	1.66	-191.48	211	-140.2	3 497.9	0.026 6
戊烷 (正)	C_5H_{12}	72.15	—	1.57	0.874	+36.08	151	+197.1	8 842.9	0.012 8
丙烷	C_3H_8	44.1	2.020	1.65	0.795 (18 ℃)	-42.1	427	+95.6	4 355.9	0.014 8
丙烯	C_3H_6	42.08	1.914	1.436	0.835 (20 ℃)	-47.7	440	+91.4	4 599.0	—
硫化氢	HS	34.08	1.589	0.804	1.166	-60.2	548	+100.4	19 136	0.013 1
氯	Cl_2	70.91	3.217	0.355	1.29	-33.8	305	+144.0	7 708.9	0.007 2
氯甲烷	CH_3Cl	50.49	2.308	0.582	0.989	-24.1	406	+148	6 685.8	0.008 5
乙烷	C_2H_6	30.07	1.337	1.44	0.850	-88.50	486	+32.1	1 918.5	0.018 0
乙烯	C_2H_4	28.5	1.261	1.222	0.935	+103.7	481	+9.7	5 135.9	0.016 4

7) 常用固体的物理性质

名称	密度/(kg·m⁻³)	导热系数		比热容	
		W/(m·℃)	kcal/(m·h·℃)	kJ/(kg·℃)	kcal/(kg·℃)
(1)金属					
钢	7 850	45.3	39.0	0.46	0.11
不锈钢	7 900	17	15	0.50	0.12
铸铁	7 220	62.8	54	0.50	0.12
铜	8 800	383.8	330	0.41	0.097
青铜	8 000	64.0	55	0.38	0.091
黄铜	8 600	85.5	73.5	0.38	0.09
铝	2 670	203.5	175.0	0.92	0.22
镍	9 000	58.2	50	0.46	0.11
铅	11 400	34.9	30	0.13	0.031
(2)塑料					
酚醛	1 250 ~ 1 300	0.13 ~ 0.26	0.11 ~ 0.22	1.3 ~ 1.7	0.3 ~ 0.4
脲醛	1 400 ~ 1 500	0.30	0.26	1.3 ~ 1.7	0.3 ~ 0.4
聚氯乙烯	1 380 ~ 1 400	0.16	0.14	1.8	0.44
聚苯乙烯	1 050 ~ 1 070	0.08	0.07	1.3	0.32
低压聚乙烯	940	0.29	0.25	2.6	0.61
离压聚乙烯	920	0.26	0.22	2.2	0.53
有机玻璃	1 180 ~ 1 190	0.14 ~ 0.20	0.12 ~ 0.17		
(3)建筑材料、绝热材料、耐酸材料及其他					
干砂	1 500 ~ 1 700	0.45 ~ 0.48	0.39 ~ 0.50	0.8	0.19
黏土	1 600 ~ 1 800	0.47 ~ 0.53	0.4 ~ 0.46	0.75 (-20 ~ 20 ℃)	0.18 (-20 ~ 20 ℃)
锅炉炉渣	700 ~ 1 100	0.19 ~ 0.30	0.16 ~ 0.26		
黏土砖	1 600 ~ 1 900	0.47 ~ 0.67	0.4 ~ 0.58	0.92	0.22
耐火砖	1 840	1.05 (800 ~ 1 100 ℃)	0.9 (800 ~ 1 100 ℃)	0.88 ~ 1.0	0.21 ~ 0.24
多孔绝缘砖	600 ~ 1 400	0.16 ~ 0.37	0.14 ~ 0.32		
混凝土	2 000 ~ 2 400	1.3 ~ 1.55	1.1 ~ 1.33	0.84	0.2
松木	500 ~ 600	0.07 ~ 0.10	0.06 ~ 0.09	2.7 (0 ~ 100 ℃)	0.65 (0 ~ 100 ℃)

名称	密度/(kg·m⁻³)	导热系数		比热容	
		W/(m·℃)	kcal/(m·h·℃)	kJ/(kg·℃)	kcal/(kg·℃)
软木	100~300	0.041~0.064	0.035~0.055	0.96	0.23
石棉板	770	0.11	0.10	0.816	0.195
石棉水泥板	1 600~1 900	0.35	0.3		
玻璃	2 500	0.74	0.64	0.67	0.16
耐酸陶瓷制品	2 200~2 300	0.93~1.0	0.8~0.9	0.75~0.80	1.18~0.19
耐酸砖和板	2 100~2 400				
耐酸搪瓷	2 300~2 700	0.99~1.04	0.85~0.9	0.84~1.26	0.2~0.3
橡胶	1 200	0.16	0.14	1.38	0.33
冰	900	2.3	2.0	2.11	0.505

参考文献

［1］王志祥.制药工程学［M］.北京:化学工业出版社,2003.

［2］张洪斌.药物制剂工程技术与设备［M］.北京:化学工业出版社,2003.

［3］李钧.药品 CMP 实施与认证［M］.北京:中国医药科技出版社,2000.

［4］罗和春,李永峰.生物制药工程原理与设备［M］.北京:化学工业出版社,2007.

［5］周长征,辛义周.制药工程原理与设备［M］.济南:山东科学技术出版社,2008.

［6］郑穹,段建利.制药工程基础［M］.武汉:武汉大学出版社,2007.

［7］姚日生.制药工程原理与设备［M］.北京:高等教育出版社,2007.

［8］孙怀远.药品包装技术与设备［M］.北京:印刷工业出版社,2008.

［9］孙智慧.药品包装实用技术［M］.北京:化学工业出版社,2005.